评估理论与实务丛书

Evaluation Theory and Practice series

THEORY
AND
PRACTICE
OF ECOLOGICAL
RESOURCE
VALUE
ASSESSMENT

生态资源价值评估
理论与实务

张利国　　陈胜东◎著

经济管理出版社

ECONOMY & MANAGEMENT PUBLISHING HOUSE

图书在版编目（CIP）数据

生态资源价值评估理论与实务 / 张利国，陈胜东编著. -- 北京：经济管理出版社，2024. -- ISBN 978-7-5096-9857-0

Ⅰ. X37；F205

中国国家版本馆 CIP 数据核字第 2024ER0807 号

组稿编辑：王光艳

责任编辑：王光艳

责任印制：许　艳

出版发行：经济管理出版社

（北京市海淀区北蜂窝 8 号中雅大厦 A 座 11 层　100038）

网　　　址：www.E-mp.com.cn

电　　　话：（010）51915602

印　　　刷：北京市海淀区唐家岭福利印刷厂

经　　　销：新华书店

开　　　本：710mm × 1000mm/16

印　　　张：17.25

字　　　数：336 千字

版　　　次：2024 年 8 月第 1 版　2024 年 8 月第 1 次印刷

书　　　号：ISBN 978-7-5096-9857-0

定　　　价：68.00 元

"绿水青山就是金山银山"是时任浙江省委书记的习近平同志于 2005 年 8 月在浙江湖州安吉考察时提出的科学论断,揭示了自然资源生态属性和经济属性之间的辩证关系。其中,如何在不损害自然资源生态价值的基础上,将自然资源转化为生态资产,充分发挥其经济价值是践行"两山"理论的核心所在。在当前"双碳"目标和"两山论"的背景下,生态资源价值评估显得尤为重要,既可以帮助政府和企业了解生态系统的健康状况,评估生态服务的价值及人类活动对生态环境的影响,又能够通过科学的评估方法,更好地制定政策和管理措施,保护生态环境,推动绿色低碳发展,实现碳排放减少和生态环境保护的双重目标。

本书系统介绍了生态资源价值评估的理论基础、评估方法和实际应用,旨在为相关领域的研究人员、决策者和从业者提供一份全面而实用的参考资料。阅读本书,读者可以了解生态资源价值评估的最新理论和方法,掌握在实际操作中的技术要点,从而为推动"双碳"目标和"两山论"的实施提供有力支持。本书的出版将有助于促进生态资源价值评估领域的研究和实践,为构建美丽中国和可持续发展贡献力量,也将为推动"双碳"目标和"两山论"的实施提供重要的理论支撑和实践指导。

本书共十四章。第 1 章生态资源与生态资源价值,主要讲述了生态资源的定义、服务功能及价值;第 2 章生态资源价值评估,对生态资源价值评估理论进行了详细描述；第 3 章生态资源价值评估准则，对生态资源价值的评估目的、评估假设、评估原则和评估程序作了详细的阐述；第 4 章市场法，主要讲述了市场法的运用及延伸；第 5 章收益法，主要讲述了收益法的运用及延伸；第 6 章成本法，主要讲述了成本法的运用；第 7 章旅行费用法，对旅行费用法的定义、运用进行了详细阐述；第 8 章意愿调查法，对意愿调查法的使用进行了阐述；第 9 章森林生态资源价值评估，对森林生态资源价值评估的定义、评估方法等进行了详细阐述；第 10 章湿地生态资源价值评估，对湿地生态资源价值评估的定义、评估方法等进行了详细阐述；第 11 章草原生态资源价值评估，对草原生态资源价值评估的定义、评估方法等进行了详细阐述；第 12 章水生态资源价值评估，对水生态资源价值评估的定义、评估方法等进行了详细阐述；第 13 章海洋生态资源价值评估，对海洋生态资源价值评估的定义、评估方法等进行了详细阐述；第 14 章生态资源价值评估报告，阐述了生态资源价值评估报告的定义、基本内容及制作。在每章末附有与本章内容相关的小资料，以丰富读者的阅读内容，拓宽相关知识面。期望广大读者通过对本书的学习，在理解和掌握生态资源价值评估基本原理和方法方面，取得更好的成绩。

在书稿编撰过程中，何雨欣、陈正弘、梁俊磊、曹郁薇、万冬香、胡学禹、余长林、陈雅婷、朱志伟、熊佳萍、彭江胜、汪楠、徐晴、程韦恺等研究生参与了编写工作。本书是笔者团队长期科研和教学的产物，相关案例也参考了其他学者的有关成果，在此谨向他们表示衷心的感谢！

当前，生态资源价值评估是一项新的资产评估类型，有诸多问题需要进一步讨论研究。由于时间仓促和笔者水平有限，尽管进行了反复推敲核证和多次修改，仍难免存在疏漏和不妥之处，恳请广大读者提出宝贵意见，以便使本书更为完善。

第 4 章 市场法

第 5 章 收益法

【第1章】

生态资源与生态资源价值

 【学习要点】

1. 了解生态资源的定义与分类，生态资源是指具有生态生产功能和生态承载能力的自然资源。其内涵和外延比较广泛，包括森林生态资源、湿地生态资源、草原生态资源、水生态资源和海洋生态资源等；理解生态资源的四个特性，包括可再生性、稳定性、多功能性、全球性；了解生态资源的作用。

2. 了解生态资源服务功能的定义，生态资源服务功能是指人们从生态资源中获取的效益，包含生态资源为人类提供的直接的和间接的、有形的和无形的效益；把握生态资源服务功能的四个分类及具体内容，包括供给服务、调节服务、支持服务和文化服务；了解生态资源服务功能的特征。

3. 了解生态资源价值的概念，生态资源价值是指生态系统、物种和自然资源对人类社会和经济的重要性和贡献；理解生态资源价值的三种分类方式，包括以功能类型为依据的价值构成、以被利用形式为依据的价值构成和以市场流通性为依据的价值构成；了解生态资源价值的意义。

1.1 生态资源

1.1.1 生态资源的定义与分类

1.1.1.1 生态资源的定义

生态资源是指具有生态生产功能和生态承载能力的自然资源。其内涵和外延较为广泛，包括森林资源、湿地资源、草原资源、水资源、海洋资源、矿藏资源、自然资源等。生态资源是人类赖以生存和发展的物质条件和基础，也是国家财富的重要组成部分。生态资源不仅能够为人类提供直接的生态资源产品或通过人类活动提供间接的生态资源产品，还能够提供生态资源服务，包括气候调节、水源涵养、水土保持、营养物质循环、固碳释氧等。

传统经济学认为生态资源仅具有自然属性，且取之不尽、用之不竭，坚持"自然无价值论"，故没有将其纳入社会总资产的范畴。然而在当今社会，资源、环境、生态问题已演变成全球性问题，为了寻求应对全球性问题的办法和途径，学术界开始反思传统观念的局限性，创新性地提出了生态资源化管理的理论和观点，初步构建了自然经济学的框架，即包含资源经济学、环境经济学及生态经济学等的理论框架。

1.1.1.2 生态资源的分类

从 20 世纪 90 年代末到 21 世纪初，国内的专家和学者越来越关注生态资源类型的划分，随着生态文明建设理念的提出，生态资源的研究开始走向具体。一方面，生态资源研究范围从相对宏观走向具体；另一方面，生态资源分类研究范围从最初的粗分走向细化。通过整理我国生态资源类型的研究成果可以发现，我国生态资源主要分为以下几类。

1.1.1.2.1 森林生态资源

森林生态资源是林地及其所生长的森林有机体的总称。狭义的森林资源主要指树木资源，尤其是乔木资源；广义的森林资源是指林木、林地及其所在空间内的一切森林植物、动物、微生物，以及这些生命体赖以生存并对其有重要影响的自然环境条件的总称。不同的国家、不同的国际组织确定的森林资源范围不尽一致。按照 2003 年国家林业局森林资源管理司发布的《国家森林资源连续清查主要技术规定》，凡疏密度（单位面积上林木实有木材蓄积量或断面积与当地同树种最大蓄积量或最大断面积之比）达到 0.3 以上的天然林；南方 3 年以上，北方 5 年以上的人工林；南方 5 年以上，北方 7 年以上的飞机播种造林，生长稳定，每亩成活保存株数不低于合理造林株数的 70%，或郁闭度（森林中树冠对林地的覆盖程度）达到 0.4 以上的林分，均构成森林资源。而在联合国粮食及农业组织的世界森林资源统计中，只包括疏密度在 0.2 以上的郁闭林，不包括疏林地和灌木林。

1.1.1.2.2 湿地生态资源

不论是天然或人工、长久或暂时的沼泽地、泥炭地或水域地带，只要有静止或流动的淡水、半咸水或咸水水体，包括低潮时水深不超过 6 米的水域，都归为湿地生态资源。湿地生态系统是指被浅水和有时为暂时性或间歇性积水所覆盖的低地，包括湖泊、沼泽、河漫滩、沿海滩涂等。

1.1.1.2.3 草原生态资源

草原生态资源是草原、草山及其他一切草类资源的总称，包括野生草类和人工种植的草类。草原生态资源是一种生物资源，其实体是草本植物。草类资源及其利用价值是有限的，但科学技术的进步可不断提高草类资源的量与质，因而其生产潜力是无限的。草类资源对人类具有生产功能、防护功能和环境功能，是动物饲养业赖以发展的物质基础，具有调节气候、防风固沙、涵养水源、保护水土，以及美化环境、净化空气、防治公害等重要作用。

1.1.1.2.4 水生态资源

水生态资源是指人类目前或近期在地球上可直接或间接利用的水，是自然资源的一个重要组成部分。天然水资源包括河川径流、地下水、积雪和冰川、湖泊水、沼泽水及海水，按水质可划分为淡水和咸水。由于气候条件变化，各种水资源的时空分布不均，天然水资源量不等于可利用水量。但是，水资源与其他自然资源不同，是可再生资源，可以重复多次使用，并且其年内和年际量的变化具有一定的周期和规律，储存形式和运动过程受自然地理因素和人类活动的影响。因此，人们往往采用修筑水库的方式来调蓄水源，或采用回收和处理的办法利用工业和生活污水，扩大水资源的利用途径。随着科学技术的发展，水资源的利用技术也越发多样，例如，海水淡化、人工催化降水、南极大陆冰的利用等，使人类可以利用的水资源日益增多。

1.1.1.2.5 海洋生态资源

海洋生态资源是地球环境的调节器，也是人类生命支持系统的重要组成部分。海洋中不仅有现实开发资源，还存在潜在战略资源，是支持人类持续发展的宝贵财富。随着研究、开发利用海洋的理论和技术不断发展，人类对海洋生态资源价值的认识也在持续深化。近年来，海洋生态资源服务功能的价值评估已成为国内外相关学者的研究重点。

1.1.2 生态资源的特性及作用

1.1.2.1 生态资源的特性

生态资源具有可再生性、稳定性、多功能性和全球性等特性，这些特性确立了生态资源在人类生产和生活中的重要地位，从而为生态资源的合理利用和有效开发奠定了基础。

1.1.2.1.1 可再生性

生态资源具有自我修复和再生能力。例如，水、氧气等可以在人类使用过程中，通过自然界的循环过程进行更新和补充，而不会被消耗殆尽。

1.1.2.1.2 稳定性

生态资源具有较高的稳定性，不会受人类生产和生活活动的影响而发生质量变化。例如，空气中的氮气、二氧化碳等在自然界中的分布和比例相对稳定，不会因为人类活动的影响而发生较大的变化。

1.1.2.1.3 多功能性

生态资源可以在不同的领域和用途中发挥多种作用。例如，水可以用于灌溉、发电、生产等；大气中的氧气可以用于呼吸、燃烧等。

1.1.2.1.4 全球性

生态资源在全球范围内分布，具有普遍性和全球性。例如，水、大气中的氧气等物质在全球范围内都存在，不受国界和地域限制。

1.1.2.2 生态资源的作用

1.1.2.2.1 森林生态资源的作用

森林生态资源是陆地生态资源的主体，是自然功能最完善、最强大的资源库、基因库和蓄水库，具有调节气候、涵养水源、保持水土、防风固沙、改良土壤、减少污染、美化环境、保持生物多样性等多种功能，对改善生态环境、维护生态平衡起着决定性作用，与森林资源的直接经济效益相比，其对生态效益的贡献要大得多。20世纪70年代日本科学家曾对日本的森林生态资源价值进行过一次测算，结果让人惊诧不已，因为每年的总价值竟高达1200万亿日元。国内也曾有专家、学者做过测算，森林的生态效益为其直接经济效益的8~10倍（杨惠民、王秉勇，1984）。由此可见，森林资源的生态作用是非常巨大的。

1.1.2.2.2 湿地生态资源的作用

广阔的湿地蕴藏着丰富的淡水、动植物、矿产及能源等自然资源，不仅可以为社会提供丰富的资源、发展水电水运、增加电力交通，而且是发展旅游业、进行科研教学的重要场所。然而近年来人类活动范围和方式的改变，不仅导致湿地生态环境面积和野生动物资源锐减，也对大气环境和生态系统的进化过程产生了一定的影响。因此，维护湿地生态功能，对湿地进行适度开发，才可能维护湿地生态资源的安全，实现环境资源的可持续发展。

1.1.2.2.3 草原生态资源的作用

草原是世界上分布最广的植被类型之一，是陆地生态资源的重要组成部分。由国家林草局公布的《2021中国林草资源及生态状况》报告可知，我国草原面积占世界草原面积的12%，占全国国土面积的41.7%。草原在我国绿色植被生态资源中占 63%，是我国面积最大的陆地生态资源。其中，内蒙古自治区天然草原面积为 13.2 亿亩，草原面积占全国草原总面积的 22%，不仅是广大农牧民赖以生存和发展的生产资料和生活资料，也是我国北方涵养水源、维持碳氮循环、遏制沙漠化、净化环境的重要绿色生态屏障，还是人们休闲娱乐、旅游度假、科学研究的理想场所。草原生态资源不仅是国民经济发展的重要基础，而且在改善生态环境方面还发挥着更大的作用。

1.1.2.2.4 水生态资源的作用

水资源作为一种特殊的生态资源，是支撑整个地球生命系统的基础。它既能提供维持人类生活和生产活动的基础产品，又能在维持自然生态资源结构、生态过程与区域生态环境方面发挥重大作用。水资源不仅是人类社会经济的基础资源，还是人类赖以生存与发展的生态环境条件。根据水生态资源提供服务的消费与市场化特点，可以把水生态资源的服务功能划分为具有直接使用价值的产品生产功能和具有间接使用价值的生命支持系统功能两大类。其中，产品生产功能是指水生态资源提供直接产品或服务以维持人的生活、生产活动的功能，主要包括生活、农业及工业用水供应、水力发电、内陆航运、水产品生产、休闲娱乐等；生命支持系统功能则是指水生态资源维持自然生态过程与区域生态环境条件的功能，主要包括洪水调蓄、疏通河道、水资源蓄积、土壤持留、净化环境、固碳释氧、提供生境、维持生物多样性等功能。产品生产功能、生命支持功能共同构成了水生态资源的生态经济价值。

1.1.2.2.5 海洋生态资源的作用

海洋是巨大的资源宝库。作为一个生态系统，海洋具有气体调节、气候调节、废物处理等功能，排入海洋的污水、垃圾等，也因海洋得以净化，因此被誉为"气候与环境调节器"。

1.2 生态资源服务功能

1.2.1 生态资源服务功能的概念

虽然生态资源服务功能尚未形成一种比较系统且统一的概念，但不同学者对其概念的理解本质上是一致的，所表达的意思也是相同的。2003 年，联合国的《千年生态系统评估》（The Millennium Ecosystem Assessment，MA）综合了世界上各大学者的定义提出：生态资源服务功能是人们从生态资源（自然生态资源和人工生态资源）中获取的效益，包含生态资源为人类提供的直接的和间接的、有形的和无形的效益。目前该定义已被广泛接受。

1.2.2 生态资源服务功能的分类

生态资源提供的服务功能多种多样，各服务功能之间存在错综复杂的关系。随着人类研究和认识程度的不断深入，对生态资源服务功能分类的方法也在不断演变。目前主流的分类方法是将生态资源服务功能分为供给服务、调节服务、支持服务和文化服务四大类（见表 1-1），该分类较为直观。

表 1-1　生态资源服务功能的分类

一级类	二级类	主要内容
供给服务	食物生产	动植物和微生物所提供的食物
	原材料生产	提供木材等原材料，用于给人类作建筑物或其他用途
调节服务	气体调节	维持大气化学组分平衡，吸收 CO_2、SO_2、氟化物、氮氧化物，释放氧气
	气候调节	对区域气候的调节作用，如增加降水、降低气温
	水文调节	淡水过滤、持留和储存功能及供给淡水
	废物处理	植被和生物在多余养分和化合物去除和分解中的作用，滞留灰尘
支持服务	保持土壤	有机质的积累、植被根系的物质贡献以及生物活动在土壤保持中起着重要作用，同时也促进了养分的循环和积累
	维护生物多样性	野生动植物基因来源和进化，作为野生植物和动物栖息地
文化服务	美学景观	具有（潜在）娱乐用途、文化和艺术价值

1.2.2.1 生态资源供给服务

供给服务是指生态资源所提供的产品，主要包含以下内容：

其一，食物及纤维。食物及纤维包括动植物和微生物所提供的多种食物及原材料，如木材、苎麻、大麻等。

其二，燃料。能够作为能源的木材、动物粪便和其他生物材料。

其三，遗传资源。用于植物和动物繁育及生物技术的基因和遗传信息。

其四，生化药剂、天然药材和药品。从生态系统获得的许多药物、生物杀虫剂、食物添加剂及生物原料。

其五，观赏资源。用于观赏的花卉和动物产品，如动物毛皮和壳类，与文化服务相联结。

其六，淡水。生态资源所提供的淡水资源，与调节服务相联结。

1.2.2.2 生态资源调节服务

调节服务是指从生态系统过程调节中获取的效益，主要包含以下内容：

其一，空气质量维持。生态系统吸收和释放大气中的化学物质，影响空气质量的很多方面。

其二，气候调节。生态系统影响区域和全球气候。例如，从区域角度来看，土地覆盖的变化能够影响温度和降水；从全球角度来看，生态系统通过固存或排放温室气体对气候产生重要影响。

其三，水源调节。土地覆盖的变化，特别是生态系统蓄水能力的改变，如湿地、森林转化为农田或农田转化为城市，将影响径流、洪水的时间和规模及地下含水层的补充。

其四，侵蚀控制。植被覆盖在土壤保持和防治滑坡方面起到重要作用。

其五，水净化和废物处理。生态系统既可能是淡水中杂质的来源之一，也能够过滤和分解进入内陆水体、海岸和近海生态系统的有机废物。

其六，人类疾病调节。生态系统的变化可能直接改变人类病原体，如霍乱，以及病菌携带者（如蚊子）的数量。

其七，生物控制。生态系统的变化能够影响作物和家畜病虫害的传播。

其八，传粉。生态系统的变化能够影响传粉者的分布、数量和传粉效果。

其九，防风护堤。海岸生态系统（如红树林和珊瑚礁）的存在能够显著减轻飓风和大浪的损害。

1.2.2.3 生态资源支持服务

支持服务是所有生态系统服务功能的产生所必需的，其对人们的影响是间接的或者经过很长时间才会出现的，而供给、调节和文化服务对人们的影响相对直接且起效时间较短。一些生态系统服务如侵蚀控制，归类于支持服务还是调节服务，取决于对人们影响的时间尺度和直接性。土壤形成通过影响食物生产的供给服务对人们产生间接影响，属于支持服务。相似地，由于在人类决策的时间尺度上（几十年或几个世纪）生态系统的变化对地方或全球气候产生影响，因此，气候调节归类于调节服务，然而将氧气的生成（通过光合作用）归类于支持服务，是因为对大气中的氧气浓度产生影响将会出现在相当长的时间内。支持服务包括第一性生产、大气中氧的生成、土壤形成和保持、营养循环、水循环、提供栖息地等。

其一，土壤形成和保持。生态资源具有减少土壤侵蚀、降低土地面积废弃率、减少泥沙淤积、保持土壤肥力等作用。

其二，氮元素固定。氮元素固定是指无机氮（氨态氮、硝态氮和亚硝态氮）被微生物吸收和化学固定的过程。

其三，磷元素固定。磷元素固定是指磷元素被微生物吸收和化学固定的过程。

其四，钾元素固定。钾元素固定是指钾元素被微生物吸收和化学固定的过程。

其五，水循环。水循环是指生态资源促进水资源的循环转换。

其六，提供栖息地。生态资源在为生物提供栖息地、维持生物多样性方面具有十分重要的作用。

1.2.2.4 生态资源文化服务

文化服务指人类通过精神上的充实、感知上的发展、印象、娱乐和审美体验等从生态系统获得的非物质效益。文化服务与人类的价值观和行为、人类社会的制度和模式、经济和政治组织等紧密联系。不同的个人和群体对文化服务的理解可能不同。

生态资源文化服务主要包括以下几种。

其一，文化多样性。生态系统的多样性是文化多样性的影响因素之一。

其二，知识体系。知识体系是指生态系统影响在不同文化背景下发展的知识体系。

其三，灵感。生态系统为艺术、民间传说、国家象征、建筑和广告等提供丰富的灵感源泉。

其四，社会关系。生态系统影响建立在不同文化背景之上的社会关系的类型，如渔业社会与游牧或农耕社会的社会关系的很多方面不同。

其五，娱乐和生态旅游。人们经常选择那些以自然或农业景观为特征的地方度过他们的休闲时光。

1.2.3 生态资源服务功能的特征

生态资源是由非生命环境和生物群落在演化进程中形成的复杂而开放的系统，它的服务功能有其独有的特征，可归纳为以下几点。

1.2.3.1 客观存在性

各类生态资源由一定的生物物种组成，具有一定的结构和功能，因而其服务功能并不依赖其评价主体而存在，不是通过人们对它的评价来表现价值。相反，它们并不需要人类，而人类却需要它们。尽管一些生态资源服务功能可以被人和有感觉能力的动物感知，但绝不意味着另一些不被感知的服务就不存在、没有意义。实际上在人类出现以前，自然生态资源就已经存在，在人类出现以后，生态资源服务功能就与人类的利益紧密地联系在了一起。

1.2.3.2 空间异质性和范围有限性

由于气候、地形地貌等自然条件的差异，生态资源类型具有多样性，其生态服务功能在种类、数量和重要性上存在很大的空间差异性。生态资源服务功能的产生依赖特定的物质载体和空间范围，是在一个特定地理区域内形成的，尽管会在一定程度上向外辐射，惠及其他区域甚至全球，但是绝大部分生态资源服务功能具有明显的地域特征，且其只在一定空间范围内发挥作用。

1.2.3.3 整体有用性与用途多样性

生态资源服务不是单个或部分要素对人类社会有用，而是所有组成要素综合成生态资源之后才起作用。生态资源服务功能是建立在生态资源整体性基础上的，是其整体功能的发挥。同时，生态资源服务功能的种类是多样的，同一生态资源可以表现出较多的服务功能种类，并且功能的用途和大小是不同的，不像市场上流通的商品那样表现出单一的使用价值。例如，一片广袤的湿地资源具有多种服务功能，保护这片湿地就能获得多种收益；如果将这片湿地改为农田种植粮食，就只能获得单一收益。

1.2.3.4 动态性与持续有用性

生态资源服务功能随着时间的推移，不断发生变化。生态资源具有其自然演替过程，受到自然或人为干扰后会产生相应变化。例如，全球变暖导致的海平面上升、过度砍伐导致的森林退化，并且随着社会经济的发展，人们对生态资源服务功能的认识与评价也会发生变化。尽管生态资源服务功能随着生态资源的自然演替而发生变化，但一般来说，自然演替的过程比较缓慢，如果没有受到外部干扰，生态资源服务功能是可以长期存在并且被持续利用的。相反，如果不持续地利用生态资源反而会导致其退化消失，例如，发展生态旅游就可能提高旅游区的生态资源服务功能。

1.2.3.5 正负效应

生态资源服务功能具有正负两个方面的双重效应。一般来说，生态资源为人类提供的服务具有正效应。然而，对于受到人为干扰退化的生态资源或者人工生态资源，其生态资源服务可能存在负效应。人类往往片面地追求对某种生态资源的利用和保护，而忽视或损害其他生态资源，其结果必然导致生态资源服务功能的整体退化，例如，外来物种引进导致的病虫害增加、本土物种数量锐减等。

1.2.3.6 公共产品性

生态资源提供的生态产品和服务只有小部分属于非公共产品，如粮食、木材等，且能够作为私人物品在市场上进行交易。大部分生态资源具有很强的非竞争性和非排他性，如固碳释氧、地下水资源、生物多样性、水土保持等，不仅产权难以界定，而且没有市场价格。

1.2.3.7 外部性

由于人类的行为对生态资源产生负面的外部效应，导致生态资源服务功能和价值受到损害，间接地对人类的社会经济造成不利影响，增加了社会成本。从生态系统服务中受益的人们并没有为此付费，而创建和保护生态系统服务的人们也并没有得到补偿。例如，围湖造田导致的生物多样性和其他生态功能的损害没有被计入利用者的成本。

1.3　生态资源价值

1.3.1 生态资源价值概述

1.3.1.1 生态资源价值的概念

生态资源价值指的是生态系统、物种和自然资源对人类社会和经济的重要性和贡献。生态资源价值体现了生态系统对人类生活和社会经济发展的支持和保障作用，以及自然资源对人类生存和发展的重要性。

生态资源价值包括直接经济价值和间接经济价值。直接经济价值指的是直接利用生态资源所产生的经济效益，如森林资源的木材、草原资源的牲畜饲养等。

间接经济价值则是生态系统对环境净化、气候调节、保护生物多样性等方面所产生的经济效益，如湿地过滤水质、森林减缓气候变化等。此外，生态资源还具有文化、社会和精神价值。

更深层次的生态资源价值是其对人类健康和社会稳定的贡献。生态资源提供食物、水源、药材等生存必需品，同时保护生态系统也有助于防止自然灾害和环境恶化，维护社会安全和稳定。从长远来看，生态资源的价值体现在可持续发展和对人类福祉的保障上。

因此，生态资源价值概念强调了人类与自然的相互依存和相互支持关系，提倡在利用生态资源时要充分考虑生态平衡和可持续性，以实现人与自然和谐共生的目标。

1.3.1.2 生态资源价值的来源

在目前的研究中关于生态资源是否具有价值及其价值的来源存在很多争论。具体来说，主要有以下几种观点：

1.3.1.2.1 生态资源价值是生态资源效益的货币表现

该观点认为，生态资源的价值是由各种使用价值构成的，是有用效果的货币表现，能满足人们的多种需要。所以从实质上来说，生态系统没有价值，只有使用价值，即价格。

这种观点认为，没有投入人类劳动的生态系统服务只具有价格，即使用价值，而没有价值。但是这种观点认为，生态系统服务无论是否有人类劳动参与，都可以用货币计量，因此，这种看法是积极的。

1.3.1.2.2 生态资源价值的本质是级差地租

该观点认为，生态资源价值的构成不只是人类投入的劳动，还应包括所有权和使用权的价格及级差地租，三位一体构成生态系统服务的价值。这种观点实际上表明，无论是否有人类劳动参与，所有生态系统服务都是有价值的。但这三者如何相互影响、如何相互作用、如何进行计算等，都需要进一步深入研究。

1.3.1.2.3 生态资源价值是客体与主体的一种相互关系

根据价值哲学的观点，价值不仅是商品价值的劳动价值，更是客体和主体之间的一种关系，也就是说主体有某种需要，而客体能满足这种需要，那么对主体来说，这个客体就是有价值的。主体与客体之间这种需要和满足的关系就是价值关系，只有适合主体需要的那些客体的属性和功能，才能与主体构成价值关系。

在生态资源和人类这一对关系中，人类是主体，生态资源是客体。生态资源的属性和功能能够满足人类生产、发展、享受的需要，因此对于人类来说，生态资源是有价值的。生态资源是否具有价值主要取决于它对人类的有用性，其价值的大小则取决于它的稀缺性和开发利用条件。

不管根据哪种观点都可以看出，对于生态资源来说，不论其价值来源如何，都具有价值。因此，生态资源能够直接给人类提供经济、环境和社会效益，并且可以使用货币来计量。

1.3.2 生态资源价值的分类

20 世纪 90 年代以来，随着生态资源理论水平和实践能力的提高，生态资源价值分类的研究日益受到重视，在这一时期，许多学者对生态资源价值的分类方法进行了广泛而系统的研究，为生态资源服务功能的价值评估奠定了良好的基础，本书主要通过四种不同的依据讨论其价值构成。

1.3.2.1 以功能类型为依据的价值构成

根据生态资源功能类型的不同，可将其价值归为供给服务价值、调节服务价值、支持服务价值和文化服务价值。

供给服务价值是指生态资源能够直接或通过人类活动间接输出的产品资源的价值，通常表现为显在价值，如食品生产、原料生产、提供基因资源等方面存在的价值。

调节服务价值是指生态资源在调节生态平衡过程中为人类带来的各种惠益，通常表现为潜在价值，如在固碳释氧、气候调节、水文调节等方面存在的价值。

支持服务价值是指为保证生态资源其他三类功能价值的发挥而存在的基本功能价值，如碳元素固定、土壤形成、养分循环等方面存在的价值。该类价值通过维持供给服务价值、调节服务价值、文化服务价值间接地影响人类福利。

文化服务价值是指生态资源为人类社会提供的非物质层面的价值，通常表现为潜在价值。其主要包括科研教育价值、历史文化价值、美学体验价值和景观游憩价值等。

1.3.2.2 以被利用形式为依据的价值构成

根据生态资源被利用形式的不同，可以将其价值归为使用价值和非使用价值（见图 1-1）。

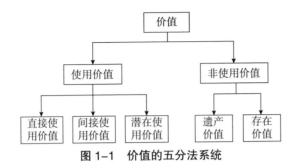

图 1-1　价值的五分法系统

本书根据效用性，将使用价值又划分为直接使用价值、间接使用价值及选择价值（潜在使用价值），将非使用价值分为遗产价值和存在价值。

直接使用价值是指生态资源直接满足人类当前生产或消费需求的价值，直接使用价值并不意味着其经济价值易于衡量。间接使用价值是生态资源为人类当前生产或消费需求提供必要条件，但并不直接参与其过程的价值，间接使用价值主要是生态资源为人类提供地球生命支持系统的价值。选择价值是指人类为自己、子孙或者他人将来能够利用某种生态资源价值的现时支付意愿。遗产价值是指当代人将某种生态资源继承给子孙后代的支付意愿。存在价值是指人们为确保生态资源未来继续存在的支付意愿，如生境、濒危物种等均具备存在价值。

1.3.2.3 以市场流通性为依据的价值构成

根据生态资源市场流通性，可以将其价值归为生态资源产品价值和生态资源服务价值。

生态资源产品价值可进入市场交易并能够为人类带来直接经济利益，是生态资源中可用市场价格直接计量的价值，也可称作直接经济价值。生态资源产品包括具有实物形态的产品和不具有实物形态的产品。实物产品涉及食品、医药、生产原料等；非实物产品虽无实物形态但仍可以被人类直接消费，如生态旅游、动植物园观赏等。生态资源服务价值是难以独立市场化交易但存在间接经济利益的价值，如生态资源在气候调节、水源涵养、土壤保育、养分积累、固碳释氧等方面的价值，也可称作间接经济价值。

生态资源的价值构成研究是构建生态资源价值评估指标体系的基础。现有的生态资源价值评估指标体系并没有全面展示出生态资源的全部价值，但重点表达了人类最关注的且能够用货币计量的核心价值。鉴于本书对生态资源的价值评估是基于生态资源的客观价值而非基于其效用性即人类主观感受，加之目前人们对生态资源的非经济价值的评估在理性认知和评价技术方法方面尚不完善，故本书仅针对生态资源的经济价值进行评价。同时，本书试图通过市场途径，利用货币计量反映生态资源的经济价值，因此选取以市场流通性为依据的价值构成作为构建生态资源价值评估指标体系的基础依据，即从生态资源产品价值（直接经济价值）和生态资源服务价值（间接经济价值）两个方面入手，选定待评估生态资源的价值功能项（价值项目）。

1.3.2.4 以对生态系统、人类社会的影响为依据的价值构成

在生态资源价值评估中，经济价值、生态价值和社会价值通常按照其对生态系统和人类社会的影响进行分类。

其一，经济价值。经济价值包括与生态资源直接相关的经济利益，如资源的开发、利用和相应的经济产出。经济价值可以通过各种经济指标来评估，如资源的市场价值、生产成本、税收收入等。

其二，生态价值。生态价值主要关注生态系统对人类社会和其他生物的生存和发展的直接贡献，包括生态系统的稳定性、自然资源的可持续利用、生态系统的生态服务（如水源保护、净化空气、食物供应等）等。

其三，社会价值。社会价值反映了生态资源对社会和文化领域的影响，主要包括生态资源的文化意义、公共利益、社会公平、文化传承及对社区和社会的影响等。

这三种价值在生态资源价值评估中都是非常重要的，因为它们集中反映了生态资源对各个领域的综合影响，有助于全面评估生态资源的价值和可持续利用。

1.3.3 关注生态资源价值的意义

关注生态资源价值有着十分重要的意义，主要包括推动经济社会进步、加快增长方式转变、丰富经济学的理论内涵、促进环境管理的科学化、提高公众参与环保的动力等。

1.3.3.1 推动经济社会进步

环境资源与经济发展相互制约：一是无序规划、盲目发展的粗放型经济增长方式造成了环境破坏，甚至引发了一系列生态危机；二是消耗过大、日益脆弱的生态基础不能承载经济的高速增长，制约了社会的持续发展。同时，环境资源与经济发展也能相互促进，一方面，社会经济的繁荣发展可以为环境保护提供必要的资源和技术条件；另一方面，环境保护的实施可以减少能源消耗和

污染物排放，促进绿色发展，提高生态环境质量，增加资源的可再生性，从而为经济发展提供长期的支撑。经济社会发展到今天，环境生态与经济发展结合更为紧密，联系越发突出，两者之间的平衡很脆弱，也容易被打破，这就需要相对精确地对其进行定量预测和深入研究。

1.3.3.2　加快增长方式转变

无论是在观念上还是在现实中，都可以清楚地发现生态资产是其他资产无法替代的。强化这种理念可以引起人们对生态资产的重视，促使人们增强生态意识，也能把可持续发展的政府策略转变为全民行动。当然，对环境和经济的认识也应该更加客观和动态，既不能不计后果地发展经济，也不能不计成本地保护环境。转变以往粗放式的增长方式和资源掠夺型的发展模式，除了行政、法律手段上的引导和观念上的更新，还需要将环境问题置于经济社会发展的大环境当中，最好能通过市场经济的手段来梳理和调和，发挥"无形之手"的约束与激励作用，以价格运行机制和经济调节杠杆来扭转和抵制人们无偿或低代价损害环境换取发展的观念和行为。在项目投资、区域开发及政策制定中明确环境资源计价的地位和作用，进行综合的评估和判断，从而衡量这些活动能否达到可持续发展的要求，并提出相应的对策和建议。

1.3.3.3　丰富经济学的理论内涵

环境生态资源作为一种特殊的生产要素，长期以来并没有引起人们的足够重视，甚至被排除在经济学的主流视野之外，更谈不上专门考量它们的价值。随着环境资源重要性的日益显现，对于环境会计、环境成本、环境评估等经济学新兴领域的研究，也就越发受到瞩目。国民生产总值核算方式的缺陷正是在这种背景下暴露出来的，人们开始意识到，用耗竭有限资源的方法来加快增长是以牺牲后人利益为代价的，要想科学地反映国民财富状况，就必须对现有的国民经济核算体系进行改造和总体绩效评估，只有通过对环境资源进行货币化估值，才有可能用货币数值这一共同的量度指标将环境资源与其他经济财富置于统一的平台。

1.3.3.4　促进环境管理的科学化

环境管理的目标是追求与使用环境和自然资源相联系的净经济效益的最大化，加快生态环境质量提高、生态产业开拓及生态文明建设，费用—效益分析则是环境管理的一种最佳管理规则。在对环境系统提供的服务进行货币化估价时，不仅存在被高估和被低估的现象，具体的分析过程也是相对困难的，如计量生物多样性的损失，这种曾经没有被认识到的或者被认为与经济分析无关的事物，现在已经被认为是非常重要的计价来源，也往往成为环境管理过程中政策分析的关键问题。

环境保护除了要有法律、法规的司法和行政保障，还需要建立以补偿为纽带、以利益为中心的驱动机制、激励机制和协调机制。人们参与生态环境保护的积极性，须通过完善的利益机制才能维持，生态环境建设能力与技术的提高，要以补偿资金的不断注入和转移支付的持续投入作为基础。生态补偿金和转移支付金额的最终确定必须有明确的事实依据和支付标准，其基础就是确定生态资源和环境影响的货币化价值。

1.3.3.5 提高公众参与环保的动力

1992 年，联合国环境与发展大会通过的《里约宣言》指出：环境问题必须在公众的参与下才能得到最有效的处理。在国家水平上，每个个人都应能通过适当渠道获得公共权力当局掌握的有关环境方面的信息并有机会参与决策过程。

我国在环评领域也明确规定了公众参与的重要性，但大多数项目只局限于访问、座谈会、问卷等固定渠道，形式简单，专业性较强，公众很难把握环境项目的实质。如果在环评中引入生态资源的定量计价环节，就能增强公众的感性认识，促使其更好地行使监督权力，发挥参与决策作用。

 【小资料】

"两山论"的形成

习近平：绿水青山就是金山银山，改善生态环境就是发展生产力。良好生态本身蕴含着无穷的经济价值，能够源源不断创造综合效益，实现经济社会可持续发展。

这段话出自 2019 年 4 月 28 日习近平主席在 2019 年中国北京世界园艺博览会开幕式上的讲话。

绿水青山就是金山银山，这句富含哲理的话如今已广为人知、深入人心，更是在生动实践中开花结果、惠及民生。"绿水青山"指的是生态环境，"金山银山"说的是经济发展。两者有何关系？这句话给出了答案：生态环境是人类生存发展的根基，保护好生态环境，走绿色发展之路，人类社会发展才能高效、永续。也就是说，新时代中国发展追求的是人与自然和谐共生。

　　三面环山，一条小溪从山间流过，竹海连绵，风光甚好，这描绘的是浙江省湖州市安吉县余村的美好景象。"绿水青山就是金山银山"这一科学论断就在这里诞生。30 多年前，余村村民以卖竹子、采矿山为生。经过长期的开采，村庄富了，山却秃了，河也枯了。2005 年 8 月，时任浙江省委书记习近平在余村考察时首次提出"绿水青山就是金山银山"，为余村从靠山吃山转向养山富山指明方向、坚定信心。2020 年 3 月，时隔 15 年，习近平总书记再次来到余村，看到余村成了青山叠翠、游人如织的美丽乡村，总书记十分高兴。他说，绿色发展的路子是正确的，路子选对了就要坚持走下去。

　　余村的蝶变是将"两山"理论转化为实践的开始和缩影。党的十八大以来，我国生态文明建设进入快车道，"两山"理论将在中华大地上书写更多绿色发展新篇章。污染防治攻坚战持续推进，中央生态环保督察全面开展，长江、黄河大保护深入实施，对山水林田湖草沙实施一体化保护和系统治理，自然保护地体系加快建设……全国节约资源和保护环境的空间格局、产业结构、生产方式、生活方式正在逐步形成。山更青，水更秀，天更蓝，良好的生态环境不仅推动经济社会高质量发展，还成为最公平的公共产品和最普惠的民生福祉。

　　从余村到全国，从中国到世界，"绿水青山就是金山银山"的生动实践让人们看到生态环境保护与经济社会发展的和谐关系，给全球生态文明建设带来了希望和经验。对这一科学论断，我们仍要坚定坚持，深入实践，不断迈向人与自然和谐共生的现代化。

　　　　　　　　　　　　　　　人民政协网——《为生态篇"身价"筑"两山"之通途》

资料来源：内蒙古自治区中国特色社会主义理论体系研究中心.绿水青山就是金山银山［N］.内蒙古日报，2015-11-10.

【 第 2 章 】

生态资源价值评估

 【学习要点】

1. 理解生态资源价值评估的两个经济学理论，包括劳动价值论和效用价值论；了解生态经济学的定义与特征；理解生态经济学的主要理论构成，包括生态系统服务理论、循环经济理论等。

2. 掌握生态资源供给服务价值的计算公式；掌握生态资源调节服务价值的计算公式，包括涵养水源价值、水体净化价值、固碳释氧价值、吸收污染物价值和滞尘价值；掌握生态资源支持服务价值的计算公式，包括土壤保持价值、氮磷钾固持价值、营养物质循环价值；掌握生态资源文化服务价值的计算公式，包括休闲游憩价值、科研与教育价值和旅游康养价值。

3. 了解生态资源价值评估要素，了解生态资源价值评估的作用。

2.1　生态资源价值评估研究的背景

2.1.1　生态资源价值评估研究的现实背景

2020 年，中国宣布 2030 年前实现碳达峰、2060 年前实现碳中和的目标，这是我国携手全球应对气候变化的重大挑战，碳排放达峰是实现碳中和的基础和前提，是碳排放量由增转降的历史拐点。据经济合作与发展组织（OECD）2020 年公布的数据，全球已经有 54 个国家的碳排放实现达峰，占全球碳排放总量的40%，其中大部分是发达国家。中国、马绍尔群岛、墨西哥、新加坡等国家承诺在 2030 年前实现碳达峰，届时全球将有 58 个国家实现碳排放达峰，占全球碳排放量的60%。因此,中国在不到 10 年的时间内实现碳达峰对于全球而言意义重大,同时也面临着空前巨大的国际压力。

中国要实现碳达峰就要实现经济的系统性转型，其重中之重是能源消费结构实现转型，因此必须大幅减少燃煤发电厂的二氧化碳排放量，这就要关闭、改造燃煤发电厂，甚至不审批新设燃煤发电厂，否则碳减排将面临巨大挑战。我国在2021 年 3 月发布的"十四五"规划中表示，将推动"煤炭等化石能源清洁高效利用"，并且 2021 年《政府工作报告》中提出制定 2030 年前碳排放达峰行动方案，可见我国兼顾发展的减排措施必定要运用多种能源转化机制实现整体目标。除了投入大量资金发展绿色能源、创新节能技术、升级生产要素来调整能源结构，还要配合完善的资源市场化配置机制，才能实现全社会高产出、低排放的发展目标。2021 年 7 月 16 日，全国性碳排放权交易市场启动运营，构建以"碳排放权"这种限量性配额交易为主的市场化强制减排机制就是重要的市场机制建设，然而从兼顾发展的角度来看，未来也必然会产生大量的以"生态资源权益"指标为主的自愿碳中和交易机制，这两个方面的市场机制将从不同维度为碳达峰做出贡献。

2.1.2 生态资源价值评估研究的理论背景

2.1.2.1 国外研究进展

2.1.2.1.1 理论研究阶段

在自然资源资产环境经济核算方面，联合国等国际组织发挥了重要作用。20世纪 70 年代，西方国家及部分发展中国家相继开展自然资源、环境核算研究。1977 年，联合国开始对森林、矿产自然资源进行核算研究。1978 年，挪威开始逐渐建立和完善包括能源资源储存量、海洋鱼类和森林资源存量等重要资源的核算体系，以及大气污染、水污染、不可再生资源的可回收利用、环境污染和改善费用等自然环境方面的统计制度。随后，芬兰等北欧国家针对本国现状，也相继构建了包括森林资源核算、环境保护支出费用计算和废弃排放调查在内的自然资源核算框架体系。1990 年，墨西哥在联合国的支持下，在环境经济核算范畴内加入了水、森林、土壤、空气和石油等自然资源，并将这些自然资源及其变化编成数据指标，然后再估价，将自然资源的这些数据转化为用货币计量的数据，在国内生产净值基础上，计算自然资源资产的耗减，进而得出环境成本。此外，美国、英国和加拿大也都建立了自己国家的自然资源资产核算账户。1977~1992 年，部分国家及国际组织对自然资源、环境核算的研究主要集中在理论与方法等方面。

2.1.2.1.2 理论与实践相结合阶段

1993 年，联合国统计司设立了综合环境与经济核算体系（System of Integrated

Environmental and Economic Accounting，SEEA-1993），SEEA-1993 是国民经济核算体系（System of National Accounts，SNA）的卫星账户体系，是可持续发展经济思路下的产物，主要用于考虑环境因素影响条件下的国民经济核算，是为补充 SNA 而提出的对经济可持续发展水平进行评估和测量的方法。在获得一定的实践经验和方法论之后，越来越多的国家和地区将生态资产或自然资本纳入国民经济账户，以衡量其自然环境与经济社会协调发展程度。联合国统计司不断建立并完善 SEEA 的各项子账户和标准，分阶段颁布了 SEEA-2000、SEEA-2003、SEEA-2012 三个修订版本的综合环境与经济核算体系。在 SEEA 的影响下，欧盟统计局编写了《欧洲森林环境与经济核算框架》（IEEAF-2002），联合国粮农组织编写了《林业环境与经济核算指南》（FAO-2004）。

由世界银行发起的"财富核算和生态系统服务价值评估"（Wealth Accounting and the Valuation of Ecosystem Services，WAVES）机制自 2010 年日本名古屋《生物多样性公约》第十次缔约方会议上正式推出以来，在以下两个方面取得了进展：一是加强了合作关系，二是在五个国家测试了自然资本核算的可行性。目前，各国均在规划详细的实施路线。该机制的成员国既包括发达国家，也包括发展中国家，并在建立自然资本核算体系方面取得了巨大进展。博茨瓦纳、哥伦比亚、哥斯达黎加、马达加斯加和菲律宾五国已着手实施政府最高领导层批准的工作计划。在制订工作计划的过程中，关键是要明确关乎经济发展的具体重点政策性事项并建立相关部门账户。例如，土地账户正帮助生物多样性丰富的马达加斯加为建立 60000km^2 的保护区筹措资金；土地和水资源账户正帮助哥斯达黎加评估竞争性用地的价值和寻找对其可再生能源基础设施进行长期投资最经济的方法；就博茨瓦纳而言，建立水资源账户将有助于其在实现经济多样化过程中更有效地管理稀缺的水资源。

欧盟 2011 年启动的"生物多样性战略"提出，欧盟成员国需完成国家尺度上的生态系统和多样性价值评估，并提出将其纳入国家统计体系中。英国于 2011 年首次完成国家生态系统评估，并于 2014 年和 2019 年两次更新；法国于 2015 年进行了生态系统服务的国家评估提出了与生物多样性保护相关的政策建议；挪威于 2018 年发布了生态系统服务评估报告，强调了生态系统在可持续发展和气候变化适应中的作用；芬兰于 2019 年评估了芬兰的生物多样性和生态系统服务，并提出了相关政策建议。

2.1.2.1.3 实际核算与实践研究阶段

2012 年 3 月，联合国统计委员会第 43 届会议通过了《环境经济核算体系 2012——中心框架》，该中心框架是基于 20 多年环境核算开发而发布的第一个"综合性国际环境核算标准",是首个环境经济核算体系的国际统计标准,力求提供一个统一的核算原则和方法体系来供各国建立相似结构的账户、生产可比性数据,在全球影响广泛。基于《环境经济核算体系 2012——中心框架》的影响,许多国家也开始了新一轮的环境经济核算实践研究。

以上进展充分表明,生态资源资产核算已从理论体系摸索阶段过渡到实际核算和实践阶段,将为国民经济正常运行提供重要的决策依据。

2.1.2.2 国内研究进展

2.1.2.2.1 理论体系初步研究阶段

我国生态资源资产价值评估源于 20 世纪 80 年代的环境资源价值评估。1980 年,我国经济学家许涤新率先开展了生态经济学的研究,首次将生态因素与经济因素结合起来加以考虑;中国环境科学研究院于 1980 年开展了环境污染损失及生态破坏损失的估算研究,并于 1990 完成了"中国典型生态区生态破坏经济损失及其计算方法"的研究;1988 年,国务院发展研究中心开始进行"自然资源核算及其纳入国民经济核算体系"的课题研究,构建了自然资源核算的理论框架,确立了自然资源价值基本理论和计算公式,推动了自然资源价值核算研究的快速发展;1996 年,由胡涛等组织的"中国环境经济学研讨班"发表了两册论文集,内容包括环境污染损失计量、环境效益评价、自然资源定价、生物多样性生态资源价值等,进一步推动了环境资源价值研究的发展;1999 年,李金昌等出版的《生态价值论》一书系统分析了生态资源价值的有关基础理论,并就其量化方法进行了深入的研究;2001 年,王健民和王如松综合国内外生态资产研究进展,出版了《中国生态资产概论》一书;2004 年,中国环境规划院的王金南等发表了《基于卫星账户的中国环境资源核算初步设计方案》一文;2004 年,于连生在《自然资源价值论及其应用》一书中,将"自然资源价值形态"这一全新概念应用于自然资源价值理论的研究。这一时期主要是理论体系初步研究阶段,注重概念、内容、评估方法等方面的研究。

2.1.2.2.2 理论体系完善与实践阶段

20 世纪 90 年代以来,受国际学术研究思潮的影响,我国科研工作者开展了大量生态资源资产核算方面的理论评估研究,并取得了丰硕的研究成果,特别是在森林资源资产核实和生态服务价值评估方面,已经达到世界领先水平。2004 年,国家林业局和国家统计局联合启动了"中国森林资源核算及纳入绿色 GDP 研究",初步提出了森林资源核算的理论和方法,构建了基于森林的国民经济核算框架,并依据第五次、第六次全国森林资源清查结果和全国生态定位站网络观测数据，核算了全国林地林木资源和森林生态服务的物质量与价值量。自2004年起，国家统计局与国家环境保护总局联合开展了"中国绿色国民经济核算"（绿色GDP）的研究，完成了2004—2010年的全国环境经济核算研究报告，标志着基于环境污染的绿色国民经济年度核算报告制度已经初步形成。2008年12月，国家统计局联合环境保护部等部门召开了《中国资源环境核算体系框架》专家咨询会，聚焦我国资源环境核算体系工作，以期加快我国资源环境核算体系的建立步伐。李金华（2009）通过对SEEA的解读，结合SNA在我国的实践，设计出了一套比较完整的中国环境经济核算体系，即CSEEA，该体系能全面描述一定时期、一定地域的自然环境，资源的存量、流量及变动，计量环境与人类经济活动、社会活动的互动关系和作用状况。2013年5月，国家林业局和国家统计局再次联合启动新一轮"中国森林资源核算及绿色经济评价体系研究"，在原有研究的基础上，充分参考、吸收国际最新的研究成果，改进和完善了生态资源资产核算的理论框架与方法，利用第八次全国森林资源清查结果和相匹配的全国生态定位站网络观测数据，对全国林地林木资源价值和森林生态服务功能价值进行了核算。2014年10月，国家林业局和国家统计局联合举行新闻发布会，向社会公布了初步研究成果。

2.1.2.2.3　实践与试点研究阶段

为推进生态文明建设，2013年11月，党的十八届三中全会指出，要"探索编制自然资源资产负债表，对领导干部实行自然资源资产离任审计。建立生态环境损害责任终身追究制"。探索编制自然资源资产负债表是党的十八届三中全会作出的重大改革部署，引起了社会和各级政府的广泛关注。随后国务院出台了《关于全民所有自然资源资产有偿使用制度改革的指导意见》等一系列顶层设计文件，这标志着我国自然资源核算研究从学术型研究转变为实践研究、国家战略、制度研究。2014年4月，国家统计局制定了自然资源资产负债表编制的改革实施规划；2015年1月，国家林业局发布了林业行业标准《森林资源资产评估技术规范》（LY/T 2407-2015），为编制自然资源资产负债表提供了理论依据。

2015年11月，国务院办公厅印发了《编制自然资源资产负债表试点方案》，并选取内蒙古自治区呼伦贝尔市、浙江省湖州市、湖南省娄底市、贵州省赤水市、陕西省延安市率先开展编制自然资源资产负债表试点工作。与此同时，全国各地的其他城市也在不断探索自然资源资产负债表编制工作，一些地区出台了试点方案，部分地区编制了自然资源资产负债表，并在一些关键领域和重点环节取得了进展。例如，深圳市大鹏新区首创完成了林地自然资源资产核算，发布了全国首个区县级的自然资源资产负债表，在国内率先进入实操阶段；2014 年 7 月，三亚市政府与德稻环境金融研究院合作，在全国率先探索了城市自然资源资产负债表的编制。

2017 年，中国"自然资本核算和生态系统服务估价"项目正式启动，并在广西、贵州实施试点。该项目是在欧盟资助下，由联合国统计司和联合国环境规划署等发起的为期 3 年（2017 年 11 月至 2020 年 11 月）的工作计划。该项目旨在从国家层面为探索编制实物量和价值量自然资源资产负债表提供技术支持，按照《2012 环境经济核算体系——实验性生态系统核算》中实物量和价值量的核算方法，指导广西、贵州开展生态系统服务实物量和价值量核算研究。该项目的启动将有利于我国开展土地、水、森林等自然资源资产负债表的编制工作，可为全球生态资产的核算提供可复制、可推广的中国方案和经验。

2.2　生态资源价值评估的理论基础

2.2.1　经济学理论

经济学理论主要包括劳动价值论和效用价值论。

2.2.1.1　劳动价值论

劳动价值论属于古典经济学范畴，是价值评估的基础理论之一。劳动价值论是阐释商品价值取决于无差别的一般人类劳动的理论。在劳动价值论中，价值实体是客观的，衡量价值的尺度也是客观的。所以，劳动价值论又被称为客观价值论。

2.2.1.1.1　劳动价值论的商品两因素原理

商品是指用来交换的劳动产品。其包含使用价值和价值两个因素，是使用价值及价值的统一。

（1）使用价值。使用价值是指商品和服务能够满足人们某种需要的属性，即物品和服务的有用性。任何商品，首先必须能够满足人们的某种需要，即具有某种使用价值。商品的使用价值由其自然属性决定。商品的自然属性不同，其使用价值也会不同，同一种商品还可以兼有多种自然属性，具有多种使用价值。由于商品通过交换让渡给他人使用进入消费环节，因此商品的使用价值是交换价值的物质承担者。

（2）交换价值。商品具有能够通过买卖与其他商品相交换的属性，是商品的交换价值。交换价值表现为一种使用价值同另一种使用价值相交换的量的比例关系。交换价值是相对的，不同的交换对象有不同的交换价值，并且会因时因地发生变化。

（3）使用价值、交换价值同价值的关联。商品是使用价值和价值的对立统一体。一方面，二者是统一的，是互相依存、互为条件的，作为商品，必须同时具有使用价值和价值两个因素；另一方面，二者又是对立的，是互相排斥、互相矛盾的。商品生产者生产商品是为了取得价值，而商品购买者是为了取得商品的使用价值。只有通过交换，才能使商品的内在矛盾得到解决。

2.2.1.1.2 劳动价值论的劳动二重性原理

商品由劳动创造。商品的两因素由生产商品的劳动二重性决定，即商品的使用价值和价值是由生产商品的具体劳动和抽象劳动决定的。

（1）具体劳动。具体劳动是指从劳动的具体形态观察的劳动。劳动具体形态包括劳动目的、劳动对象、劳动工具、操作方法、劳动成果等。具体劳动创造商品的使用价值，不同的商品具有不同的使用价值，不仅因为其构成的物质要素各有其特殊的自然属性，还因为生产它们的劳动各有其特殊的具体形态。

（2）抽象劳动。抽象劳动是指从劳动的抽象形态观察的劳动。如果抽象掉生产商品劳动的具体形态，则所有劳动都是人们的体力和脑力支出，即无差别的一般人类劳动。抽象劳动是同质、无差别的形成商品价值的劳动，正是由于商品中所凝结的都是同质、无差别的一般人类劳动，才使各种不同使用价值的商品在价值上可以进行比较，并能按一定比例交换。由此可知，抽象劳动创造了商品的价值，是价值的实体或价值的唯一源泉，其反映了商品生产者之间的经济关系。

（3）具体劳动同抽象劳动的关联。具体劳动和抽象劳动是生产商品的同一劳动过程的两个方面。抽象劳动和具体劳动在时间上、空间上都是不可分割的。

2.2.1.2 效用价值论

作为微观经济学及资产评估中的重要基础理论，效用价值论在生态资源价值评估中也起着十分重要的作用。

2.2.1.2.1 效用的概念

按经济学的定义，效用是指消费者在消费商品后所能感受到的满足程度。一种商品或劳务对消费者是否有效用，取决于消费者是否有消费的欲望和这种商品或劳务是否具有满足消费者欲望的能力。实际上，效用这一概念是同人的欲望联系在一起的，它是人类的一种主观心理评价，因此不具有客观性。

2.2.1.2.2　边际效用递减规律

（1）边际效用。边际效用是指在一定时间内消费者每增加一个单位商品或者劳务的消费所得到的效用量或满足的增加，也就是每增加一个单位商品或劳务的消费所得到的总效用增量。衡量商品或者劳务的效用最为关键的就是其边际效用的大小，即某个物品的价值取决于它的边际效用。

令效用函数为 $U(X_1, X_2, \cdots, X_n$；对应商品 $i=1, 2, \cdots, n)$，表示商品组合下的消费者效用，那么，对应商品 i 的边际效用 $MU = \dfrac{\partial U}{\partial X_i}$。

（2）边际效用递减。经济学理论认为，边际效用递减的前提是货币的效用保持不变。在一定时间内，在其他商品的消费数量保持不变的前提下，随着消费者对某种商品消费量的增加，消费者心理上增加的满足感或效用越来越少，即随着商品或劳务消费量的增加，总效用递减的速度不断增加。

总之，边际效用越大，其价值就越大，能够增加的消费者的总效用就越大，从而其价格就越高。因此，要分析生态系统服务功能的价值，就必须认真研究消费者对它的主观认知和主观满足度，也就是分析消费者的效用。实际上，效用论是进行生态系统服务功能价值评估的基础。根据经济学的效用论可知，只有物品具有效用，它才可能具有价值，进而才能进行价值的评估。

2.2.2　生态经济学理论

2.2.2.1　生态经济学的定义与特征

2.2.2.1.1　生态经济学的定义

生态经济学是从经济学角度研究生态系统和经济系统所构成的复合系统的结构、功能、行为及其规律性的学科，是生态学和经济学交叉形成的一门新兴学科。

2.2.2.1.2　生态经济学的特征

生态经济学具有以下几个特征：

（1）层次性。生态经济学是一门多层次的综合性经济学科，从纵向来说，第一层次是探讨整个人类社会经济与自然的关系，也就是全社会的生态经济。第二层次是以各种类型的生态系统为基础，分别研究其专门的生态问题。

（2）整体综合性。生态经济学的整体综合性可以理解为两个方面：一方面，整体的综合效益，即生态经济效益；另一方面，生态经济学的学科体系是由多学科交叉、多层次融合的一个综合体系。

（3）地域的特殊性。由于不同自然环境和自然资源状况同经济的发展有着密切的关系，因而生态经济具有明显的地域性，特别是农业生态经济，地域性更为突出。

（4）长远的战略性。生态经济学是从整体上，从生态系统与经济系统、生态平衡与经济平衡、生态规律与经济规律、生态效益与经济效益的相互关系上，从长远效益上研究经济发展规律，因而能够较为正确地处理局部和整体、近期与长远的关系。所以说，生态经济学是一门高瞻远瞩的学问，是制定国家经济发展战略和决策所不可缺少的，它所研究的问题、得出的结论、提出的解决问题的办法，都事关全局，具有长远的战略意义。

生态经济学所研究的问题是控制人口、保护资源和生态平衡等一系列具有长远战略意义的全局性重大生态经济问题。今天对这些重大问题决策的失误，很可能是今后难以弥补的灾难，因此可以这么说：未来已经不是未来人所决定的未来，而是现代人所决定的未来。所以，生态经济学具有未来学的特点。

对生态平衡问题的研究有以下几个方面的发展趋势：

一是国际性的协作研究正在逐渐增强，不断出现了一些国际性协作研究组织。

二是在一些发达的资本主义国家中，生态平衡问题普遍受到重视，生态平衡问题已渗透到政治运动当中，和政治运动相结合。

三是将生态平衡问题与世界经济的可持续发展紧密地结合在一起，这也是生态经济学需要重点研究的重大课题。

2.2.2.2 生态经济学的主要理论构成

生态经济学是一个新兴的经济学分支，它主要研究人类经济活动与自然环境之间的相互作用，探讨如何实现经济发展和环境保护的协调。生态经济学理论主要包括生态系统服务理论、循环经济理论等。

2.2.2.2.1 生态系统服务理论

生态系统服务是指自然生态系统为人类提供的各种直接或间接的利益，包括物质和非物质方面。生态系统服务理论强调了自然生态系统与人类经济活动之间的相互依赖关系，提出了生态系统服务的分类、评估和管理方法。

2.2.2.2.2 循环经济理论

循环经济是指通过优化资源利用和废物处理，实现经济发展和环境保护的协调发展。循环经济理论强调了资源的可持续利用和废物的减量化处理，提出了循环经济的概念、原则和实践方法。

2.2.2.2.3　绿色经济理论

绿色经济是指通过推动经济结构调整和技术创新，实现经济发展和环境保护的协调发展。绿色经济理论强调了经济增长与环境保护的协同性，提出了绿色经济的概念、特征和实践方法。

2.2.2.2.4　生态足迹理论

生态足迹是指人类活动对自然环境的影响程度，包括对土地、水资源和能源等资源的消耗和污染。生态足迹理论强调了人类活动对自然环境的影响，提出了生态足迹的概念、计算方法和应用价值。

2.2.2.2.5　生态效益评估理论

生态效益评估是指对生态系统服务的贡献和价值进行评估和测算。生态效益评估理论强调了生态系统服务的重要性和价值，提出了生态效益评估的方法和应用价值。

这些理论为生态经济学的研究和实践提供了理论依据和方法支持，促进了经济和环境保护的协调发展。

2.3　生态资源价值评估的内容

2.3.1　生态资源供给服务价值评估

评估生态资源供给服务的价值，主要就是评估生态资源所带来的食物产品的价值。计算公式为：

$$V_i^f = \sum P_{ij} \times Q_{ij} \times K_f \tag{2-1}$$

式中：V_i^f 为 i 生态资源提供食物的价值（元）；P_{ij} 为 i 生态资源 j 产品（牛肉、羊肉、牛奶等）的市场价格（元 /kg）；Q_{ij} 为 i 生态资源 j 产品年产量（万 t）；K_f 为提供食物价值的调整系数。

2.3.2　生态资源调节服务价值评估

对生态资源调节服务价值的评估主要包括评估涵养水源价值、水体净化价值、固碳释氧价值、吸收污染物价值和滞尘价值。

2.3.2.1 涵养水源价值评估

2.3.2.1.1 涵养水源量核算

方法一：涵养水源量是生态系统为本地区和周边其他地区提供的总水资源量，包括本地区的用水量和净出境水量。由于本地区的用水量在物质产品功能中得到体现，为避免重复计算，不包括用水量。

$$Q_{wr} = EQ - LQ \qquad (2-2)$$

式中：Q_{wr} 为涵养水源量（m^3）；LQ 为区域出境水量（m^3）；EQ 为区域入境水量（m^3）。

方法二：通过水量平衡方程计算。水量平衡原理是指在一定的时空内，水分的运动保持着质量守恒，或输入的水量和输出的水量之间的差额等于系统内蓄水的变化量。

$$Q_{wr} = A \times (P - ET - C - R) \qquad (2-3)$$

$$R = P \times \alpha \qquad (2-4)$$

式中：Q_{wr} 为涵养水源总量（m^3/a）；A 为被评估生态资源的面积（hm^2）；P 为年降水量（mm/a）；R 为年地表径流量（mm/a）；ET 为年蒸发量（mm/a）；C 为年侧向渗漏量（mm/a），默认忽略不计；α 为平均地表径流系数。

2.3.2.1.2 涵养水源价值量评估

生态资源的水源涵养价值是指生态资源通过吸收、渗透降水，增加地表有效水的蓄积从而有效涵养土壤水分、缓和地表径流和补充地下水、调节河川流量而产生的生态效应。

$$V_{wr} = Q_{wr} \times (C_{we} + C_{wo}) \qquad (2-5)$$

式中：V_{wr} 为水源涵养总价值（万元 /a）；Q_{wr} 为区域内水源涵养量（m^3/a）；C_{we} 为水库建设单位库容投资（万元 /m^3）；C_{wo} 为水库单位库容的年运营成本（万元 /m^3）。

2.3.2.2 水体净化价值评估

水体净化功能是指水环境通过一系列物理和生化过程对进入其中的污染物进行吸附、转化及生物吸收等，使水体生态功能部分或全部恢复至初始状态的能力，达到净化水环境的目的。

2.3.2.2.1 水体净化数量核算

水体净化服务价值评估主要是利用监测数据，根据生态系统中污染物构成指标和浓度变化，选取适当的指标对其进行定量化评估。

$$Q_{wp} = 10 \times (P - ET - R) \times A \qquad (2-6)$$

式中：Q_{wp} 为生态资源水体污染物净化总量（m^3/a）；P 为平均降雨量（mm/a）；ET 为年平均蒸散发量（mm/a）；R 为年平均径流量（mm/a）；A 为生态资源的面积（hm^2）。

2.3.2.2.2 水体净化价值量评估

由于各地生产力水平发展不均衡，水体净化功能价值量评估在实际操作中可能会存在一些困难。而替代成本法以当地污水处理厂处理某种污染物的单价来表示生态系统水净化的价值量，使评估结果更加客观。因此，本书采用替代成本法，通过工业治理水体污染物的成本来评估生态系统水质净化功能的价值。

$$V_{wp} = Q_{wp} \times K \qquad (2-7)$$

式中：V_{wp} 为水体净化价值（元 /a）；Q_{wp} 为生态资源水体污染物净化总量（m^3/a）；K 为处理成本（元 /t）。

2.3.2.3 固碳释氧价值评估

2.3.2.3.1 固碳价值评估

固碳是指生态资源将大气中的二氧化碳转化为有机碳即碳水化合物固定在植物体内或者土壤内的举措。这种功能对于调节气候、维护和平衡大气中二氧化碳和氧气的稳定具有重要意义，能有效减缓大气中二氧化碳浓度升高的状态，减缓温室效应，改善生活环境。研究选用二氧化碳固定量作为生态系统固碳功能的评价指标。

（1）固碳数量核算。

方法一：

$$Q_{CO_2} = (M_{CO_2} / M_C) \times A \times C_C \times (AGB_{t_2} - AGB_{t_1}) \qquad (2-8)$$

式中：Q_{CO_2} 为生态资源的固碳量（tCO_2/a）；M_{CO_2} / M_C 为 C 转化为 CO_2 的系数；A 为生态资源面积（hm^2）；C_C 为生态资源生物量—碳转换系数；AGB_{t_2} 为第 t_2 年的生物量（t/hm^2）；AGB_{t_1} 为第 t_1 年的生物量（t/hm^2）。

方法二：

$$Q_{CO_2} = (M_{CO_2} / M_C) \times NEP \qquad (2-9)$$

式中：Q_{CO_2} 为被评估生态资源的固碳量（tCO_2/a）；M_{CO_2} / M_C 为 C 转化为 CO_2 的系数；NEP 为净生态系统生产力（tC/a）。

其中，NEP 有两种计算方法。

第一种是由净初级生产力（NPP）减去异氧呼吸消耗得到：

$$NEP = NPP - RS \tag{2-10}$$

式中：NEP 为净生态系统生产力（tC/a）；NPP 为净初级生产力（tC/a）；RS 为土壤呼吸消耗碳量（tC/a）。

第二种是按照各省份 NEP 和 NPP 的转换系数，根据 NPP 计算得到 NEP：

$$NEP = \alpha \times NPP \times M_{C_6} / M_{C_6H_{12}O_6} \tag{2-11}$$

式中：NEP 为净生态系统生产力（tC/a）；α 为 NEP 和 NPP 的转换系数；NPP 为净初级生产力（tC/a）；$M_{C_6} / M_{C_6H_{12}O_6}$ 为干物质转化为 C 的系数。

（2）固碳价值量评估。生态资源固碳价值是指生态资源通过植被光合作用固定 CO_2，实现大气中 CO_2 与 O_2 的稳定产生的生态效应。生态系统固碳价值核算常用的方法为造林成本法。公式如下：

$$V_{cf} = Q_{CO_2} \times C_{CO_2} \tag{2-12}$$

式中：V_{cf} 为固碳总价值（万元/a）；Q_{CO_2} 为二氧化碳固定总量（t/a）；C_{CO_2} 为单位造林固碳成本或碳交易市场价格（万元/t）。

2.3.2.3.2 释氧价值评估

释氧是指生态资源通过植物光合作用吸收大气中的二氧化碳释放氧气，维持大气氧气稳定的功能。这种功能对于调节气候、维护和平衡大气中 CO_2 和 O_2 的稳定具有重要意义，能有效降低大气中二氧化碳浓度，减缓温室效应，改善生活环境。

（1）释氧数量核算。主要选用释氧量作为生态系统释氧功能的评价指标。

方法一：

根据光合作用化学方程式可知，植物每吸收 1 mol CO_2，就会释放 1 mol O_2，据此可以测算出森林生态系统释放氧气的质量：

$$Q_{op} = (M_{O_2} / M_{CO_2}) \times Q_{tCO_2} \tag{2-13}$$

式中：Q_{op} 为生态资源释氧量（t），M_{O_2} / M_{CO_2} 为 CO_2 转化为 O_2 的系数；Q_{tCO_2} 为生态资源固碳量（tCO_2/a）。

方法二：

$$G_{or} = A \times B_{年} \times F \tag{2-14}$$

式中：G_{or} 为被评估生态资源年释氧量（t/a）；A 为被评估生态资源面积（hm^2）；$B_{年}$ 为实测被评估生态资源净生产力 [t/（$hm^2 \cdot a$）]；F 为生态资源服务修正系数。

（2）释氧价值量评估。生态资源固碳释氧价值是指生态资源通过植被光合作用固定 CO_2 并释放 O_2，实现大气中 CO_2 与 O_2 的稳定产生的生态效应，体现在固碳价值和释氧价值两个方面。

生态系统释氧价值核算常用的方法有工业制氧法、造林成本法。本书采用工业制氧成本法评估森林生态系统释氧的经济价值。

$$V_{or} = G_{or} \times C_{or} \tag{2-15}$$

式中：V_{or} 为释氧总价值（万元 /a）；G_{or} 为生态资源年释氧量（t/a）；C_{or} 为工业制氧价格（万元 /t）。

2.3.2.4 吸收污染物价值评估

2.3.2.4.1 吸收污染物指标的内涵

二氧化硫、氮氧化物等是大气中的主要污染物，具有分布广、危害大等特点，生态资源通过对大气污染物质的吸收、降解、积累和迁移，以达到对大气污染的净化作用。

2.3.2.4.2 吸收污染物价值评估方法

$$Q_{ap(二氧化硫/氮氧化物)} = \sum_{j=1}^{m} Q_{1j} \times S_i \tag{2-16}$$

$$V_{qp(二氧化硫/氮氧化物)} = Q_{ap(二氧化硫/氮氧化物)} \times P \tag{2-17}$$

式中：$Q_{ap(二氧化硫/氮氧化物)}$ 为生态资源的大气污染物净化总量（t/a）；Q_{1j} 为生态资源对第 j 类大气污染物的单位面积年净化量 [t/（km² · a）]；S_i 为生态资源面积（hm²）；m 为核算地域大气污染物类型的数量；$V_{qp(二氧化硫/氮氧化物)}$ 为生态资源的吸收气体污染物价值（元 /a）；P 为二氧化硫 / 氮氧化物的治理成本（元 /t）。

2.3.2.5 滞尘价值评估

2.3.2.5.1 滞尘指标的内涵

生态资源可以阻挡气流和降低风速，使大气中的尘埃失去移动的动力而降落。另外，某些生态资源具有较强的蒸腾作用，如森林，其使树冠周围和森林表面保持较大的湿度，使尘埃湿润增加重量，这样尘埃较容易降落吸附。再者，树木的花、叶和枝等能分泌多种黏性汁液，同时表面粗糙多毛，空气中的尘埃经过森林，便附着于叶面及枝干的下凹部分，从而起到粘着、阻滞和过滤作用，所以森林具有阻滞尘埃的功效。

2.3.2.5.2 滞尘指标评估方法

$$Q_{ap(滞尘)} = \sum_{i=1}^{n} Q_{1i} \times S_i \tag{2-18}$$

$$V_{qp(滞尘)} = Q_{ap(滞尘)} \times P \tag{2-19}$$

式中：$Q_{ap(滞尘)}$ 为被评估生态资源的滞尘总量（t/a）；Q_{1i} 为被评估生态资源对第 i 类滞尘能力的单位面积年净化量 $[t/(km^2 \cdot a)]$；S_i 为被评估生态资源面积（hm^2）；n 为核算地域滞尘能力的数量；$V_{qp(滞尘)}$ 为被评估生态资源的滞尘价值（元/a）；P 为滞尘的治理成本（元/t）。

2.3.3 生态资源支持服务价值评估

2.3.3.1 土壤保持价值评估

生态资源对水土保持具有重要的作用，在水土护理方面，生态资源可以防止土壤被雨水等侵蚀从而减少土地的废弃，也可以减少水土中的泥沙淤积并在一定程度上减轻土壤肥力流失。

2.3.3.1.1 减少土壤侵蚀总量核算

$$Q_{sr} = Q_0 - Q_1 \tag{2-20}$$

$$Q_{sr} = S \times K = S(k_0 - k_1) \tag{2-21}$$

式中：Q_{sr} 为被评估生态资源能够减少土壤侵蚀的总量（t）；Q_0 为被评估生态资源的潜在土壤侵蚀量，也就是完全没有植被的理论侵蚀量（t）；Q_1 为被评估生态资源的现实土壤侵蚀量（t）；S 为总面积（hm^2）；K 为被评估生态资源减少的土壤侵蚀模数，k_0、k_1 分别为单位面积下的土壤无、有植被覆盖时的侵蚀模数（t/hm^2）。

2.3.3.1.2 降低土地面积废弃率的价值

$$V_{land} = R \times Q_{sr} / (h \times \rho) \tag{2-22}$$

式中：V_{land} 为被评估生态资源降低土地废弃率所创造的价值（元）；R 为单位面积被评估生态资源的平均收益（元/hm^2）；h 为被评估生态资源土壤耕作层的平均厚度（cm）；ρ 为被评估生态资源土壤容重（g/cm^3）。

2.3.3.1.3 减少泥沙淤积的价值

$$V_{silt} = r \times R \times Q_{sr} / \rho \tag{2-23}$$

式中：V_{silt} 为被评估生态资源因减少泥沙淤积而创造的价值（元）；r 为泥沙淤积率；R 为建设单位库容水库所需的工程费用（元/m^3）。

2.3.3.1.4 保持土壤肥力的价值

$$V_{fertility} = \sum H \times J_i \times Q_{sr} \tag{2-24}$$

式中：$V_{fertility}$ 为被评估生态资源保护土壤肥力价值（元）；H 为某种化肥的平均销售价格（元/t）；J_i 为被评估生态资源的土壤中营养元素的平均含量（%），其中，i 为营养元素类型，i=1，2，3 分别代表氮、磷、钾。

2.3.3.2 氮固持价值评估

氮固持是指无机氮（NH_4^+ 或 NO_3^-）被微生物吸收和化学固定的过程。计算方法如下：

$$G_{氮} = A \times N_{营养} \times B_{年} \times F \tag{2-25}$$
$$U_{氮} = G_{氮} \times C_1 \tag{2-26}$$

式中：$G_{氮}$ 为被评估生态资源年氮固持量（t/a）；$N_{营养}$ 为实测被评估生态资源氮元素含量（%）；A 为被评估生态资源面积（hm^2）；$B_{年}$ 为实测被评估生态资源净生产力 [t/（$hm^2 \cdot a$）]；F 为生态资源服务修正系数；$U_{氮}$ 为被评估生态资源氮固持价值（元/a）；C_1 为磷酸二铵化肥价格（元/t）。

2.3.3.3 磷固持价值评估

磷固持是指磷元素被微生物吸收和化学固定的过程。计算公式如下：

$$G_{磷} = A \times P_{营养} \times B_{年} \times F \tag{2-27}$$
$$U_{磷} = G_{磷} \times C_1 \tag{2-28}$$

式中：$G_{磷}$ 为被评估生态资源年磷固持量（t/a）；$P_{营养}$ 为实测被评估生态资源磷元素含量（%）；A 为被评估生态资源面积（hm^2）；$B_{年}$ 为实测被评估生态资源净生产力 [t/（$hm^2 \cdot a$）]；F 为生态资源服务修正系数；$U_{磷}$ 为被评估生态资源磷固持价值（元/a）；C_1 为磷酸二铵化肥价格（元/t）。

2.3.3.4 钾固持价值评估

钾固持是指钾元素被微生物吸收和化学固定的过程。计算公式如下：

$$G_{钾} = A \times K_{营养} \times B_{年} \times F \tag{2-29}$$
$$U_{钾} = G_{钾} \times C_2 \tag{2-30}$$

式中：$G_{钾}$ 为被评估生态资源年钾固持量（t/a）；$K_{营养}$ 为实测被评估生态资源钾元素含量（%）；A 为被评估生态资源面积（hm^2）；$B_{年}$ 为实测被评估生态资源净生产力 [t/（$hm^2 \cdot a$）]；F 为生态资源服务修正系数；$U_{钾}$ 为被评估生态资源钾固持价值（元/a）；C_2 为氯化钾化肥价格（元/t）。

2.3.3.5 营养物质循环价值评估

$$V_{cycle} = \sum H \times NPP \times D \tag{2-31}$$

式中：V_{cycle} 为被评估生态资源参与元素循环、固定营养物质所创造的价值（元）；NPP 为被评估生态资源平均每年的净初级生产力（gC/m^2）；D 为被评估生态资源中营养元素的平均含量（%）。

2.3.4 生态资源文化服务价值评估

2.3.4.1 休闲游憩价值评估

核算休闲游憩的价值的公式如下：

$$VE = N \times E_t \tag{2-32}$$

$$E_t = (TR_{pt} \times S + TP_{pt}) \times E \times NC \tag{2-33}$$

式中：VE 为被评估生态资源的游憩价值（元/a）；N 为被评估生态资源年总游客人次；E_t 为调查样本中被评估生态资源总休闲游憩价值（元/a）；TR_{pt} 为抽样调查中游人游览被评估生态资源所花费的路程时间（人·h）；S 为调查样本中被评估生态资源受访者此行的时间分担度（%），值域为 [0, 100]，100% 代表来该自然空间为唯一目的；E 为调查样本中被评估生态资源中受访者单位时间人均工资（元/h）；N 为调查样本中被评估生态资源中受访者此行的自然景观倾向度（%），值域为 [0, 100]，当游客认为该处的吸引力只为自然景观时，取 100%。

2.3.4.2 科学研究价值评估

生态资源具有重要的科研与教育价值。生态资源科学研究价值的计算公式如下：

$$V_{科学研究} = \sum S_i \times P_{科学研究} \tag{2-34}$$

式中：$V_{科学研究}$ 为被评估生态资源科学研究价值（元）；S_i 为第 i 类被评估生态资源面积（hm^2）；$P_{科学研究}$ 为单位面积被评估生态资源科学研究价值（元/hm^2）。

2.3.4.3 旅游康养价值评估

选用被评估生态资源自然景区的三类旅游活动游客年旅游总人次，作为被评估生态资源自然旅游康养功能量的评价指标。

2.3.4.3.1 旅游康养游客量核算

$$N_t = NN_t + NR_t + NH_t \tag{2-35}$$

式中：N_t 为旅游康养游客总人次（人·次/a）；NN_t 为自然旅游康养游客总人次（人·次/a）；NR_t 为红色文化旅游游客总人次（人·次/a）；NH_t 为历史文化旅游游客总人次（人·次/a）。

（1）自然旅游康养。选用被评估生态资源内自然景区的游客年旅游总人次，作为被评估生态资源自然旅游康养功能量的评价指标。

$$NN_t = \sum_{i=1}^{n} NN_{t_i} \tag{2-36}$$

式中：NN_t 为自然旅游康养游客总人次（人·次/a）；NN_{t_i} 为第 i 个自然景区

的游客人次（人·次/a）；i 为自然景区，$i=1,2,\cdots,n$；n 为自然景区数量。

（2）红色文化旅游。选用被评估生态资源内红色文化景区的游客年旅游总人次，作为被评估生态资源红色文化产品功能量的评价指标。

$$NR_t = \sum_{i=1}^{n} NR_{t_i} \qquad (2\text{-}37)$$

式中：NR_t 为红色文化旅游游客总人次（人·次/a）；NR_{t_i} 为第 i 个红色文化景区的游客人次（人·次/a）；i 为红色文化景区，$i=1,2,\cdots,n$；n 为红色文化景区数量。

（3）历史文化旅游。选用被评估生态资源内历史文化景区的游客年旅游总人次，作为被评估生态资源历史文化产品功能量的评价指标。

$$NH_t = \sum_{i=1}^{n} NH_{t_i} \qquad (2\text{-}38)$$

式中：NH_t 为被评估生态资源内历史文化旅游游客总人次（人·次/a）；NH_{t_i} 为第 i 个历史文化景区的游客人次（人·次/a）；i 为历史文化景区，$i=1,2,\cdots,n$；n 为历史文化景区数量。

2.3.4.3.2　旅游康养价值量评估

选用被评估生态资源内的三类旅游活动核算被评估生态资源旅游康养价值。公式如下：

$$V_r = VV_r + VR_r + VH_r \qquad (2\text{-}39)$$

式中：V_r 为被评估生态资源的旅游康养价值（元/a）；VV_r 为被评估生态资源的自然旅游康养价值（元/a）；VR_r 为被评估生态资源的红色文化旅游价值（元/a）；VH_r 为被评估生态资源的历史文化旅游价值（元/a）。

（1）自然旅游康养。核算被评估生态资源自然旅游康养价值的公式如下：

$$VV_r = \sum_{j=1}^{J} NN_j \times TCN_j \qquad (2\text{-}40)$$

$$TCN_j = TN_j \times W_j \times CN_j \qquad (2\text{-}41)$$

$$CN_j = CN_{tc,j} + CN_{lf,j} + CN_{ef,j} + CN_{n,j} \qquad (2\text{-}42)$$

式中：VV_r 为被评估生态资源的自然旅游康养价值（元/a）；NN_j 为 j 地到被评估生态资源自然景区旅游的总人次（人·次/a）；j 为来被评估生态资源自然景区旅游的游客所在区域（区域按距核算地点的距离画同心圆），$j=1,2,\cdots,n$；TCN_j 为来自 j 地的游客的平均旅行成本 [元/（人·次）]；TN_j 为来自 j 地的游客旅游的平均时间（天/次）；W_j 为来自 j 地游客的当地平均工资（元/人）；CN_j 为来自 j 地的游客花费的平均直接旅行费用 [元/（人·次）]，其中包括游客从 j 地到被评估生态资源自然景区的交通费用$CN_{tc,j}$［元/（人·次）］、景区内食宿花费$CN_{lf,j}$［元/（人·次）］、景区门票费用$CN_{ef,j}$［元/（人·次）］和旅游带动的购物、娱乐等延伸相关花费$CN_{n,j}$［元/（人·次）］。

（2）红色文化旅游。核算被评估生态资源红色文化旅游的价值的公式如下：

$$VR_r = \sum_{j=1}^{J} NR_j \times TCR_j \tag{2-43}$$

$$TCR_j = TR_j \times W_j \times CR_j \tag{2-44}$$

$$CR_j = CR_{tc,j} + CR_{lf,j} + CR_{ef,j} + CR_{n,j} \tag{2-45}$$

式中：VR_r为被评估生态资源的红色文化旅游价值（元/a）；NR_j为j地到被评估生态资源红色文化景区旅游的总人次（人·次/a）；j为来被核算地点红色文化景区旅游的游客所在区域（区域按距核算地点的距离画同心圆），$j=1$，2，…，n；TCR_j为来自j地的游客的平均旅行成本［元/（人·次）］；TR_j为来自j地的游客用于旅途和核算地点红色文化景区旅游的平均时间（天/次）；W_j为来自j地游客的当地平均工资（元/人）；CR_j为来自j地的游客花费的平均直接旅行费用［元/（人·次）］，其中包括游客从j地到核算区域红色文化景区的交通费用$CR_{tc,j}$［元/（人·次）］、景区内食宿花费$CR_{lf,j}$［元/（人·次）］、景区门票费用$CR_{ef,j}$［元/（人·次）］和旅游带动的购物、娱乐等延伸相关花费$CR_{n,j}$［元/（人·次）］。

（3）历史文化旅游。核算被评估生态资源历史文化旅游的价值的公式如下：

$$VH_r = \sum_{j=1}^{J} NH_j \times TCH_j \tag{2-46}$$

$$TCH_j = TH_j \times W_j \times CH_j \tag{2-47}$$

$$CH_j = CH_{tc,j} + CH_{lf,j} + CH_{ef,j} + CH_{n,j} \tag{2-48}$$

式中：VH_r为被评估生态资源的历史文化景区的历史文化旅游（元/a）；NH_j为j地到被评估生态资源历史文化景区旅游的总人次（人·次/a）；j为来被评估生态资源历史文化景区旅游的游客所在区域（区域按距核算地点的距离画同心圆），$j=1$，2，…，n；TCH_j为来自j地的游客的平均旅行成本［元/（人·次）］；TH_j为来自j地的游客用于旅游的平均时间（天/次）；W_j为来自j地游客的当地平均工资（元/人）；CH_j为来自j地的游客花费的平均直接旅行费用［元/（人·次）］，其中包括游客从j地到被评估生态资源中历史文化景区的交通费用$CH_{tc,j}$［元/（人·次）］、景区内食宿花费$CH_{lf,j}$［元/（人·次）］、景区门票费用$CH_{ef,j}$［元/（人·次）］和旅游带动的购物、娱乐等延伸相关花费$CH_{n,j}$［元/（人·次）］。

2.4　生态资源价值评估的要素与作用

2.4.1　生态资源价值评估的要素

生态资源价值评估是保护生态环境、建立生态利益补偿机制的前提，对生态资源服务价值进行评估既能为决策者提供科学合理的信息，又能为生态利益补偿提供有效的货币化补偿依据和标准。随着人类对生态资源服务需求的日益增长与生态资源不断耗损退化之间矛盾的凸显，生态资源价值评估作为一项新兴的资产评估业务，无论从政治、经济还是社会的角度都有着越来越广泛的需求。建立生态资源价值评估制度，必须研究和分析生态资源价值评估的各个要素。

2.4.1.1　生态资源价值评估的主体

生态资源价值评估的主体是依法取得注册评估师资格且专门从事生态资源价值评估的机构和专业人员。《中华人民共和国资产评估法（草案）》中指出，"国家根据经济社会发展需要设定注册评估师专业类别"，生态系统服务的评估包括各种生态系统对人类社会和经济的直接和间接支持，如提供食物、水、原材料、气候调节、自然灾害保护等功能，这使生态资源价值评估具备复杂性。评估师需要了解生态系统的健康状况、多样性和生态系统服务的价值，这通常需要密切关注生态系统的风险、脆弱性和恢复力，因此，评估人员需要具备扎实的生态学基础知识和对生态系统的深入理解，并且具备专业的技术能力，在科学的评估框架体系下进行评估工作。他们需要不断地更新自己的知识和技能，以满足不断发展和变化的评估需求，同时也要保持对生态系统的关注和热情，为保护和可持续利用生态资源贡献自己的专业知识和经验。

2.4.1.2　生态资源价值评估的客体

生态资源价值评估的客体是拟被评估的对象（本书主要是对各个生态资源的服务功能进行价值评估），由于生态资源服务的公共产品属性和外部性不同，所以生态资源价值评估与传统的资产评估也有所不同，除了评估可市场化或准市场化的经济效益，还需要评估生态效益和社会效益，对生态资源价值的评估需要考虑其存量、流量，并进行全面的综合评估。

2.4.1.3 生态资源价值评估的依据

生态资源价值评估的依据是指评估人员作出价值判断的根据，通常包括相关的法律法规、与评估对象相关的各种资料信息、生态学的相关技术支持、经济学的有关原理等。将这些信息一起构成一个完整的评估框架体系，是对评估对象作出价值判断的基本前提。

2.4.1.4 生态资源价值评估的目的

生态资源价值评估的目的不是为每项生态资源服务贴上价格标签，而是帮助人类了解掌握区域生态资源存量的历史变迁和流量的现状变化，从而把生态资源服务的价值纳入经济体系中，迫使人类改变现有发展模式，保护生态资源以实现可持续发展，保障代内、代际公平。

2.4.2 生态资源价值评估的作用

目前，生态资源越来越受到重视，一方面，是因为人类对生态环境的影响日益加剧；另一方面，生态环境对社会经济活动和人类生活的影响越来越大。在此情景下，生态资源价值评估有着不可忽视的作用。

2.4.2.1 有助于促进生态资源价值观念的转变和普及，提高公众环保意识

传统商品价值观念的主要依据是劳动价值论，认为商品是用来交换的劳动产品，价值就是凝结的一般人类劳动。这种观念过分强调劳动在商品价值形成过程中的作用，忽视了生态系统在商品生产过程中对人类劳动数量和质量的影响。而生态系统服务功能价值研究打破了传统的商品价值观念，把生态系统看作人类重要的资本资产，为自然资源和生态保护找到了合理的资金来源，具有重要的现实意义。

生态系统服务功能的评价结果，是以货币的形式更加直观地展现自然生态系统为人类提供的服务的价值。通过互联网、电视、图书和报纸等媒介对这种价值进行宣传，能够有效地帮助人们加深对生态系统服务功能价值的认识和了解，进而提高公众的环境意识。公众环保意识的提高，能够最大限度地降低评价过程中的人为误差，为正确评价生态资源的价值奠定良好的基础。

2.4.2.2 有助于从传统国民经济核算体系走向环境与经济一体化核算体系

传统的国民经济核算体系，无论是西方国家的"国民账户体系"，还是苏联

和东欧的"物质产品平衡体系",都以经济核算为主,几乎不涉及环境核算。这种国民经济核算体系并未把环境污染、生态破坏和资源耗竭的代价计算在内,忽略了自然生态资源提供的服务。目前的研究表明,生态系统的直接价值远远低于其间接价值。而且现行的国民经济核算体系也导致了一些严重的后果,夸大了经济效益,一是使现行国民经济产值的增长带有一定的虚假性;二是忽视了作为未来生产潜力的自然资本的耗损贬值和环境退化所造成的损失;三是损毁了经济社会赖以发展的资源基础和生态条件,使经济社会的持续健康发展难以为继。所以,如果能够正确估算生态资源价值,就能够建立起反映环境成本和效益的环境与经济一体化的绿色国民经济核算体系,从而提供更加准确的衡量国家发展状况的指标,避免现行的核算体系对经济社会发展产生误导。

2.4.2.3 有助于制定合理的自然资源价格体系,促进经济手段在管理中的应用

生态资源不仅具有可被人们利用的物质性产品价值,而且具有可被人们利用的功能性服务价值。如果忽视生态资源的价值或者为其定价过低,就会造成资源的过度消耗和生态破坏。实践表明,通过创建市场、税收、补贴、收费等经济手段,能够纠正市场和政策失灵,有效保护自然资源。生态资源价值研究可以为促进经济手段的合理使用提供科学依据。

2.4.2.4 有助于在环境影响评价中考虑生态影响,做出绿色决策

在经济建设过程中,任何建设项目、规划、区域开发、政策的建设和实施都会对生态系统产生影响。过去我国的环境影响评价主要侧重于环境质量的影响评价,随着生态破坏日趋严重,生态影响评价逐渐得到重视和加强。对生态资源价值的深入认识和评价,有助于对项目所产生的收益与项目对生态系统服务功能产生的影响进行权衡,从而在费用效益分析的基础上做出决策。只有明确了生态资源的价值,才能够真正促使各级决策者更多地考虑生态系统,阻止严重破坏生态服务功能的开发建设项目和规划的实施,推动开发具有生态效益的项目,走向绿色决策,促进社会经济的可持续发展。

2.4.2.5 有助于为生态建设规划及评价奠定基础,促进生态系统可持续管理

通过对生态资源价值的定量分析,可以明确各类生态系统的重要性,发现生态系统的空间分布特征,确定生态系统的保护措施和正确的开发方法,合理划分生态功能区,完善生态建设规划。

因地制宜地进行生态工程建设，能够保护、恢复和重建生态系统服务功能。我国在生态工程建设方面已经积累了许多成功经验，如退耕还林、天然林保护、自然保护区、防护林体系建设等已经取得了巨大的生态效益。我国将来不仅要继续扩大生态建设的规模，而且要进一步提高生态建设的质量，使生态系统服务功能最大化。通过衡量生态资源价值可以进行成本—收益分析，能够明确计量生态保护和恢复行为所创造的收益，对生态工程建设的影响进行预测和评价，激励私人、企业、政府和组织在生态建设方面的投资行为，为生态建设筹集多渠道的资金。

对各类生态系统进行管理，目的是使生态系统能够源源不断地为人类提供可持续的服务。对生态资源服务功能机理和生态过程的深入认识，有助于管理者采取有效的调控措施，对生态系统的组成和结构进行调控，保持生态资源的可持续性。人们通过生态资源价值评估能够对不同的管理措施进行比较，从而选择有利于维护和增强生态系统的管理策略。

2.4.2.6 有助于生态补偿制度的实施和利益分配的公平性

获取某个生态系统服务功能效益的人可能不是本地人，而是其他人甚至是来自遥远地方的人。例如，上游居民保护森林的涵养水源功能的效益总是由中下游居民获得，这样就会导致生态资源利益分配的不公平。许多社区的居民需要来自生态系统的产品来保障他们的生活需要，如木材、鱼、牧草等，然而来自政府或外界的力量剥夺了当地人对自然资源的所有权或使用权，传统的产业被转变为资金和技术密集型产业，生产的产品主要用于对外输出，如发展鱼虾养殖场来对外输出鱼虾，而当地人却无法从这些产业中获益。

面对退化的生态系统，贫困人口获得替代生态系统服务功能的能力又十分有限，这使得一些贫困人口尽管生活在环境资源丰富的地区，但在人类福祉方面却处于较低的地位。

在我国，地区和城乡经济发展不平衡的问题亟待解决，根据"谁受益，谁补偿；谁破坏，谁恢复"的原则，生态系统服务功能的受益者应该对保护者予以一定的生态补偿，以维护公平的利益分配和保护者应有的权益，这样做不仅有利于促进生态保护和恢复，而且有利于区域经济的协调发展和贫困问题的解决。

生态资源价值评估，有助于衡量保护所带来的效益并确定补偿的数额，从而促进生态补偿制度的实施。

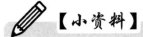

【小资料】

古人关于碳中和的故事

在古代，虽然没有现代化的科学技术和环境保护意识。但古人却有一些与碳中和有关的故事和智慧。这些故事传承至今，依然能给我们带来启示和思考。

传说，有一位古代智者，名叫蒲公，他观察了自然界中不同植物的生长过程，发现植物通过光合作用能够吸收二氧化碳并释放出氧气，保持了环境中的氧气水平。于是，蒲公呼吁人们种植更多的树木和花草，使大自然中的植被得以恢复和壮大。他认为这样可以减少空气中的二氧化碳含量，达到碳中和的效果。

另一个关于碳中和的故事源自《庄子》。故事中，庄子观察到人们每天生活中的燃烧活动产生了大量的烟雾和废气，这对人们的健康和环境造成了威胁。于是他建议人们采取措施来减少燃烧活动所产生的废气，以此达到碳中和的目标。

从这些古人的故事中，我们可以看出他们对环境保护和碳中和的重视。虽然当时的科学技术有限，但通过观察和思考自然界中的活动，他们对于植物吸收二氧化碳的重要性有了认识，并提出了种植更多植物以减少二氧化碳含量的建议。另外，他们也关注到燃烧活动对环境的影响，提出了减少燃烧废气的方法。

这些古人的智慧启示着我们，碳中和并不是现代社会的特有问题，而是人类在不同时代都需要思考和解决的环境议题。我们可以从古人的智慧中汲取经验，重视环境保护，通过采取行动来实现碳中和的目标。每个人都可以从自身做起，减少二氧化碳的排放，选择可再生能源，种植更多绿色植物。通过共同的努力，我们可以创造一个更为可持续和健康的生态环境。

资料来源：百度文库. 古人关于碳中和的故事［EB/OL］. 2023-11-05.

【 第 3 章 】

生态资源价值评估准则

 【学习要点】

1. 了解生态资源价值评估目的，学会区分不同类型的生态资源价值评估目的，包括以自然资源资产价值核算为评估目的、以资产出让为评估目的、以产权交易为评估目的、以资源资产经营活动为评估目的等。

2. 了解生态资源价值评估假设的概念，理解生态资源资产评估假设的内涵，包括可替代性假设、边际效应假设、偏好一致性假设等。

3. 了解生态资源价值评估的工作原则，包括守法原则、自律原则、综合性原则等；理解生态资源价值评估的经济技术原则，包括供求原则、预期收益原则、贡献原则等。

4. 了解生态资源价值评估程序的概念，掌握生态资源价值评估程序的步骤，包括选择评估机构、订立委托合同、指定评估承办人员等；掌握不同类型的生态资源价值评估程序，包括森林生态资源价值评估程序、湿地生态资源价值评估程序、草原生态资源价值评估程序、水生态资源价值评估程序和海洋生态资源价值评估程序。

3.1 生态资源价值评估目的

3.1.1 生态资源价值评估目的的概念

生态资源价值评估目的是指生态资源价值评估服务于什么经济行为，即评估委托人要求对评估对象的价值进行评估后所要从事的经济行为。通俗地讲，生态资源价值评估目的就是生态资源价值评估所要达到的目标。评估目的是评估业务的基础，它决定了生态资源价值评估标准的采用，并在一定程度上制约着评估方法的选择。

3.1.2 生态资源价值评估目的的种类

3.1.2.1 以自然资源资产价值核算为评估目的

生态资源价值评估，抑或称为自然资源资产评估，是正确认识和评价自然资源资产价值的基础性工作。鉴于自然资源资产具有种类多、用途广、因素杂等特点，自然资源资产价值评估是极其复杂的。在此重点讨论自然资源资产价值评估的主要方面，就是确保自然资源资产的健康流动或合理处置；确保自然资源资产的保值、增值；确保自然资源资产价值的充分实现；确保生态资源收益为各利益相关者相对均衡地分享。

3.1.2.2 以资产出让为评估目的

我国的生态资源为国家所有，各省份自然资源厅拟订全民所有自然资源资产管理政策，贯彻执行全民所有自然资源资产统计制度，承担自然资源资产价值评估和资产核算工作。同时，编制全民所有自然资源资产负债表，拟订相关考核标准并组织实施，拟订全民所有自然资源资产划拨、出让、租赁、作价出资和土地储备政策。

3.1.2.3 以产权交易为评估目的

生态资源的所有权归属国家，而一些单位或者个人享有自然资源特许经营权，属于用益物权。国家所有或者国家所有由集体使用以及法律规定属于集体所有的自然资源，组织、个人依法可以占有、使用和收益。例如，土地承包经营权人依法对其承包经营的耕地、林地、草地等享有占有、使用和收益的权利，有权从事种植业、林业、畜牧业等农业生产，这项权利的转让、抵押和拍卖便会产生产权的评估。

3.1.2.4 以资产经营为评估目的

"绿水青山就是金山银山"，有些生态资源会被用作生态产品，抑或经营活动中不可或缺的部分，其发展可持续性的实质是资源存量不随时间减少，生态功能不随时间下降，因此，绿水青山转化为金山银山这一经营过程需要进行评定估算。

3.1.2.5 以融资业务为评估目的

该评估目的也称抵（质）押，涉及生态资源抵（质）押的评估需求，主要包括三种情形。

3.1.2.5.1 贷款发放前设定抵（质）押权的评估

单位或者个人在向金融机构或者其他非金融机构进行融资时，金融机构或非金融机构要求借款人或担保人提供其用于抵（质）押资产的评估报告，评估目的是了解用于抵（质）押生态资源的价值，作为确定授信额度或发放贷款金额的参考依据。

3.1.2.5.2 实现抵（质）押权的评估

当借款人到期不能偿还贷款时，贷款提供方作为抵（质）押权人可以依法要求将抵（质）押生态资源拍卖或折价清偿债务，以实现抵（质）押权。这个环节的资产评估目的是确定抵（质）押生态资源的价值，为抵（质）押资产折价或变现提供参考。

3.1.2.5.3 贷款存续期对抵（质）押资产价值的动态管理所要求的评估

通常由金融机构要求评估机构在规定的时间内，以及时常发生不利变化时对抵（质）押生态资源进行价值评估，评估目的是监控抵（质）押资产的价值变化，为贷款风险防范提供参考。

3.1.2.6 以资产保全或资产补偿为评估目的

为了促进生态经济的发展，必须开展一些经营活动，但这些活动可能会对生态资源造成破坏，如对碳汇、涵养水源、生物多样性等森林生态服务的影响。因此，进行森林生态资源服务价值评估对于建立森林生态资源服务市场或者促进生态资源服务的交易至关重要。此外，对于调整征（占）用林地补偿政策，征收生态资源价值损失补偿费具有借鉴意义。这些评估指标也为政府进行公共财政转移支付和森林生态资源服务补偿提供了科学依据。

3.1.2.7 法律事务与咨询服务的资产评估

广义上的司法评估一般可以分为司法鉴证评估和诉讼协助评估，狭义的司法评估仅指司法鉴证评估。司法鉴证评估一般由法律直接委托，评估结论是司法立案、审判、执行的重要依据。司法鉴证评估服务内容主要包括：

3.1.2.7.1 司法审判

评估目的是揭示与诉讼标的相关的生态资源价值及侵权（损害）损失数额等，为司法审判提供参考依据。包括两种情形。

（1）刑事案件定罪量刑中对相关损失的估算。例如，2017年江西三清山"巨蟒峰"毁损案中，毁损的巨蟒峰是世界自然遗产，张某明以故意损毁名胜古迹罪被判处有期徒刑一年，并处罚金十万元。

（2）民事诉讼中对生态资源价值、侵权损害损失额的评估。例如，宅基地前后所栽果树上的果子一夜之间被恶意采摘且贩卖，被告人承担的赔偿可以是该行为所得或者是以此次行为所得的数倍金额进行赔偿。

3.1.2.7.2　民事判决执行

评估目的是确定拟拍卖、变卖执行标的物的处置价值，为人民法院在司法执行中确定财产处置提供专业意见。

3.1.3　生态资源价值评估目的的作用

生态资源价值评估目的是由引起资产评估的特定经济行为（资产业务）所决定的，它对评估结果的价值类型等有重要的影响。生态资源价值评估目的不仅是某项具体生态资源价值评估活动的起点，而且是生态资源价值评估活动所要达到的目标。生态资源价值评估目的贯穿生态资源价值评估的全过程，影响着评估人员对评估对象的界定、资产价值类型的选择等。它是评估人员在进行具体资产评估时必须首先明确的基本事项。

生态资源价值评估目的是界定评估对象的基础。任何一项资产业务，无论产权是否发生变动，它所涉及的资产范围必须接受资产业务本身的制约。生态资源价值评估委托方正是根据资产业务的需要确定资产评估的范围。评估人员不仅要对该范围内的资产权属予以说明，而且要对其价值做出判断。

生态资源价值评估目的对于生态资源价值评估目的价值类型选择具有约束作用。特定资产业务决定了资产的存续条件，生态资源价值受制于这些条件及其可能发生的变化。资产评估人员在进行具体资产评估时，一定要根据具体的资产业务特征选择与之相匹配的评估价值类型。按照资产业务的特征与评估结果的价值属性一致性原则进行评估，是保证资产评估科学、合理的基本前提。

需要指出的是，在不同时间、不同地点及市场条件下，同一资产业务对结果的价值类型的要求也会有差别，这表明引起生态资源价值评估的资产业务对评估结果的价值类型要求不是抽象的和绝对的。每一类资产业务在不同时间、不同地点和市场环境中的发生，对生态资源价值评估结果的价值类型要求都不是一成不变的。所以，将资产业务与评估结果的价值类型关系固定化是不可取的。生态资源价值评估结果的价值类型与评估的特定目的相匹配，指的是在具体评估操作过程中，评估结果价值类型要与已经确定了的时间、地点、市场条件下的资产业务相匹配。任何事先划定的资产业务类型与评估结果的价值类型相匹配的固定关系或模型都可能偏离或违背客观存在的具体业务对评估结果价值类型的内在要求。换言之，资产的业务类型是影响甚至决定评估结果价值类型的一个重要因素，但它绝不是决定资产评估结果价值类型的唯一因素。评估的时间、地点、评估时的市场条件，资产业务各当事人的状况，以及资产自身的状态等，都可能对资产评估结果的价值类型产生影响。

3.2 生态资源价值评估假设

3.2.1 生态资源价值评估假设的概念

生态资源价值评估假设是指在进行生态资源价值评估过程中所做的基本假设或前提条件。这些假设可以帮助评估人员确定评估方法和数据选择，并提高评估结果的可靠性和可比性。

3.2.2 生态资源价值评估假设的分类

3.2.2.1 可替代性假设

可替代性假设是指假设生态资源的价值可以通过其他替代品或服务来满足。例如，如果一片森林被砍伐后用于木材生产，假设通过其他方式满足木材需求，如人工种植林或使用替代材料。

3.2.2.2 边际效应假设

边际效应假设是指假设生态资源价值的变化与其数量的变化成正比。换句话说，假设每增加或减少单位数量的资源，其价值也会相应增加或减少。例如，每增加 $1hm^2$ 的湿地，其对洪水控制和水质净化的价值会相应增加。

3.2.2.3 偏好一致性假设

偏好一致性假设是指假设个体或社会对于不同生态资源的偏好是一致的。换句话说，人们在不同情境下对于同一种资源的价值判断是相似的。例如，假设人们对于森林的价值判断在不同地区或不同时间是一致的。

3.2.2.4 时间一致性假设

时间一致性假设是指假设人们对于生态资源的价值判断在不同时间点是一致

的。换句话说，人们对于未来的生态资源价值的估计与现在的价值估计是一致的。例如，假设人们认为未来一片森林的价值与现在森林的价值是一致的。

3.2.2.5 公开市场假设

生态资源价值评估中的公开市场假设是指评估过程中的一种假设，即生态资源的价值可以通过公开市场上的交易来确定。这个假设认为，如果存在充分的市场竞争和信息透明度，生态资源的价值可以通过市场交易价格来反映。根据公开市场假设，生态资源的价值取决于市场需求和供应的平衡。如果市场上存在大量的买家和卖家，并且信息对于所有市场参与者都是公开和透明的，那么生态资源的价值将由市场上的交易价格来决定。

3.2.3 生态资源价值评估假设的作用

生态资源价值评估假设在评估过程中起着重要作用，可以帮助评估人员确定评估方法和选择数据，并提高评估结果的可靠性和可比性。以下是生态资源价值评估假设的作用。

3.2.3.1 确定评估方法

评估假设可以指导评估人员选择适当的评估方法和工具。例如，如果生态资源的价值可以通过其他替代品或服务来满足，评估人员可以考虑使用替代成本法或替代品方法进行估算。

3.2.3.2 数据选择和收集

评估假设可以指导评估人员选择合适的数据进行评估。例如，如果假设人们对于未来的生态资源价值的估计与现在的价值估计是一致的，评估人员可以使用现有的数据和现有的价值估计模型进行估算。

3.2.3.3 评估结果的可靠性和可比性

评估假设可以提高评估结果的可靠性和可比性。通过对假设的明确，可以使不同评估结果之间具有可比性，也可以使评估结果在不同情境下的可靠性得到验证。

3.2.3.4 支持决策和管理

评估假设可以为决策者和管理者提供科学依据和参考。通过对假设的合理性和可信度的评估，决策者和管理者可以更好地理解生态资源的价值和重要性，从而制定和实施相应的政策和措施。

3.2.3.5 评估结果的解释和应用

评估假设可以帮助评估人员解释评估结果，并将其应用于实际管理和保护生态资源的决策过程中。评估人员可以根据假设的情况，提供评估结果的解释和推断，以便决策者和管理者更好地理解评估结果的含义和影响。

3.3 生态资源价值评估原则

3.3.1 生态资源价值评估的工作原则

为规范资产评估行为，保护资产评估当事人的合法权益和公共利益，促进资产评估行业健康发展，维护社会主义市场经济秩序，2016 年 7 月 2 日第十二届全国人民代表大会常务委员会第二十一次会议通过了《中华人民共和国资产评估法》（以下简称《资产评估法》），并于当年 12 月 1 日正式实施。这项法律就评估专业人员、评估机构、评估程序、行业协会、监督管理和法律责任等进行了规范，对中国经济社会的深化改革和中国资产评估行业的发展产生了重大影响。

《资产评估法》第一章第四条明确规定：评估机构及其评估专业人员开展业务应当遵守法律、行政法规和评估准则，遵循独立、客观、公正的原则，评估机构及其评估专业人员依法开展业务，受法律保护。此外该法规还在相关部分详细规定了评估人员和评估机构执业的权利和义务，并就违反该类规定的行为分别制定了行政处罚和追究刑事责任的条款。所以，从事资产评估工作应切实遵守以下原则。

3.3.1.1 守法原则

资产评估是涉及多方经济利益的，具有复杂性和专业性特征的专业服务活动。评估人员和评估机构必须严格遵守包括《资产评估法》在内的与该类行为相关的各类法律和行政法规。既要依法享有权利，又要依法履行责任。在进行生态资源评估时，守法原则是非常重要的，评估人员和评估机构需要严格遵守相关的法律法规，包括《中华人民共和国环境保护法》等。他们需要在评估过程中确保遵守环境相关的法规和政策，以保护生态环境和自然资源的可持续发展。

3.3.1.2 自律原则

　　资产评估是社会演进到一定历史阶段后出现的专业服务行业，为了提高该类活动的专业水平和社会形象，评估人员和评估机构通过建立资产评估行业协会实施自律督导，以确保评估活动的规范性和可靠性。《资产评估法》规定了包括制定会员自律管理办法、制定评估执业准则和职业道德准则、组织开展继续教育、建立信用档案、检查风险防范机制等在内的行业协会职责。这些对评估工作具有自我管理和自我约束的功能。生态资源评估需要遵循自律原则，以提高专业水平和社会形象。

3.3.1.3 独立、客观、公正原则

　　独立、客观、公正是市场专业服务行业应共同遵守的工作原则，资产评估机构和资产评估专业人员需要深刻认知并严格执行。例如，《国际评估准则2017》就对客观性进行了描述：评估过程要求评估师能够根据输入和假设的可靠性做出公正判断。在评估过程中，采取增加透明度和最小化任何主观因素影响的方式做出可行性判断。评估中判断必须客观，避免有偏见的分析、意见或结论。在生态资源评估过程中需要保持独立性，评估人员和机构在进行评估工作时应当独立于被评估对象和利益相关方，不受外部利益的影响。评估人员应当避免利益冲突，确保评估结果的客观性和公正性。这意味着评估人员应当独立思考，不受外部压力的影响，以科学的态度和方法进行评估工作。评估结果应当基于事实和数据，而不是主观臆断或偏见。评估人员应当以客观的态度对待评估对象，不受个人情感和偏见的影响，确保评估结果的真实性和准确性。生态资源评估还需要坚持公正性，评估工作应当公平、公正，不偏袒任何一方。评估人员应当遵循公正的原则，对待评估对象和利益相关方，不做出不公正的行为，确保评估结果的公正性和合理性。

3.3.1.4 综合性原则

　　综合性原则是指在生态资源评估过程中要综合考虑生态资源的各个方面，包括生态功能、生态服务、生态稳定性等，是进行生态资源评估的重要原则。生态功能是指生态系统维持生物多样性、能量流动、物质循环等基本功能，生态服务是指生态系统为人类提供的供给性服务（如食物、水源、木材等）和调节性服务（如气候调节、水源调节等），生态稳定性是指生态系统对外部干扰的稳定性和恢复能力。

　　在进行生态资源评估时，需要全面考虑生态资源的多重功能和价值。首先，

需要综合评估生态资源对生态系统稳定性和健康的贡献,包括对支持生物多样性、土壤保持、水资源调节等方面的功能。其次,需要综合评估生态资源对人类福祉的贡献。最后,需要考虑生态资源对社会经济发展的支持作用,如旅游业、渔业、农业等方面的经济价值。

综合考虑生态资源的各个方面,可以更全面地评估生态资源的价值,为科学合理地保护和利用生态资源提供决策支持。这种综合评估方式有助于更好地认识生态资源的重要性,促进生态保护和可持续发展的协调推进。

3.3.1.5 可持续性原则

生态资源评估的可持续性原则包括综合考虑、生态系统保护优先、合理开发利用、生态修复与补偿、参与与合作及利益平衡。这些原则的核心在于确保资源的开发利用不对生态系统造成长期的破坏和损害,平衡经济效益、社会效益和生态效益,同时保护生态系统的完整性和稳定性,促进资源的可持续利用和生态文明建设。

3.3.1.6 多元性原则

生态资源评估的多元性原则是指在评估过程中需要考虑多种生态资源类型,包括土地、水资源、植被、野生动植物等多种生态要素,综合考虑它们的相互关系和相互影响,确保资源的可持续利用不会对生态系统造成长期的破坏和损害,促进生态系统的健康发展和维护生态平衡。

3.3.1.7 可比性原则

生态资源评估的可比性原则是指在进行资源评估时,需要确保所采用的评估方法和标准是可比的。这意味着评估应该使用一致的方法和标准,以便对不同资源或不同地区的资源进行分析和比较。通过确保可比性,可以更好地理解不同资源之间的差异性,有助于制定更有效的资源管理和保护措施。

3.3.1.8 长期性原则

生态资源价值评估的长期性原则是指在评估生态资源时,需要考虑其长期的影响和变化。这意味着评估不仅应该考虑当前的资源状态,还要考虑其在未来的变化趋势和影响。通过考虑长期性,可以更好地了解资源的可持续利用性和生态系统的稳定性,有助于制定长期的资源管理和保护策略,确保资源的可持续利用和生态系统的健康发展。

3.3.2 生态资源价值评估的技术经济原则

生态资源价值评估的技术经济原则是指在生态资源价值评估过程中的一些业务技术规范和业务准则。它们为评估人员的专业判断提供技术依据和保证。这些技术经济原则主要包括供求原则、预期收益原则、贡献原则、替代原则和评估时点原则。

3.3.2.1 供求原则

供求原则是经济学中关于供求关系影响商品价格原理的概括。需求定义为消费者在某一特定时间内按既定的价格愿意并且有能力购买的商品或劳务的数量。供给可以定义为在某一特定时间内厂商在既定价格下愿意并能够出售的商品或劳务的数量。假定在其他条件不变的前提下,商品的价格会随着需求的增长而上升,会随着供给的增加而下降。尽管商品价格随供求关系变化并不成固定比例,但变化的方向是带有规律性的。

供求规律对商品价格形成的作用同样适用于生态资源价值评估,生态资源价值评估的供求原则是指评估过程中需要考虑生态资源的供给和需求关系,包括生态系统对生态资源的供给及人类对生态资源的需求。这一原则要求综合考虑生态资源的再生能力、恢复能力及生态系统的稳定性,同时也要考虑社会经济发展对生态资源的需求和利用情况。通过分析生态资源供求关系,可以更好地指导生态资源的合理利用和保护,同时满足社会经济的需求,促进生态资源的可持续利用和生态文明建设。

3.3.2.2 预期收益原则

所谓"预期",就是指决策者对与其决策相关的不确定经济变量所做的预测。生态资源价值评估的预期收益原则是指在评估生态资源价值时,需要考虑生态资源利用所能带来的长期经济、社会和生态效益。这一原则要求综合考虑生态资源利用的长期影响,确保生态资源的开发利用不会对生态系统和社会造成长期的不利影响,最大化生态资源利用的长期效益,促进生态资源的可持续利用和加强对生态环境的保护。

3.3.2.3 贡献原则

从一定意义上讲,贡献原则是预期收益原则的一种具体化体现,它表明资产价值的高低由该资产的贡献决定。贡献原则主要适用于构成某整体资产的各组成要素资产的贡献,或者当整体资产缺少时该项要素资产将蒙受的损失。生态资源价值评估的贡献原则是指在评估生态资源价值时,需要考虑其对社会、经济和生态系统的贡献。这一原则要求综合考虑生态资源的价值,包括其对于维持生态平衡、支撑生态系统功能、促进经济发展,以及改善人类生活质量的贡献。通过充分评估生态资源的贡献,可以更好地指导生态资源的合理利用和保护,确保生态资源的可持续利用,同时最大化其对社会、经济和生态系统的正面影响。

3.3.2.4 替代原则

替代原则说明在一组效用相同的资产中,买方只会购买价格最低的资产。该原则实际上是对替代效应的归纳,在买方效用水平不变的情况下,资产的价格变动引起资产相对价格的变动,进而导致资产需求量的变动,即在资产效用相同的情况下,相对价格较低的资产需求量较大。生态资源价值评估替代原则是指在评估生态资源价值时,需要考虑生态资源的替代性,这意味着如果某种生态资源受到破坏或损失,是否存在其他生态资源可以替代其功能或价值。评估替代性有助于更好地理解生态资源的重要性和稀缺性,以及对其进行合理管理和保护的必要性。

3.3.2.5 评估时点原则

市场是变化的,资产的价值会随着市场条件的变化而不断改变。为了使资产评估得以操作,同时又能保证资产评估结果可以被市场检验。在资产评估时,必须假定市场条件固定在某一时点,这一时点就是评估基准日,或称估价日期。它为资产评估提供了一个时间基准,资产评估的评估时点原则要求资产评估必须有评估基准日,而且评估值就是评估基准日的资产价值。生态资源评估的评估时点原则是指在评估生态资源价值时,需要考虑评估的时间点。这意味着评估应该考虑到生态资源的动态变化和演化过程,以及在不同时间点上对生态资源的不同需求和利用。评估时点原则要求考虑生态资源的季节性、年度变化及长期演化趋势,以便更好地了解生态资源的真实价值和对其进行合理的管理和保护。

3.4 生态资源价值评估程序

3.4.1 生态资源价值评估程序的概念

生态资源价值评估是一个系统性的过程,通过收集、分析和解释与生态资源相关的数据和信息,以评估生态资源的结构、功能和服务。评估程序涵盖目标设定、数据收集、数据分析、评估结果、建议和改进，以及监测和追踪等关键步骤。通过这些程序，可以综合评估生态资源的价值和功能，为生态资源管理和保护提供决策和政策建议，并确保评估结果的可持续性和可靠性。

3.4.2 生态资源价值评估程序的步骤

生态资源价值评估程序的步骤如图 3-1 所示。

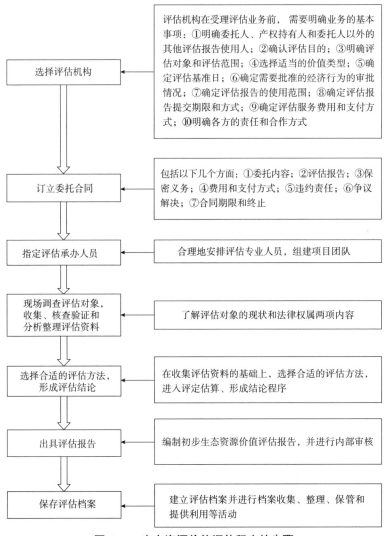

图 3-1　生态资源价值评估程序的步骤

3.4.2.1 选择评估机构

评估机构在受理评估业务前，需要明确以下的业务基本事项：

其一，明确委托人、产权持有人和委托人以外的其他评估报告使用人。确定谁会使用评估报告，以便明确报告的受众和目的。

其二，确认评估目的。明确评估目的，如确定生态资源价值、指导生态保护和管理等。

其三，明确评估对象和评估范围。确定生态资源价值评估的具体对象，如特定的生态系统、物种或生物多样性等，并明确评估范围。

其四，选择适当的价值类型。根据评估目的和评估对象特点，选择适当的价值类型，如生态经济价值、文化价值等。

其五，确定评估基准日。确定评估时间点，作为评估参考点。

其六，确定需要批准的经济行为的审批情况。如果评估结果需要用于经济行为决策，需要明确相关审批程序和要求。

其七，确定评估报告使用范围。明确评估报告使用范围，如用于政策制定、环境影响评价等。

其八，确定评估报告提交期限和方式。确定评估报告提交时间和方式，以确保及时交付评估结果。

其九，确定评估服务费用和支付方式。明确评估服务费用和支付方式，以确保双方的权益。

其十，明确各方的责任和合作方式。确保委托人、其他相关当事人配合和协助资产评估机构、资产评估专业人员的工作，以确保评估工作的顺利进行。

3.4.2.2 订立委托合同

评估机构确认承接业务后，需要订立委托合同，用来约定评估机构和委托人双方权利、义务、违约责任和争议解决等内容。生态资源价值评估委托合同通常要考虑以下几点：

其一，委托内容。明确评估机构所承接的生态资源价值评估项目的具体内容和范围，包括评估对象、评估方法、评估标准等。

其二，评估报告。约定评估机构应按时提交评估报告，并明确报告格式、内容和提交方式，以及委托人对于报告的审查和确认程序。

其三，保密义务。明确评估机构对于委托人提供的资料和评估过程中获取的信息的保密义务，确保评估结果的机密性和客观性。

其四，费用和支付方式。约定评估费用的金额、支付方式和时间，以及可能的额外费用和支付条款。

其五，违约责任。明确双方在合同履行过程中的违约责任和补偿方式，包括延迟交付、报告不合格等情况的处理办法。

其六，争议解决。约定双方在合同履行过程中产生的争议的解决方式，可以选择仲裁、诉讼等方式。

其七，合同期限和终止。约定委托合同有效期限和终止条件，以及提前终止合同的程序和后果。

3.4.2.3　指定评估承办人员

合理地安排专业评估人员是高效保质完成评估项目的重要保障，应综合考虑评估业务实施对评估专业人员的工作经验、技术水平、专业分工、人员数量等配置要求，组建项目团队。

3.4.2.4　现场调查评估对象，收集、核查验证和分析整理评估资料

现场调查是评估项目实施的重要阶段，主要了解评估对象的现状和法律权属两项内容。评估对象现状需要核实评估对象的存在性、完整性和目前的现实情况；评估对象的法律权属影响资产价值，因为资产权属状态不同，资产价值也不相同，资产权属状态包括所有权、使用权、占有权、处置权、收益权等。执行现场调查程序后，对资产状况有了客观、全面、充分的了解，需要进一步整理评估资料，对收集的资料进行核查验证，形成评定估算依据。评估资料主要包括权属证明、财务会计信息和其他评估资料。

3.4.2.5　选择合适的评估方法，形成评估结论

在收集评估资料的基础上，进入评定估算、形成结论程序，主要包括选择评估方法、形成初步评估结论、综合分析确定资产评估结论等具体工作。在确定要评估的生态资源价值评估类型后，结合各种价值评估方法的适用范围和条件，并参考其他学者经验，选择可供使用的方法。对于生态资源价值评估，由于受目前科技水平的影响，在理论上其服务功能价值评估可供选择的方法很多，在进行科学研究时应尽量采用多种方法进行评估，然后进行相关结果印证，来提高评估结果的可靠性。

3.4.2.6　出具评估报告

在完成生态资源价值评估过程后，应编制初步生态资源价值评估报告，并进

行内部审核。在出具正式评估报告之前，可以与委托人或其他当事人就评估报告内容进行沟通，但必须确保不会影响评估结论的独立性。评估人员应对沟通情况进行独立分析，决定是否需要对评估报告进行调整，最终出具、提交正式生态资源价值评估报告。该程序能够确保生态资源价值评估的客观性和科学性，提高评估结果的可信度和可靠性。

3.4.2.7 保存评估档案

资产评估档案整理归集工作，是指资产评估机构建立评估档案并进行档案收集、整理、保管和提供利用等活动。整理归集评估档案是资产评估专业人员将已执行完毕的评估报告及工作底稿等形成符合准则要求的档案，并移交资产评估机构档案管理部门的工作过程。

3.4.3 生态资源价值评估程序实务

3.4.3.1 森林生态资源价值评估程序

森林生态资源价值评估程序因评估资源种类、林种、龄组的不同而略有差异，结合一般资产评估程序，森林生态资源价值评估程序主要包含以下工作步骤：

3.4.3.1.1 选择评估机构

评估机构在受理评估业务前，需要明确业务的基本事项。

（1）明确委托人、产权持有人和委托人以外的其他评估报告使用人。确定谁会使用森林生态资源价值评估报告，以便明确报告的受众和目的。

（2）明确评估目的。森林生态资源价值评估的目的通常包括以下几点：

其一，了解森林生态系统的健康状况。评估森林生态资源可以帮助人们了解森林的健康状况，包括森林植被的种类和数量、野生动物的种群数量、土壤质量等，从而及时发现森林生态系统的问题并采取相应的保护措施。

其二，为可持续管理和保护提供依据。评估森林生态资源可以为森林的可持续管理和保护提供科学依据，帮助制定合理的森林管理计划和保护政策，确保森林资源的可持续利用和保护。

其三，促进生态环境保护和修复。评估森林生态资源可以帮助发现森林生态系统存在的问题，指导相关部门采取措施修复和保护森林生态环境，促进生态环境的保护和恢复。

其四，为决策提供科学依据。评估森林生态资源可以为相关决策提供科学依据，帮助政府和相关部门做出关于森林资源利用和保护的决策，促进森林资源的合理利用和可持续发展。明确评估的目的，如确定生态资源的价值、指导生态保护和管理等。

（3）明确评估对象和评估范围。确定森林生态资源为评估的具体对象，森林生态资源价值评估的对象和范围包括以下几个方面：

其一，植被。评估森林植被的种类、分布、结构和数量，包括森林的树种组成、森林密度、森林的更新和恢复能力等。

其二，野生动植物。评估森林中的野生动植物种类、数量和分布，包括濒危物种的状况、栖息地的完整性和野生动植物的种群数量等。

其三，土壤质量。评估森林土壤的质量和肥力，包括土壤的 pH 值、有机质含量、水分保持能力等指标。

其四，水资源。评估森林中的水资源状况，包括河流、湖泊、泉水等水体的数量、水质和流量等。

其五，生物多样性。评估森林生态系统的生物多样性，包括各种生物种类的数量、分布和相互关系等。

其六，生态功能。评估森林生态系统的各种功能，包括生态调节功能、水土保持功能、气候调节功能等。

其七，生态服务。评估森林生态系统为人类提供的各种生态服务，包括水源保护、碳汇功能、风景观赏等。

评估的范围通常涵盖了森林生态系统的结构、功能和服务，以全面了解森林生态资源的状况和价值。

（4）选择适当的价值类型。根据森林生态资源价值评估的目的和森林生态资源的特点，森林生态资源价值评估的价值类型包括以下几个方面：

其一，经济价值。评估森林生态资源的经济价值，包括木材、药材、食用植物、野生动物等的商业利用价值，以及森林生态系统为旅游、休闲和生态旅游等方面带来的经济效益。

其二，生态价值。评估森林生态资源对生态系统的维持和改善作用，包括森林在水土保持、气候调节、生物多样性维护、土壤肥力维持等方面的生态功能价值。

其三，社会文化价值。评估森林生态资源对社会文化的影响和贡献，包括森林在民族传统文化、宗教信仰、风景观赏、休闲娱乐等方面的社会文化价值。

其四，健康价值。评估森林生态资源对人类健康的影响和贡献，包括森林在空气质量改善、提供清新空气、缓解压力等方面的健康价值。

其五，教育价值。评估森林生态资源对教育和科学研究的重要性，包括森林在环境教育、生态学研究等方面的教育价值。

评估这些价值类型可以帮助人们更全面地认识和理解森林生态资源的重要性，为森林资源的合理利用和保护提供科学依据。

（5）确定评估基准日。确定森林生态资源价值评估的时间点，作为评估的参考点。

（6）确定需要批准的经济行为的审批情况。我国国有森林生态资源价值评估项目实行核准制和备案制。东北、内蒙古重点国有林区森林生态资源价值评估项目实行核准制；其他地区森林生态资源价值评估项目实行核准制或备案制，由省级林业主管部门规定。非国有森林生态资源价值评估项目涉及国家重点公益林的，实行核准制；其他评估项目是否实行备案制，由省级林业主管部门决定。

（7）确定评估报告的使用范围。明确森林生态资源价值评估报告的使用范围，如用于政策制定、环境影响评价等。

（8）确定评估报告提交期限和方式。确定评估报告的提交时间和方式，以确保及时交付评估结果。

（9）确定评估服务费用和支付方式。明确评估服务费用和支付方式，以确保双方的权益。

（10）明确各方的责任和合作方式。确定委托人、其他相关当事人与资产评估机构、资产评估专业人员工作配合和协助，以确保评估工作的顺利进行。

3.4.3.1.2 订立委托合同

森林生态资源资产占有单位在确定需要进行评估后，可委托森林生态资源价值评估机构进行资产评估。评估委托应提交评估委托书、有效的森林生态资源资产清单和其他有关材料。

3.4.3.1.3 指定评估承办人员

评估计划一般包括评估业务实施的主要过程、时间进度、人员安排等内容。

（1）主要过程包括现场调查、收集评估资料、评定估算、编制和提交评估报告等业务的实施。

（2）时间进度安排有利于对评估工作进度的跟踪，可以结合评估报告提交期限、评估业务主要步骤、评估业务实施的重点和难点等因素作为参考。

（3）合理地安排评估专业人员是高效保质完成评估项目的重要保障，应综合考虑评估业务的实施对评估专业人员的工作经验、技术水平、专业分工、人员数量等的配置要求，组建项目团队。

3.4.3.1.4 现场调查评估对象，收集、核查验证和分析整理评估资料

外业调查是森林生态资源价值评估程序中最重要的一个环节，评估机构和人员必须制定详细的调查方案，对委托单位提交的有效森林生态资源资产清单上所

列示资产的数量和质量进行认真的核查。外业调查须由具有森林生态资源调查工作经验的中、高级林业专业技术人员负责。森林生态资源资产的外业调查项目主要包括权属及林地或森林类型的数量、质量和空间位置等内容。具体项目如下：

（1）林地。包括所有权、使用权、地类、面积、立地质量等级、地利等级等。

（2）林木。包括以下内容：

其一，用材林，包括幼龄林、中龄林和近、成、过熟林。①幼龄林包括权属、树种组成、林龄、平均树高、单位面积株密；②中龄林包括权属、树种组成、林龄、平均胸径、平均树高、单位面积活立木蓄积量；③近、成、过熟林包括权属、树种组成、林龄、平均胸径、平均树高、立木蓄积量、材种出材率等级。

其二，经济林，包括权属、种类及品种、林龄、单位面积产量。

其三，薪炭林，包括权属、林龄、树种组成、单位面积立木蓄积量。

其四，竹林，包括权属、平均胸径、立竹度、均匀度、整齐度、林龄结构、产笋量。

其五，防护林，包括除核查与用材林相应的项目外，还要增加与评估目的有关的项目。

其六，特种用途林，包括除核查与其他林种相应的项目外，还要增加与评估目的有关的项目。

其七，未成林造林地上的幼林，包括权属、树种组成、造林时间、平均树高、造林成活率、造林保存率。

森林生态资源资产的外业调查方法分为抽样控制法、小班抽查法和全面核查法。评估机构可按照不同的评估目的、评估种类、具体评估对象的特点和委托方的要求选择使用。

评估机构和人员应当根据评估项目收集两方面的资料，即森林生态资源方面的资料和当地技术经济指标方面的资料。森林生态资源方面包括的资料：①森林生态资源价值评估立项审批文件；②森林生态资源资产林权证书；③林业基本图、林相图、作业设计调查图；④作业设计每木检尺记录；⑤有特殊经济价值的林木种类、数量和质量材料；⑥当地森林培育、森林采伐和基本建设等方面的技术经济指标；⑦林木培育的账面历史成本资料；⑧有关的小班登记表复印件；⑨按照评估目的必须提交的其他材料，如森林景观资产资料等。

3.4.3.1.5　选择合适的评估方法，形成评估结论

在收集评估资料的基础上，进入评定估算、形成结论程序。该程序主要包括恰当选择评估方法、形成初步评估结论、综合分析确定资产评估结论等具体工作。在确定了要评估的生态资源价值评估类型后，就要结合各种价值评估方法的适用

范围和条件，也可以参考前人的经验，选择可供使用的方法。对于生态资源来说，由于受到目前科技水平的影响，理论上，其服务功能的价值评估可供选择的方法很多，有时候评估某项服务时，可以是一种方法，也可以是多种方法。实际上，在进行科学研究时应尽量采用多种方法进行评估，然后进行相关结果的印证，来提高评估结果的可靠性。

3.4.3.1.6 出具评估报告

在有关资料达到要求后，评估机构便开始对委托单位的被评估森林生态资源价值进行评定和估算。森林生态资源价值评估机构对评定估算结果进行分析确定，撰写评估说明，汇集评估工作底稿，形成森林生态资源价值评估报告书，并提交给委托方。评估机构和人员应当以恰当的方式将评估报告书提交给委托人。

3.4.3.1.7 保存评估档案

评估机构和人员在向委托人提交评估报告书后，应当及时将评估工作底稿归档。对在森林生态资源价值评估工作中形成的、与森林生态资源价值评估业务相关的有保存价值的各种文字、图表、音像等资料及时予以归档，并按国家有关规定对评估工作档案进行保存、使用和销毁。

3.4.3.2 湿地生态资源价值评估程序

湿地生态资源价值评估程序主要包含以下工作步骤：

3.4.3.2.1 选择评估机构

评估机构在受理评估业务前，需要明确以下基本业务事项：

（1）明确委托人、产权持有人和委托人以外的其他评估报告使用人。确定使用湿地生态资源价值评估报告的主体，以便明确报告的受众和目的。

（2）明确评估目的。进行湿地生态资源价值评估的目的通常包括以下几点：

其一，了解生态环境的变化。生态环境的变化可能会导致植被、土壤和水资源的变化，需要对其进行评估并及时采取措施进行修复和保护。

其二，确定湿地的生态和环境功能。评估湿地在水资源调节、生物多样性维护、碳储存、气候调节等方面的功能，以便更好地保护和利用湿地生态资源。

其三，湿地生态资源价值评估能够为运用经济手段保护生态系统提供依据。湿地能够提供生态旅游、渔业、农业等生计，评估其对当地居民生活和经济的影响，能够为相关部门制定合理规划提供科学依据。

其四，论证保护湿地资源的重要性。全面评估各类湿地具有的功能和效益，明确保护湿地资源的重要性，有助于提高湿地研究与保护利用水平，推动相关政策法规的出台和执行，确保湿地生态系统的完整性和持续性。

其五，为湿地生态资源管理和规划提供科学依据。对湿地生态资源进行评估，有助于了解湿地发展现状和问题，为科学地制订湿地保护、恢复和管理计划提供前期工作支持。

（3）明确评估对象和评估范围。湿地生态资源价值评估的对象和范围包括以下几个方面：

其一，湿地类型。评估范围涵盖不同类型的湿地，包括沼泽地、河流湿地、湖泊湿地、沿海湿地等。不同类型的湿地具有不同的生态特征，需要有针对性地进行评估。

其二，生物多样性。评估对象包括湿地中的植物、动物、微生物等资源。通过调查和监测，评估湿地生物多样性的丰富程度、物种组成和生态功能。

其三，生态功能。评估湿地的生态功能，包括水文调节、生物调节、土壤形成、物质循环等方面的功能。了解湿地对水文、气候、土壤等方面的影响和调节作用。

其四，生态服务。评估湿地为人类提供的各种生态服务，包括水资源调节、水质净化、防洪减灾、渔业资源维护、生态旅游、景观观赏等方面的服务。

其五，社会文化价值。评估湿地对当地社会文化的影响和贡献，包括湿地对民族传统文化、宗教信仰、休闲娱乐等方面的社会文化价值。

其六，健康价值。评估湿地对人类健康的影响和贡献，包括湿地在空气质量改善、提供清新空气、提供休闲娱乐等方面的健康价值。

（4）选择适当的价值类型。根据湿地生态资源价值评估的目的和湿地生态资源的特点，湿地生态资源具有多种价值类型，包括但不限于以下几种：

其一，生态价值。湿地作为生态系统的一部分，具有重要的生态功能，包括水文调节、生物多样性维护、土壤保持、碳汇、气候调节等。这些生态功能对维持地球生态平衡和人类生存具有重要意义。

其二，经济价值。湿地为人类提供多种经济资源和服务，包括渔业资源、农业灌溉、水产养殖、旅游观光等，为当地经济发展和居民生计提供重要支持。

其三，文化价值。湿地对当地社会和文化的影响和贡献，包括湿地景观对当地民族传统文化、宗教信仰、习俗传承等的作用，以及湿地景观为人们提供的休闲娱乐和精神愉悦。

其四，教育与科研价值。湿地作为自然生态系统的重要组成部分，为生态学、环境科学等学科的研究提供了丰富的实验材料和研究对象，也为公众提供了自然教育和环境教育的场所。

其五，健康价值。湿地对人类健康的影响和贡献，包括改善空气质量、提供清新空气等。

其六，水资源价值。湿地对水资源的净化和调节作用，有助于改善水质和调控水量，对于维护地区水资源的可持续利用具有重要意义。

（5）确定评估基准日。确定湿地生态资源价值评估的时间点，作为评估的参考点。

（6）确定需要批准的经济行为的审批情况。

（7）确定评估报告的使用范围。确定湿地生态资源价值评估报告的使用范围，如用于政策制定、环境影响评价等。

（8）确定评估报告提交期限和方式。确定评估报告的提交时间和方式，以确保及时交付评估结果。

（9）确定评估服务费用和支付方式。确定评估服务费用和支付方式，以确保双方的权益。

（10）明确各方的责任和合作方式。确保委托人、其他相关当事人配合和协助资产评估机构、资产评估专业人员的工作，以确保评估工作的顺利进行。

3.4.3.2.2　订立委托合同

湿地生态资源资产占有单位在确定需要进行评估后，可委托湿地生态资源价值评估机构进行评估。评估委托应提交评估委托书、有效的湿地生态资源资产清单和其他有关材料。

3.4.3.2.3　指定评估承办人员

湿地生态资源评估是一项专业领域的工作，需要由经验丰富的专业人员来承办。评估承办人员通常是生态学、环境科学或相关领域拥有丰富研究经验和技能的专业人员。他们需要了解湿地生态系统的特点，掌握评估方法和技术，能够准确地测量和评估湿地生态资源的状况和价值。

评估承办人员还需要具备数据分析能力和报告撰写能力，要能够准确地分析评估结果并撰写清晰的评估报告。他们需要与政府部门、环保组织和社区等多方合作，共同保护湿地生态资源，促进可持续发展。评估承办人员的工作对于保护湿地生态环境、维护生态平衡具有重要意义，需要有责任感和使命感的专业人士来承担。

3.4.3.2.4　现场调查评估对象，收集、核查验证和分析整理评估资料

进行湿地生态资源价值评估的现场调查通常需要收集多种数据和资料，以全面了解湿地的生态状况和价值。以下是进行湿地生态资源价值评估现场调查通常需要收集的数据和资料：

（1）地理信息数据包括湿地的地理位置、地形地貌、土地利用情况、周边环

境等数据。

（2）生物多样性数据包括湿地内的植物、动物、微生物等的生物种类、数量、分布情况等数据。

（3）湿地水文数据包括湿地的水质、水量、水位、水流速度等数据，以及湿地与周边水体的水文关系。

（4）土壤数据包括湿地的土壤类型、质地、养分含量、酸碱度等数据。

（5）湿地植被数据包括湿地的植被类型、植被覆盖率、植被结构等数据。

（6）生态功能数据包括湿地的水文调节、生物栖息地、土壤保持、碳储存等数据。

（7）社会经济数据包括湿地周边社区的人口、经济活动、文化习俗等数据，以及湿地为当地社会经济发展带来的影响。

（8）生态服务数据包括湿地为人类提供的水资源供应、水质净化、食物供应、气候调节等数据。

（9）空气质量数据包括湿地内外空气质量的监测数据，以及湿地对周边空气质量的影响。

（10）生态系统健康数据包括湿地生态系统的植被健康状况、动物种群数量、生态系统稳定性等数据。

这些数据资料可以通过实地调查、监测观测、文献资料搜集等方式获取，有助于对湿地生态资源进行全面的评估和分析。

3.4.3.2.5 选择合适的评估方法，形成评估结论

在收集评估资料后，就进入评定估算湿地生态资源价值的阶段。首先要确定要评估的生态资源的类型，再结合各种价值评估方法的适用范围和条件，选择出最适用于湿地生态资源价值评估的方法。

3.4.3.2.6 出具评估报告

在有关资料达到要求的条件下，评估机构对委托单位被评估的湿地生态资源价值进行评定和估算。湿地生态资源价值评估机构要对评定估算结果进行分析，撰写评估说明，汇集评估工作底稿，形成湿地生态资源价值评估报告。报告应包括评估目的、调查方法、数据来源、评估结果、评估结论、建议意见等内容。报告应具备科学性、客观性和全面性，以便相关利益方和决策者参考。

3.4.3.2.7 保存评估档案

评估机构和人员在向委托人提交评估报告后，应当及时将评估工作底稿归档。对于那些在湿地生态资源价值评估工作中形成的、与湿地生态资源价值评估业务相关的有保存价值的实地调查记录、采样数据、遥感影像、报告草稿等资料应及

时予以归档，并按国家有关规定对评估工作档案进行保存、使用和销毁。

3.4.3.3 草原生态资源价值评估程序

草原生态资源价值评估程序通常包括以下几个步骤：

3.4.3.3.1 选择评估机构

评估机构在受理评估业务前，需要明确以下基本业务事项：

（1）明确委托人、产权持有人和委托人以外的其他评估报告使用人。确定谁会使用草原生态资源价值评估报告，以便明确报告的受众和目的。

（2）明确评估目的。进行草原生态资源价值评估的目的通常包括以下几点：

其一，了解草原生态系统的现状。评估可以帮助了解草原生态系统的植被、土壤、水文、动植物群落等基本情况，包括资源的分布、数量、质量和结构等方面的情况。

其二，分析草原生态系统的功能。评估有助于对草原生态系统的生态功能进行分析，包括水源涵养、土壤保持、气候调节、生物多样性维护等方面，以及对人类社会经济的支持作用。

其三，评估草原生态系统的健康状况。评估可以对草原生态系统的健康状况进行判断，包括植被覆盖率、土壤侵蚀情况、水资源利用状况等，以及生态系统的稳定性和可持续性。

其四，发现草原生态环境的问题。评估可以发现草原生态环境存在的问题，如草原退化、水土流失、生物多样性丧失等，为相关部门提供改善和保护生态环境的依据。

其五，提供科学依据，支持决策。评估可以为相关政府部门、科研机构和企业提供科学依据，支持相关决策的制定和实施，包括草原资源的合理开发利用、生态保护和恢复措施等。

（3）明确评估对象和评估范围。草原生态资源价值评估的对象和范围包括以下几个方面：

其一，植被资源。评估草原植被的类型、分布、覆盖度、群落结构、物种多样性等情况，包括草原草本植物、灌木、乔木等植被资源。

其二，土壤资源。评估草原土壤的类型、质地、肥力、水分状况、侵蚀情况等情况，包括土壤养分含量、有机质含量、酸碱度等。

其三，水文资源。评估草原水资源的分布、来源、利用状况、水文循环等情况，包括河流、湖泊、湿地、地下水等水文资源。

其四，动植物资源。评估草原动植物的种类、数量、分布、繁殖状况等情况，包括草原特有的野生动物和植物资源。

其五，生态功能。评估草原生态系统的水源涵养、土壤保持、气候调节、生物多样性维护等生态功能，以及对人类社会经济的支持作用。

其六，生态环境问题。评估草原生态环境存在的问题，如草原退化、水土流失、生物多样性丧失等，以及对草原生态系统稳定性和可持续性的影响。

其七，社会经济因素。评估草原生态资源利用与保护的社会经济因素，包括人口分布、生产活动、资源利用方式等，以及对草原生态系统的影响。

（4）选择适当的价值类型。根据草原生态资源价值评估的目的和草原生态资源的特点，草原生态资源具有多种价值类型，包括但不限于以下几种：

其一，生态价值。草原生态资源在维持生态平衡、保护水源、防止水土流失、维护气候稳定等方面具有重要的生态功能和价值。

其二，生产价值。草原生态资源为畜牧业、草原农业、草原草业等提供丰富的牧草资源，支持农牧业的发展，具有重要的生产价值。

其三，文化价值。草原生态资源承载着丰富的草原文化和民族文化，具有重要的文化传承和历史价值。

其四，观赏价值。草原生态资源的壮丽景观、独特植被和野生动植物资源具有重要的旅游观赏价值，吸引着大量游客和摄影爱好者。

其五，生物多样性价值。草原生态资源是重要的生物多样性基地，生存着众多珍稀濒危物种，具有重要的生物多样性价值。

其六，社会服务价值。草原生态资源为人类社会提供了多种生态服务，如水源供应、空气净化、土壤保持等，具有重要的社会服务价值。

其七，科学研究价值。草原生态资源为生态学、地理学、气候学、生物学等多个学科的研究提供了重要的实验场所和研究对象，具有重要的科学研究价值。

（5）确定评估基准日。确定草原生态资源价值评估的时间点，作为评估的参考点。

（6）确定需要批准的经济行为的审批情况。

（7）确定评估报告的使用范围。明确草原生态资源价值评估报告的使用范围，如用于政策制定、环境影响评价等。

（8）确定评估报告提交期限和方式。确定评估报告的提交时间和方式，以确保及时交付评估结果。

（9）确定评估服务费用和支付方式。明确评估服务费用和支付方式，以确保双方的权益。

（10）明确各方的责任和合作方式。确定委托人、其他相关当事人配合和协助资产评估机构、资产评估专业人员的工作，以确保评估工作的顺利进行。

3.4.3.3.2 订立委托合同

草原生态资源资产占有单位确定需要进行评估后，可委托草原生态资源价值评估机构进行评估。评估委托应提交评估委托书、有效的草原生态资源资产清单和其他有关材料。

3.4.3.3.3 指定评估承办人员

草原生态资源评估是一个复杂而重要的工作，需要由经验丰富的专业人员来承办。评估承办人员通常是生态学、草地科学或相关领域的专业人员，具有深厚的研究背景和实践经验，他们需要了解草原生态系统的生物多样性、生态功能和演变规律，并掌握先进的评估方法和技术。

评估承办人员需要具备较强的实地调查和数据处理能力，能够准确地进行样地调查、植被测试和土壤分析，全面了解草原生态资源的状况和变化趋势。他们还需要熟悉相关法律法规和政策，能够结合现行政策和科学研究为草原生态资源提供科学评估和保护建议。

评估承办人员必须具备团队合作精神，与地方政府机构、科研院校、草原保护机构及当地牧民密切合作，共同促进草原生态资源的可持续利用和保护。他们的工作对于维护草原生态平衡、促进草地生态保护和可持续管理至关重要，因此需要由具备高度责任感和专业水平的承办人员来完成。

3.4.3.3.4 现场调查评估对象，收集、核查验证和分析整理评估资料

进行草原生态资源价值评估的现场调查通常需要收集多种数据和资料，以便全面了解草原的生态状况和价值。以下是进行草原生态资源价值评估现场调查通常需要收集的数据和资料：

（1）植被资源数据。草原植被类型、植被覆盖度、植被高度、植被密度等数据，可以通过植被调查和遥感影像解译获取。

（2）土壤资源数据。土壤类型、土壤质地、土壤养分含量、土壤有机质含量、土壤酸碱度等数据，可以通过土壤采样和实验室分析获取。

（3）水文资源数据。河流、湖泊、湿地、地下水的分布、水质、水量、水文循环等数据，可以通过水文调查和水质监测获取。

（4）动植物资源数据。草原动植物的种类、数量、分布、繁殖状况等数据，可以通过野外调查和生物多样性调查获取。

（5）土地利用数据。草原利用类型、草原覆盖度、草原利用方式等数据，可以通过遥感影像解译和实地调查获取。

（6）气象数据。气温、降水量、风速、日照时数等数据，可以通过气象站数

据和遥感影像获取。

（7）社会经济数据。人口分布、生产活动、资源利用方式、生态保护措施等数据，可以通过社会经济调查和统计数据获取。

以上数据资料是进行草原生态资源价值评估现场调查所需的基本数据，通过综合分析这些数据，可以全面了解草原生态资源的状况，为资源保护、管理和可持续利用提供科学依据。

3.4.3.3.5 选择合适的评估方法，形成评估结论

在收集评估资料后，就会进入评定估算草原生态资源的价值阶段。首先要确定要评估的生态资源类型，综合分析各种资源的状况，选择合适的方法，评估草原生态资源价值的方法取决于评估目的、评估对象、评估尺度和可利用资源等因素。可以根据具体情况灵活选择和组合不同的评估方法，以便更好地进行草原生态资源价值评估。

3.4.3.3.6 出具评估报告

在有关资料达到要求的条件下，评估机构对委托单位被评估的草原生态资源价值进行评定和估算。生态资源价值评估机构对评定估算结果进行分析，撰写评估说明，汇集评估工作底稿，形成草原生态资源价值评估报告，并提交给评估报告使用人。

3.4.3.3.7 保存评估档案

评估机构和人员在向委托人提交评估报告后，应及时将评估工作底稿归档。对在草原生态资源价值评估工作中形成的、与草原生态资源价值评估业务相关的有保存价值的各种文字、图表、音像等资料应及时予以归档，并按国家有关规定对评估工作档案进行保存、使用和销毁。草原生态资源价值评估是对草原生态系统中各种资源和功能的综合评价，有助于科学管理和保护草原生态环境。

3.4.3.4 水生态资源价值评估程序

水生态资源价值评估程序通常包括以下几个步骤。

3.4.3.4.1 选择评估机构

评估机构在受理评估业务前，需要明确以下基本业务事项：

（1）明确委托人、产权持有人和委托人以外的其他评估报告使用人。确定谁会使用水资源价值评估报告，以便明确报告的受众和目的。

（2）明确评估目的。水资源评估的主要目的包括以下内容：

其一，了解水资源状况。评估水资源的数量、质量、分布和利用情况，帮助了解水资源的实际情况，为有效管理和保护水资源提供基础数据。

其二，确定水资源利用方向。通过评估水资源的可持续利用潜力和生态价值，确定合理的水资源利用方向，平衡满足人类需求和保护生态环境之间的关系。

其三，发现问题和风险。评估过程中可以发现水资源面临的问题和风险，如水质污染、生态系统退化、水资源过度利用等，有助于及早采取措施加以解决。

其四，保护生态环境。评估水资源的生态价值，有助于认识水资源对生态系统的重要性，为保护和恢复水生态系统提供科学依据。

其五，制定管理措施。评估结果可以为制定水资源管理政策、规划和措施提供科学依据，促进水资源的可持续利用和生态环境的保护。

（3）明确评估对象和评估范围。水生态资源价值评估的对象和范围包括以下几个方面：

其一，水体生物多样性。评估水资源对生物多样性的支持程度，包括水中生物种类、数量、分布和生态位的多样性等。

其二，水生态系统稳定性。评估水生态系统的稳定性，包括生态链、食物网、能量流动和物质循环等方面的稳定性。

其三，水文地质条件。评估水文地质条件对水资源的影响，包括地下水位、地下水补给量、地下水流动方向和速度，以及地表水的水文特征等。

其四，生态服务功能。评估水资源所提供的生态服务功能，包括水源涵养、水土保持、水生生物栖息地、水体自净等生态服务功能。

其五，生态风险和威胁。评估水资源受到的生态风险和威胁，包括水污染、水生态系统退化、水资源利用过度等方面的风险。

（4）选择适当的价值类型。根据水生态资源价值评估的目的和水资源的特点，水资源具有多种价值类型，包括但不限于以下几种：

其一，生态价值。水资源对维持生态系统的稳定性和多样性具有重要作用，包括维持水生物多样性、维护湿地生态系统、提供栖息地等生态服务功能。

其二，经济价值。水资源在农业、工业、能源生产和城市供水等方面具有重要的经济价值，是生产和生活的重要资源。

其三，社会文化价值。水资源在社会文化方面具有重要价值，包括水文化、水景观、传统习俗和宗教仪式等方面的价值。

其四，健康价值。水资源对人类健康具有重要意义，包括供应清洁饮用水、维持卫生和生活用水等方面的健康价值。

其五，生态系统服务价值。水资源为生态系统提供多种服务，如水源涵养、水土保持、水体自净等服务，具有重要的生态系统服务价值。

其六，文化遗产价值。一些历史悠久的水利工程、水文化景观等具有文化遗产价值，对于文化传承和历史记忆具有重要意义。

（5）确定评估基准日。确定水生态资源价值评估的时间点，作为评估的参考点。

（6）确定需要批准的经济行为的审批情况。

（7）确定评估报告的使用范围。确定水生态资源价值评估报告的使用范围，如用于政策制定、环境影响评价等。

（8）确定评估报告提交期限和方式。确定评估报告的提交时间和方式，以确保及时交付评估结果。

（9）确定评估服务费用和支付方式。确定评估服务费用和支付方式，以确保双方的权益。

（10）明确各方的责任和合作方式。确定委托人、其他相关当事人配合和协助资产评估机构、资产评估专业人员的工作，以确保评估工作的顺利进行。

3.4.3.4.2　订立委托合同

水生态资源占有单位确定需要进行评估后，可委托水生态资源价值评估机构进行评估。评估委托应提交评估委托书、有效的水资源资产清单和其他有关材料。

3.4.3.4.3　指定评估承办人员

水资源评估是一个重要的领域，需要由专业的评估承办人员来进行。这些评估承办人员通常具有水文学、水资源管理、环境科学等相关专业背景，且拥有丰富的研究和实践经验。他们需要了解水文地质、水文气象、水文生态等相关知识，掌握先进的水文测量技术和数据分析方法。

评估承办人员需要具备实地调查和数据处理的能力，能够准确地进行水资源调研、水质监测、水量计量等工作，全面了解水资源的供需状况和变化趋势。他们需要熟悉相关法律法规和政策，能够根据国家水资源管理政策为水资源提供科学评估和保护建议。

评估承办人员需要与各方合作，包括政府部门、科研机构、环保组织等，共同制定水资源管理方案，保护水资源环境、合理利用水资源，推动节水减排和水资源可持续发展。他们的工作对于维护生态环境、提高水资源利用效率和保障人类生活水平至关重要，需要由高度负责任和具有专业素养的评估承办人员来承担。

3.4.3.4.4　现场调查评估对象，收集、核查验证和分析整理评估资料

进行水生态资源价值评估的现场调查通常需要收集多种数据和资料，以全面了解水资源的生态状况和价值。以下是进行水生态资源价值评估现场调查通常需要收集的数据和资料：

　　其一，水文数据，包括水位、流量、水质、水温等相关数据，以便了解水资源的量和质。

　　其二，生物调查数据，包括水生生物种类、数量、分布等数据，用于评估水资源对生物多样性的支持程度。

　　其三，水土地质数据，包括地形地貌、土壤类型、地下水位、地下水补给量等数据，对水资源的地质特征进行评估。

　　其四，水资源利用数据，包括农业用水、工业用水、城市供水等方面的数据，用于评估水资源的利用状况和压力。

　　其五，生态系统服务数据，包括水源涵养、水土保持、水体自净等生态系统服务数据，用于评估水资源的生态服务功能。

　　其六，社会经济数据，包括当地居民生活情况、经济发展状况、文化习俗等数据，用于评估水资源对当地社会经济的影响。

　　其七，生态风险评估数据，包括水污染情况、水生态系统退化程度、生态环境承载力等数据，用于评估水资源的生态风险和威胁。

　　其八，水资源管理政策和规划文件，包括了解当地水资源管理政策和规划文件，以便评估水资源管理的现状和未来发展趋势。

3.4.3.4.5　选择合适的评估方法，形成评估结论

　　评估人员依据所收集的资料、市场询价及分析测算，按照综合指数及概率，用案例对委托资产进行评估，估算其实际值，经过分析研究并运用两种以上方法进行验证，最终确定本次评估中水生态资源价值。水资源不同生态资源价值分别采用不同方法评价估算。

　　水资源价值采用资产基础法与收益法相结合的技术方法进行评估；农业灌溉功能、人畜饮用水功能、旅游休闲功能、生态环境补给功能、防洪抗灾功能、土壤持留与涵养功能、水能发电功能、畜禽养殖功能等价值，则采取不同的技术方法和依据所收集的资料，分析计算取值，按评估基准日的市场价格分别求得其价值；对于砂石资源价值和护岸治理价值均按上年底实际收益与实际累计支出费用而确定，最终汇总上述各项价值，确定为采用资产基础法评估的价值。

　　在收集评估资料后，就进入评定估算水生态资源的价值阶段。首先确定要评估的生态资源价值评估类型，结合各种价值评估方法的适用范围和条件，选择出最合适的用于水生态资源价值评定的方法。

3.4.3.4.6　出具评估报告

　　在有关资料达到要求的条件下，生态资源价值评估机构对委托单位被评估的水生态资源价值评定估算结果进行分析确定，撰写评估说明，汇集评估工作底稿，

形成水生态资源价值评估报告，并提交给评估报告使用人。

3.4.3.4.7 保存评估档案

评估机构和人员在向委托人提交评估报告书后，应及时将评估工作底稿归档。对在水生态资源价值评估工作中形成的、与水生态资源价值评估业务相关的且有保存价值的各种实地调查记录、采样数据、遥感影像等资料及时予以归档，并按国家有关规定对评估工作档案进行保存、使用和销毁。

3.4.3.5 海洋生态资源价值评估程序

我国有着丰富的海洋生态资源，随着经济的发展，由于人口的大量增加和对海洋生态资源开发利用强度的增加，海洋生态资源必须得到优化配置，否则无法实现海洋生态资源的可持续开发利用，因此，需要通过对海洋生态资源的价值进行评估，来合理配置海洋生态资源。按照资源的属性，可以把海洋生态资源分为海洋矿产资源、海水化学资源、海洋生物资源、海洋空间资源、海洋能源资源和海洋旅游资源六种。这六种资源的自然属性不同，其评估方法及指标体系也存在极大的差异，因此需要分别进行评估。其中海洋矿产资源具有不可再生性，对社会经济发展具有很重要的作用，通过有效评估海洋矿产资源的价值，建立海洋矿产资源价值评估体系，对于实现有偿利用和优化配置海洋矿产资源具有重要意义。

海洋生态资源价值评估程序通常包括以下几个步骤。

3.4.3.5.1 选择评估机构

评估机构在受理评估业务前，需要明确以下基本业务事项：

（1）明确委托人、产权持有人和委托人以外的其他评估报告使用人。确定谁会使用海洋生态资源价值评估报告，以便明确报告的受众和目的。

（2）明确评估目的。海洋生态资源价值评估的主要目的包括以下几点：

其一，保护海洋生态系统。评估海洋生态资源价值的目的之一是保护海洋生态系统的完整性和稳定性，确保海洋生物多样性和生态平衡。

其二，可持续利用。评估海洋生态资源价值有助于确定海洋资源的可持续利用水平，以确保海洋资源的长期利用和保护。

其三，生态环境保护。评估海洋生态资源价值可以帮助监测海洋环境的变化，发现环境问题并提出解决方案，以保护海洋生态环境。

其四，维护渔业资源。评估海洋生态资源价值有助于监测和管理渔业资源，确保渔业资源的可持续发展，维护渔业的生产能力。

其五，支持决策制定。评估海洋生态资源价值为政府和相关机构提供科学依据，以支持制定海洋资源管理政策和规划。

其六，促进生态旅游。评估海洋生态资源价值可以发现和保护海洋生态景观，促进生态旅游的发展，推动可持续旅游业的发展。

其七，促进科学研究。评估海洋生态资源价值有助于推动相关科学研究的开展，促进对海洋生态系统的深入了解和探索。

（3）明确评估对象和评估范围。海洋生态资源价值评估的对象和范围包括以下几个方面：

其一，海洋生物多样性。在评估海洋生态资源价值时，需要考虑海洋生物多样性的保护和利用价值，包括各类海洋生物的种类、数量、分布，以及对生态系统的贡献等。

其二，渔业资源。评估海洋生态资源价值需要考虑渔业资源的价值，包括各种渔业资源的数量、品质、经济价值，以及对渔业生产的贡献。

其三，水产养殖资源。评估海洋生态资源价值需要考虑水产养殖资源的价值，包括各类海水养殖生物的生长速度、养殖成本、市场需求，以及对水产养殖业的贡献。

其四，生态旅游资源。评估海洋生态资源价值需要考虑生态旅游资源的价值，包括海洋生态景观的吸引力、生态旅游的经济效益，以及对当地经济和社会发展的促进作用。

其五，生物药物资源。评估海洋生态资源价值需要考虑生物药物资源的价值，包括海洋生物所含的生物活性物质、对医药和生物技术的应用潜力，以及对医药产业的贡献。

其六，生态系统服务价值。评估海洋生态资源价值需要考虑生态系统服务的价值，包括海洋生态系统对水质净化、风暴防护、碳汇等生态系统服务的贡献。

（4）选择适当的价值类型。根据海洋生态资源价值评估的目的和海洋生态资源的特点，海洋生态资源具有多种价值类型，包括但不限于以下几种：

其一，经济价值。海洋生态资源作为渔业资源、水产养殖资源及旅游资源等，具有直接的经济价值。海洋生态资源的开发利用可以为当地经济带来收入，促进相关产业的发展，创造就业机会。

其二，生态价值。海洋生态资源对维持海洋生态系统的稳定和健康具有重要作用，包括维持生物多样性、保持生态平衡、改善水质和海洋环境等，具有重要的生态价值。

其三，社会文化价值。海洋生态资源对于当地社会和文化具有重要的意义，包括对当地居民的文化认同、传统生活方式的支持、文化遗产的传承等，具有社会文化价值。

其四，科学研究价值。海洋生态资源对于科学研究有着重要的价值，通过对海洋生态系统的研究可以推动科学知识的进步，促进对生物多样性、生态系统功能、气候变化等方面的认识。

其五，生物医药价值。海洋生态资源中的生物资源在医药和生物技术领域具有重要的应用潜力，包括发现新的药物、生物活性物质，以及其他生物资源的利用。

（5）确定评估基准日。确定海洋生态资源价值评估的时间点，作为评估的参考点。

（6）确定需要批准的经济行为的审批情况。

（7）确定评估报告的使用范围。确定海洋生态资源价值评估报告的使用范围，如用于政策制定、环境影响评价等。

（8）确定评估报告提交期限和方式。确定评估报告的提交时间和方式，以确保及时交付评估结果。

（9）确定评估服务费用和支付方式。确定评估服务费用和支付方式，以确保双方的权益。

（10）明确各方的责任和合作方式。确定委托人、其他相关当事人配合和协助资产评估机构、资产评估专业人员的工作，以确保评估工作的顺利进行。

3.4.3.5.2　订立委托合同

海洋生态资源占有单位确定需要进行评估后，可委托海洋生态价值评估机构进行评估。评估委托应提交评估委托书、有效的海洋生态资源资产清单和其他有关材料。

3.4.3.5.3　指定评估承办人员

海洋生态资源评估是一项复杂而关键的工作，需要由具备丰富的专业知识和技能的评估承办人员来完成。这些评估承办人员一般拥有海洋生物学、海洋资源管理、环境科学等相关专业背景，具备广泛的海洋生态系统知识和实践经验。

评估承办人员需要深入了解海洋生态系统结构和功能，熟悉各类海洋生物的生态习性、分布规律以及海洋生态环境的影响因素。他们需要掌握各种海洋生物样本采集、分析技术，精准测量海洋生态资源的数量、分布和健康状况，为海洋生态系统的评估提供准确数据支持。

评估承办人员需要具备良好的数据处理和统计分析能力，能够对收集到的海洋生态数据进行有效整理和分析，识别海洋生态资源的潜在问题和风险因素，为制定科学的保护和管理方案提供依据。

评估承办人员需要与海洋研究机构、渔业管理部门、海洋保护组织等合作，共同推动海洋生态资源的保护与可持续利用。他们的工作对于保护海洋生态系统、维护海洋生物多样性和促进海洋可持续发展至关重要，需要由具备高度责任感和专业素养的评估承办人员来承担。

3.4.3.5.4 现场调查评估对象，收集、核查验证和分析整理评估资料

进行海洋生态资源价值评估的现场调查通常需要收集多种数据和资料，以全面了解海洋的生态状况和价值。以下是通常需要收集的数据：

（1）生物多样性数据。对海洋生物的物种组成、分布情况、数量、密度等方面的调查数据，可以通过生物样品采集、生物多样性调查等方式获取。

（2）海洋环境数据。海水温度、盐度、pH 值、溶解氧含量、营养盐含量等海洋环境参数的监测数据，以及海洋底质、植被、地形等海洋生态环境的调查数据。

（3）渔业资源数据。对渔业资源的种类、数量、体型、生长速度、产卵期、渔获量等方面的调查数据，可以通过渔业资源调查、渔业生产统计等方式获取。

（4）水产养殖数据。对水产养殖资源的种类、养殖密度、生长周期、养殖成本、市场需求等方面的调查数据，可以通过水产养殖场的调查和统计数据获取。

（5）生态旅游数据。对生态旅游资源的游客数量、游客满意度、生态旅游收入、生态旅游景点的吸引力等方面的调查数据，可以通过问卷调查、游客统计等方式获取。

（6）生物药物资源数据。对海洋生物所含的生物活性物质、医药和生物技术的应用情况、相关专利和研究成果等方面的调查数据。

（7）生态系统服务数据。海洋生态系统对水质净化、风暴防护、碳汇等生态系统服务的贡献情况的调查数据。

3.4.3.5.5 选择合适的评估方法，形成评估结论

根据确定的评估具体目的、具体海洋矿产资源开发利用情况、被评估对象所属的价值类型及矿产资源市场现状等，选择确定恰当的评估方法。

3.4.3.5.6 编制评估报告

在确定最终评估值后，根据评估过程中的工作底稿，编制海洋生态资源价值评估报告，与委托方沟通后，向委托方提交评估报告。

3.4.3.5.7 保存评估档案

评估机构和人员在向委托人提交评估报告后，应及时将评估工作底稿归档。对在海洋生态资源价值评估工作中形成的、与海洋生态资源价值评估业务相关的有保存价值的各种文字、图表、音像等资料及时予以归档，并按国家有关规定对评估工作档案进行保存、使用和销毁。当前对海洋生态资源价值评估的文献研究

及案例分析不多，通过有效保存海洋评估档案，可以为今后的决策制定和评估提供重要参考和依据。同时，也能更好地保护海洋环境和生态系统。

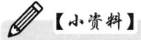

【小资料】

独立性案例分析

一、独立性要求在评估中的执行现状

评估行业竞争激烈，一些评估机构为了提高自身的竞争力，获得更多的利益，采取了压价的方式，或是与委托人相勾结，报出较低的价格，抑或虚报评估值，报高或者报低评估值，这样的行为严重损害了其他当事人的利益。还有一些评估机构有钱就赚，只要有利益就可以，他们不关心自己出具的评估报告质量是否达到要求，对评估的结果不负责任。过度竞争使一些评估机构为了业务不惜降低收费标准，为了达到客户预期而降低评估标准，这些行为直接影响了评估的独立性。

二、具体案例

广东省 GD 公司于 2005 年成立，它的总公司于 2007 年在北京建成。该公司用"借品牌""通过门"取得了证券资格。GD 公司在刚刚起步的时候，为了招揽业务增强自己的竞争力，不得不降低成本获得利益。在人手不足、无法承接很大的工作量时，依然承接了许多能力范围以外的工作，完全超过了其可接受的能力。X 公司注册商标委托 GD 公司评估，结果 GD 公司与委托人勾结，为了自己的利益和发展，以 5.5 亿元的价格出具了一份虚假的评估报告。该报告没有核实土地实际所有权、土地实际价值，仅仅依靠 X 公司提供的土地使用证出具了评估报告，让 X 公司获得了贷款。

正是因为 GD 公司没有出具真实的评估报告，才让 X 公司获得了贷款。GD 公司简化了评估流程，虚报评估值，故意报高价格，在市场竞争激烈的情况下屈从于客户，与委托人相勾结，为了委托人的预期结果而降低自己机构的要求，让评估主体失去了独立性。

在这个案例中，GD 公司出现了资产评估中的以下问题：

1. 缺乏独立性

GD 公司与委托人相勾结，为了自身利益和发展故意出具虚假的评估报告。这使评估报告失去了客观和独立的性质，违反了评估的独立性原则。

2. 未核实实际情况

GD 公司没有核实土地的实际所有权和实际价值，仅仅依靠 X 公司提供的土地使用证出具评估报告。这违反了评估过程中核实和验证资产实际情况的原则。

3. 虚报评估值

GD公司故意报高评估价格，让X公司获得贷款。这违反了评估应该以真实、客观和准确的方式确定资产价值的原则。

三、启示

1. 维护独立性

评估机构应保持独立的立场，不受委托人或其他利益相关方的影响。评估机构应该遵守行业准则和道德规范，确保评估过程的客观性和独立性。

2. 核实实际情况

评估机构在进行资产评估时，应该核实和验证资产的实际情况，包括所有权和实际价值等。评估报告应该基于真实和准确的数据，以确保评估结果的可靠性和可信度。

3. 提高道德意识

评估机构应遵守道德规范，坚守诚信和诚实原则。不应为了谋取个人或公司利益而故意误导或虚报评估结果，应该始终以客观和真实的态度对待评估工作。

4. 强化监管和执法

监管机构应加强对评估行业的监管，确保评估机构遵守相关法规和规定。对于违反评估原则和道德规范的行为，应该进行严肃的法律追究和惩罚，以维护评估行业的公信力和信任度。

资料来源：百度文库.中国资产评估行业问题案例分析［EB/OL］. https://mbd.baidu.com/ma/s/vDAg6gP6，2022-11-06.

市场法

1. 了解市场定价法的概念，掌握市场定价法的计算公式，明确市场定价法的使用范畴，并掌握市场定价法的基本步骤及优缺点。

2. 了解市场价格法的概念，掌握市场价格法的计算公式，明确市场价格法的使用范畴，并掌握市场价格法的基本步骤及优缺点。

3. 了解影子工程法的概念，掌握影子工程法的计算公式，明确影子工程法的使用范畴，并掌握影子工程法的基本步骤及优缺点。

4.1　市场定价法

4.1.1 市场定价法的概念

市场定价法是根据生态系统所提供的某些服务、商品或者产品在市场上进行交易时获得的报酬来确定生态资源价值的一种评估方法，通常这些服务或商品可以在市场上用货币来计量并进行交换。

然而，某些生态系统提供的产品或服务可能无法在市场中实现交换，而是作为内部运作消耗，如不在市场交换而在当地直接消耗的生态系统产品。那么，这一类生态资源的评估应当按照消耗产品的市场价格来确定它们的经济价值，进而评估此类生态资源的价值。

理论上市场定价法是一种合理方法，也是目前应用最广泛的生态系统服务功能价值的评价方法。但由于生态系统服务功能种类繁多且往往难以定量，在实际评价中仍有许多困难。

4.1.2 市场定价法的公式

市场定价法是根据参照物在评估基准日当天的市场价格，确定一系列差异修正系数来进行调整，以得出被评估对象的价值。其计算公式如下：

$$E = K \times K_b \times G \qquad (4-1)$$

式中：E 为被评估资产的评估值；K 为质量调整系数；K_b 为相关物价调整系数，可以用评估基准日工价与参照案例交易时工价之比或评估基准日某一规格的待评估资产的价格与参照案例交易时同一规格的待评估资产的市场价格之比；G 为参照物的市场交易价格，通常选择评估基准日附近市场上公开交易的市场价格。

市场定价法先定量地评价某种生态服务功能的效果，再根据这些效果的市场价格来评估其经济价值。在实际评价中通常有两种评价方法，一是理论效果评价法，可分为三个步骤：首先，计算某种生态系统服务功能的定量值，如涵养水源的量、二氧化碳固定量、农作物增产量；其次，研究生态服务功能的"影子价格"，如涵养水源的定价可根据水库工程的蓄水成本计算，固定二氧化碳的定价可以根据二氧化碳的市场价格；最后，计算其总经济价值。二是环境损失评价法，这是与环境效果评价法类似的一种生态经济评价方法，例如，评价保护土壤的经济价值时，用生态系统破坏所造成的土壤侵蚀量及土地退化、生产力下降的损失来估计。

4.1.3 市场定价法的使用范畴

4.1.3.1 农业生态系统评估

市场定价法可以用于评估农产品的市场价值，帮助农民和农业管理者确定农产品的定价水平，从而实现最大化利润和市场份额的目标。

4.1.3.2 森林生态系统评估

市场定价法可以用于评估森林产品的市场价值，如木材、树脂等，帮助森林管理者确定森林产品的定价策略，以实现可持续的森林资源管理和保护。

4.1.3.3 水域生态系统评估

市场定价法可以用于评估水域生态资源的市场价值，如渔业资源、水产品等，帮助水域管理者确定水域资源的定价策略，以实现水域生态资源的可持续利用和保护。

4.1.3.4 自然保护区评估

市场定价法可以用于评估自然保护区内生态资源的市场价值，帮助自然保护区管理者确定自然资源的价值，从而制定合理的保护策略。

4.1.3.5 城市生态系统评估

市场定价法可以用于评估城市生态资源的市场价值，如公园、绿地等，帮助城市规划者确定城市生态资源的定价策略，以实现城市生态环境的可持续发展和保护。

4.1.4 市场定价法的基本步骤

4.1.4.1 利用相关市场资料估计消费者的市场需求曲线

市场需求曲线是市场上全体消费者愿意购买某种产品的数量与其价格之间的关系。市场需求曲线可由行业内每个消费者的个人需求曲线横向相加求得。其中：

4.1.4.1.1 消费量

消费量又称"社会消费量"，指的是人们在一定时期内所消费的消费资料（含劳务）的数量。从消费主体来看可将消费量划分为社会消费量和个人消费量。社会消费量是全社会在一定时期内所消费的消费资料（含劳务）的总和，它是反映社会消费水平高低的重要指标。个人消费量是社会个体在一定时期内所消费的消费资料（含劳务）的数量。个人消费量与人均消费量的比较能够反映社会个体在全社会中消费水平的高低。从消费对象或客体来看又可分为实物消费量和劳务消费量等。

4.1.4.1.2 影响需求的因素

一种商品的需求数量是由许多因素共同决定的。其中主要的因素：商品的自身价格、消费者的收入水平、相关商品（互补品、替代品）的价格、消费者的偏好和消费者对商品的价格预期。

（1）关于商品的自身价格。一般说来，一种商品的价格越高，该商品的需求量就会越小。相反，价格越低，需求量就会越大。商品自身价格是影响需求最主要的因素。

（2）关于消费者的收入水平。对于多数商品来说，当消费者的收入水平提高时，就会增加对商品的需求量。相反，当消费者的收入水平下降时，就会减少对商品的需求量。一般来说，在其他条件不变的情况下，消费者的收入越高，对商品的需求越大。但随着人们收入水平的不断提高，消费需求结构会发生变化，即随着收入的提高，对有些商品的需求会增加，而对有些商品的需求会减少。经济学把需求数量的变动与消费者收入同方向变化的物品称为正常品，把需求数量的变动与消费者收入反方向变化的物品称为劣等品。

（3）关于相关商品的价格。当一种商品本身的价格保持不变，和它相关的其他商品的价格却发生变化时，这种商品本身的需求量也会发生变化。相关商品一般指该商品的替代品和互补品。

替代品是指两种商品之间能够相互替代以满足消费者的某种欲望，如洗衣粉和肥皂。互补品指两种商品必须互相配合，才能共同满足消费者的某种需求，如汽车和汽油。

替代品的价格提高，则对该商品的需求增加，反之亦然；互补品的价格提高，则对该商品的需求减少，反之亦然。

此外，如果其他商品和被考察的商品是替代品，如牛肉和猪肉、苹果和梨子等。由于它们在消费中可以相互替代以满足消费者的某种欲望，故对一种商品的需求与它的替代品价格同方向变化，即替代品价格的提高将引起对该商品需求的增加，替代品价格的降低将引起对该商品需求的减少。如果其他商品和被考察的商品是互补品，如汽车与汽油、影碟与影碟机等，由于它们必须相互结合才能满足消费者的某种欲望，故对一种商品的需求与它的互补品的价格反方向变化，即互补品价格的提高将引起对该商品需求的降低，互补品价格的下降将引起对该商品需求的增加。

（4）关于消费者的偏好。当消费者对某种商品的偏好程度增强时，该商品的需求量就会增加。相反，偏好程度减弱，需求量就会减少。人们的偏好一般与所处的社会环境及当时、当地的社会风俗习惯等因素有关。

（5）关于消费者对商品的价格预期。当消费者预期某种商品的价格在将来某一时期会上升时，就会增加对该商品的现期需求量；当消费者预期某商品的价格在将来某一时期会下降时，就会减少对该商品的现期需求量。

4.1.4.1.3　生产者的成本和收益

社会拥有的资源是有限的，稀缺性导致社会上的每个人都不能达到他希望的最高生活水平。在日常生活中，当人们了解了资源的稀缺性以后，就面临各种权衡取舍，同时也追求效率和平等。面临权衡取舍就得做出选择，这就关系到经济学里的另一个概念——机会成本，是指为了得到某种东西所必须放弃的东西。

那么到底怎么判断一个人付出的努力或者所做出的选择是否合理正确呢？这就关系到另外一个经济学概念——边际成本，指的是每一单位新增生产或购买的产品带来的总成本的增量。值得一提的是，虽然经济学里的很多概念都与生产和购买有关，但这也能够印证个人的一切行为，因为个人对社会付出的努力本身也是一种生产。

4.1.4.2 计算消费者剩余与生产者剩余

消费者剩余也称消费者的净收益，是消费者在购买一定数量的某种商品时愿意支付的最高总价格和实际支付的总价格之间的差额，是由马歇尔于《经济学原理》中所提出的用于衡量消费者福利的重要指标，消费者剩余并不是实际收入的增加，而是一种心理感觉的体现。消费者剩余的计算公式为：

$$消费者剩余 = 买者的评价 - 买者的实际支付 \qquad （4-2）$$

影响消费者剩余的主要因素包括社会企业的垄断环境、政府规制的制定、社会的寻租现象、政府的税收政策、国际贸易及关税的环境。

生产者剩余是指由于生产要素和产品的最低供给价格与当前市场价格之间存在差异而给生产者带来的额外收益，也就是生产要素所有者、产品提供者在市场交易中实际获得的收益与其愿意接受的最小收益之间的差额。从几何的角度来看，它等于供给曲线之上和市场价格之下的那块三角形面积，如图 4-1 所示，AB 是需求曲线函数，CD 是供给曲线函数，当需求等于供给达到平衡，E 点为平衡点，也为市场价格均衡点，生产者剩余是供给曲线之上和市场价格之下的那块三角形面积。消费者剩余则是需求曲线之下和市场价格之上的那块三角形面积，消费者剩余等于消费者愿意支付的最高总价格和实际支付的总价格之间的差额。

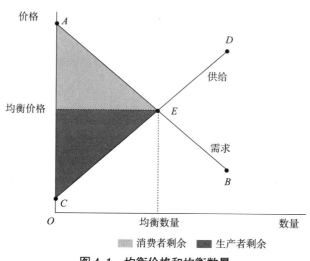

图 4-1　均衡价格和均衡数量

4.1.4.3 计算总剩余

总剩余是消费者剩余和生产者剩余之和。消费者剩余是买者从参与市场中得到的收益，而生产者剩余是卖者得到的收益，因此，把总剩余作为社会经济福利的衡量指标是自然而然的。其中，消费者剩余是消费者对一种物品的支付意愿减去他们为此实际支付的量，生产者剩余是生产者出售一种物品得到的量减去生产它的成本。要记住的是，总剩余等于物品对消费者的价值（买者的评价）减去垄断者生产该物品的成本（卖者的成本）。

总剩余 = 买者的支付意愿 - 买者的实际支付 + 卖者得到的收入 - 卖者的实际成本 　　　　　　　　　　　　　　　　　　　　　　　　　　　　　　　　（4-3）

由于买者实际支付的等于卖者实际得到的，二者互相抵消，就可以简写为：

总剩余 = 买者的支付意愿 - 卖者的实际成本 　　　　　　　（4-4）

4.1.5 市场定价法的优点和局限性

4.1.5.1 市场定价法的优点

一是所有信息都会很快被市场参与者领悟并立刻反映到市场价格之中。

这个理论假设参与市场的投资者有足够的理性，能够迅速对所有市场信息做出合理反应。市场定价法结合了市场信息和实际发生的市场行为，明确反映了个人的消费者偏好和真实的支付意愿。

二是存在真实市场，评估所需的价格、销售量（产量）、生产成本等数据较容易获得。

市场法是将评估对象与可参考的相关资产或者在市场上已有交易案例的各类生态资源资产进行对比以确定评估对象价值。其应用前提是假设在一个完全市场上相似的资产一定会有相似的价格。

三是从供求两个角度，容易获得公众的认可和信任。

经济学中的供求规律对商品价格形成的作用力同样适用于资产价值的评估，市场定价法的运用使评估人员在判断资产价值时也应充分考虑和依据供求原则。供求原则是指资产价值的高低受供求关系的影响。

4.1.5.2 市场定价法的局限性

一是只考虑了生态系统及其产品的直接经济效益，忽略了间接效益，并且计算直接经济效益时，修正系数的确定也存在一定的困难。这使计算结果不仅缺少准确度，还略显片面，没有考虑到生态系统这些产品的间接效益，包括社会效益、公益效益等。

二是在市场上往往难以获取生态系统及其产品的相关市场价格，而相同或相似的参照物交易案例也并不是很充分,因此出现价格不合理导致评估结果不合理。

三是中间产品和最终产品的价值界限难以区分，使那些从中间产品到最终产品的价值增值、价值过渡难以体现出来。因此难以准确计算生态系统及其产品的新增价值，往往以最终产品价值作为评估值，导致价值高估。

4.2　市场价格法

4.2.1　市场价格法的概念

市场价格法是一种基于市场供求关系和交易活动的估值方法，用于确定商品或服务的价格。根据市场价格法，商品或服务的价格由市场上的买方和卖方之间的供求关系决定。当市场上的需求大于供给时，商品或服务的价格往往会上涨；相反，当供给超过需求时，价格则有可能下降。资产或商品的价值取决于市场上愿意支付的价格。这种方法认为市场是信息有效、竞争充分的，因此市场上的价格反映了供求关系和参与者对该资产或商品的评估。

市场价格法的核心思想是通过观察市场价格来确定资产或商品的价值。其核心原则是市场平衡，即市场上的买方和卖方在自由交易中达成一种共识。市场价格是由买卖双方通过协商及竞争力量的作用得出，反映了市场上商品或服务的需求程度和供给状况。但是，市场价格受到多种因素的影响，包括供需关系、竞争程度、市场预期、政府政策等。通过研究市场价格，可以了解市场上特定资产或商品的需求和价值。

4.2.2　市场价格法的公式

市场价格法是一种确定资产价值的方法，根据市场上该资产的实际交易价格来评估。其公式可以表示为：

$$资产价值 = (X_1 + X_2 + \cdots + X_n)/ n \tag{4-5}$$

在进行资产价值评估时，需要收集市场上类似资产的交易数据，并计算这些交易价格的平均值作为资产的市场价值。这个方法考虑到市场供求关系对资产价值的影响，通过市场价格反映资产的真实价值。

需要注意的是，虽然市场价格法的公式相对简单，但在实际应用时需要考虑一些因素，如市场交易数据的有效性、市场波动性及交易价格的可比性等因素，以确保评估结果的准确性和可靠性。

4.2.3 市场价格法的使用范畴

4.2.3.1 自然资源评估

市场价格法可用于评估各种自然资源的市场价值，包括农业、森林、水域、矿产等，帮助相关管理者确定资源的经济价值和合理定价策略。

4.2.3.2 生态系统服务评估

市场价格法可用于评估生态系统所提供的各种生态系统服务的市场价值，如水源涵养、土壤保持、生物多样性维护等，有助于确定这些生态系统服务的经济价值，并为其提供合理的市场定价。

4.2.3.3 环境损失评估

市场价格法可以用于评估环境损失所造成的经济损失，例如，因污染、破坏生态系统而导致的损失，有助于确定环境损失的市场价值，并为相关的环境保护和修复提供经济补偿的依据。

4.2.3.4 生物多样性评估

市场价格法可以用于评估生物多样性的市场价值，帮助相关管理者确定生物多样性的经济意义，并为保护和管理生物多样性提供经济支持。

4.2.3.5 可持续发展评估

市场价格法可以用于评估可持续发展项目的经济效益和市场潜力，有助于确定可持续发展项目的市场定价策略和商业模式。

总的来说，市场价格法可以在各种自然资源管理、生态系统保护和可持续发展项目中发挥重要作用，帮助管理者和决策者更好地理解自然资源和生态系统的经济价值，从而制定合理的管理和保护策略。

4.2.4 市场价格法的基本步骤

市场价格法是通过分析市场上的供给和需求情况，确定商品的市场均衡价格。

4.2.4.1 收集市场信息

在确定商品价格之前，首先需要收集市场上的相关信息，包括商品的供给情况、需求情况、竞争对手的价格、市场规模等。通过收集这些信息，可以了解市场上的供求关系，为后续的分析和决策提供依据。

4.2.4.2 确定市场需求曲线

市场需求曲线是指在不同价格下，市场上消费者愿意并且能够购买的商品数量。通过分析市场上的需求情况，可以确定市场需求曲线，市场需求曲线通常是一个向右下方倾斜的曲线，表示价格越低，消费者愿意购买的商品数量越多；价格越高，消费者愿意购买的商品数量越少。

4.2.4.3 确定市场供给曲线

市场供给曲线是指在不同价格下，市场上卖方愿意并且能够出售的商品数量。通过分析市场上的供给情况，可以确定市场供给曲线。市场供给曲线通常是一个向右上方倾斜的曲线，表示价格越高，卖方愿意出售的商品数量越多；价格越低，卖方愿意出售的商品数量越少。

4.2.4.4 确定市场均衡价格

市场均衡价格是指在市场上供给和需求相等时的价格。通过将市场需求曲线和市场供给曲线相交，可以确定市场均衡价格。在市场均衡价格下，市场上的供给和需求相等，市场达到供求平衡。

4.2.4.5 确定市场均衡数量

在确定了市场均衡价格之后，还需要确定市场均衡数量。市场均衡数量是指在市场均衡价格下，市场上的供给和需求相等时的商品数量。通过将市场均衡价格代入市场需求曲线或市场供给曲线，可以确定市场均衡数量。

4.2.4.6 确定商品价格

在确定了市场均衡价格和市场均衡数量之后，可以根据市场价格法的原则，确定商品价格。通常情况下，商品价格会接近市场均衡价格，但也会受到其他因素的影响，如成本、竞争对手的价格等。

需要注意的是，市场价格法是一种理论模型，实际市场中的价格往往会受到多种因素的影响，如政府政策、市场竞争程度、市场信息不对称等。因此，在实际应用中，还需要考虑这些因素对商品价格的影响，进行综合分析和决策。

4.2.5 市场价格法的优点和局限性

4.2.5.1 市场价格法的优点

一是基于市场供求关系。市场价格法是基于市场供求关系来确定商品价格的，能够充分反映市场上的供需状况。通过分析市场上的供给和需求情况，可以确定商品的市场均衡价格，使价格更加符合市场上的实际情况。

二是灵活性高。市场价格法具有较高的灵活性。由于市场供求关系的变化，商品价格也会随之调整。市场价格法能够及时反映市场变化，使商品价格能够适应市场需求的变化。

三是有效配置资源。市场价格法能够通过价格机制来引导资源的有效配置。当商品价格上涨时，供给方会增加生产，从而提高供给量；当商品价格下跌时，需求方会增加购买，从而提高需求量。通过价格的变动，市场能够自动调节供求关系，实现资源的有效配置。

四是促进竞争。市场价格法能够促进市场竞争。在市场价格法下，卖方和买方都可以根据市场价格来进行交易，没有垄断地位的卖方和买方之间会进行竞争，竞争能够提高商品质量和促进价格的合理性，使市场更加健康发展。

五是适用范围广泛。市场价格法适用范围广泛。它适用于市场经济体制下的商品交换，同样适用于竞争市场、可替代性较强的商品市场、信息透明的市场、短期市场等多种市场。该方法通过反映市场供求关系的变化来决定商品价格，因而在上述市场中得以有效应用。

4.2.5.2 市场价格法的局限性

一是市场失灵。市场价格法在某些情况下可能导致市场失灵。市场失灵是指市场供求关系不能有效调节资源配置，导致资源的浪费或不足。市场价格法只考虑了市场供求关系，没有考虑其他因素的影响，如外部性、公共物品等。在存在市场失灵的情况下，市场价格法可能无法准确反映市场实际情况。

二是信息不对称时导致不公平。市场价格法在信息不对称的情况下可能导致不公平的结果。信息不对称是指市场上的买方和卖方拥有不同的信息，导致交易中的一方处于劣势地位。在信息不对称的情况下，市场价格法可能无法准确反映市场供求关系，使交易结果偏向信息优势方。

三是存在垄断行为时导致价格不公平。市场价格法在存在垄断行为的情况下可能导致价格不公平。垄断行为是指市场上存在垄断地位的卖方或买方通过控制价格来获取利润。在存在垄断行为的情况下，市场价格法可能无法有效调节供求关系，导致价格偏离市场均衡价格。

四是不考虑社会公平性。市场价格法只考虑了市场供求关系，没有考虑社会公平性。在市场价格法下，商品价格由市场供求关系决定，可能导致价格过高或过低，不符合社会公平的要求。为了实现社会公平，可能需要通过政府干预来调整商品价格。

五是不适用于长期市场。市场价格法适用于短期市场，但在长期市场中可能存在不适用的情况。长期市场是指市场上供给和需求的变化较为缓慢，市场价格不能及时反映供求关系的变化。在长期市场中，可能需要考虑其他因素，如成本、技术进步等，来确定商品价格。

综上所述，市场价格法具有灵活性高、有效配置资源、促进竞争、适用范围广泛等优点。但它也存在一定的局限性，例如，市场失灵、信息不对称时导致不公平、存在垄断行为时导致价格不公平、不考虑社会公平性和不适用于长期市场等。在实际应用中，需要综合考虑这些优点和局限性，结合具体情况来确定商品价格。

4.3　影子工程法

4.3.1　影子工程法的概念

影子工程法是在环境遭到破坏后，人工建造一个具有类似环境功能的替代工程，并以此替代工程的费用表示该环境价值的一种估价方法。常用于在环境的经济价值难以直接估算时的环境估价。例如，森林涵养水源、防止水土流失的生态价值估计就可采用此法。它通过模拟和比较项目实施前后的环境和社会状况，评估项目对环境和社会的影响程度。影子工程法可以帮助决策者在项目实施前预测和评估项目的环境和社会影响，从而制定出更加可持续和环保的决策。

影子工程法的基本原理是通过建立一个"影子"项目，模拟项目实施前后的环境和社会状况。旨在通过构建一个"影子"系统来评估新技术、新流程或新策略的效果。这种方法通常用于评估新的解决方案，以确定其在实际环境中的可行性和效果。

在评估中的影子项目中，评估者会在现有系统旁边构建一个与之相似的系统，该系统可以独立运行并与现有系统进行交互。新系统会使用新的技术、流程或策略，并在实际环境中进行测试和评估。通过比较新系统和现有系统的性能、效果和用户反馈，可以评估新的解决方案的优劣和可行性。

需要注意的是，影子工程法只是一种辅助决策的方法，它并不能完全预测和评估项目的环境和社会影响。在实际应用中，还需要考虑其他因素，如政策法规、技术可行性、经济可行性等，需要综合考虑各种因素来制定出最终决策。此外，影子工程法也需要不断改进和完善，以提高其准确性和可靠性。

4.3.2 影子工程法的公式

影子工程法评估的是人工建造的一个与研究对象功能相似的项目，以费用来估算评估对象的价值。在生态价值评估中的应用主要是通过费用来估算被损害生态功能的价值。其计算公式为：

$$V = f(X_1, X_2, X_3, \cdots, X_n) \qquad (4-6)$$

式中：V 为需要评估的环境资源的价值；X_1，X_2，X_3，$\cdots$，X_n 为替代工程中各个项目的费用。

4.3.3 影子工程法的使用范畴

4.3.3.1 新技术或策略评估

当组织考虑引入新的环境技术、策略或措施时，影子工程法可以帮助评估其效果和可行性。通过构建一个与现有系统或流程相似的影子系统，并在实际环境中进行测试和评估，可以更好地了解新技术或策略的潜力和适应性。

4.3.3.2 环境保护措施评估

当组织需要评估环境保护措施的效果和影响时，影子工程法可以提供一个可控的环境。通过构建一个与现有环境保护措施相似的影子系统，并在实际环境中进行测试和评估，可以更好地了解新措施的效果和可行性。

4.3.3.3 环境影响评估

当组织需要评估新项目或发展计划对环境的影响时，影子工程法可以帮助模拟和预测环境影响。通过构建一个与新项目或发展计划相似的影子系统，并在实际环境中进行测试和评估，可以更好地了解其潜在的环境影响。

4.3.3.4 可持续发展评估

当组织需要评估可持续发展策略或方案的效果和可行性时，影子工程法可以提供一个可控的环境。

通过构建一个与现有系统或流程相似的影子系统，并在实际环境中进行测试和评估，可以更好地了解新策略或方案的潜力和适应性。

总之，影子工程法在环境价值评估中适用于评估新技术、策略、环境保护措施、环境影响和可持续发展方面的效果和可行性。它可以提供一个可控的环境来模拟和评估不同方案的潜力和影响，以支持决策和改进。

4.3.4 影子工程法的基本步骤

4.3.4.1 确定评估目标

首先，需要明确评估的目标和范围。评估目标包括环境影响、社会影响、经济影响等方面。评估范围可以是整个项目或政策，也可以是其中的某个环节或影响因素。

4.3.4.2 收集基础数据

在进行影子工程评估之前，需要收集项目实施前的基础数据。这些数据包括环境数据（如空气质量、水质状况、生物多样性等）、社会数据（如人口、就业情况、社会福利等）及经济数据（如投资、产值、就业等）。

4.3.4.3 建立模型

根据收集到的基础数据，建立一个模型来模拟项目实施前的环境和社会状况。模型可以是定量的，也可以是定性的。定量模型可以使用数学或统计方法，通过建立数学方程或模拟实验来模拟环境和社会状况。定性模型可以使用专家判断或专家系统来模拟环境和社会状况。

4.3.4.4 预测影响

在建立模型之后，可以使用模型来预测项目实施后的环境和社会状况。根据模型的结果，可以评估项目对环境和社会的影响程度。影响可以是正面的，如环境改善、社会福利提高等；也可以是负面的，如环境污染、社会冲突等。

4.3.4.5 比较分析

在预测影响之后，需要将项目实施前后的环境和社会状况进行比较分析。通过比较分析，可以评估项目对环境和社会的影响程度，找出可能存在的问题和风险。

4.3.4.6 提出建议

根据比较分析的结果，可以提出相应的建议和措施。措施可以是环境保护措施、社会管理措施、经济调控措施等，旨在减少项目对环境和社会的负面影响，提高项目的可持续性和社会责任。

4.3.5 影子工程法的优点和局限性

4.3.5.1 影子工程法的优点

一是简单易行。影子工程法不需要进行复杂的数据收集和分析，只需要通过对比两个方案的影响，评估其环境价值的差异。

二是直观易懂。影子工程法通过对比两个方案的影响，可以直观地展示出环境价值的差异，便于决策者理解和比较。

三是可操作性强。影子工程法可以在早期阶段就对不同方案的环境价值进行评估，为决策者提供参考，有助于在规划和设计阶段就考虑环境保护和可持续发展。

4.3.5.2 影子工程法的局限性

一是主观性较强。影子工程法的评估结果受到评估者主观判断的影响较大，不同的评估者可能会得出不同的结论，存在一定的不确定性。

二是无法全面考虑环境价值。影子工程法只能对比两个方案的环境价值差异，无法全面考虑其他可能的方案和环境价值，可能会忽略一些重要的因素。

三是依赖可比性。影子工程法要求两个方案具有可比性，即在其他方面相同的情况下只有环境影响不同，这在实际应用中可能存在一定的困难。

综上所述，影子工程法在环境价值评估中拥有一定的优势，然而亦存在一些限制，因此在实际应用中需谨慎使用。

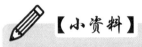 【小资料】

市场法的由来

随着经济学的发展，亚当·斯密（Adam Smith）在其著作《国富论》中进一步强调了市场的作用，提出了自由市场经济的理论。他认为，市场机制能够通过供求关系自动调节资源配置，形成合理的价格，进而反映商品和服务的价值。这一观点进一步加强了市场法的地位，将市场价格作为衡量资源价值的重要指标。

随着工业革命和现代经济体系的形成，市场法逐渐成为主流的资源价值评估方法。经济学家开始将市场价格作为衡量资源价值的重要依据，认为市场价格能够客观地反映资源的稀缺性和需求程度，从而成为资源配置和决策的重要参考依据。

因此，市场法的由来可以追溯到古希腊时期的哲学家亚里士多德，经过亚当·斯密等经济学家的进一步发展和完善，逐渐成为现代经济学中重要的资源价值评估方法。并且随着市场法的理论基础和应用范围的不断扩大，也成了经济学和资源管理领域中不可或缺的重要概念。

资料来源：

[1] 聂敏里. 古典政治经济学与自然法传统 [J]. 中国人民大学学报，2019（5）：64-74.

[2] 刘刚，廖正贤，梁晗. 市场经济理论及其中国思想溯源——《国富论》与《货殖列传》《道德经》比较 [J]. 中国人民大学学报，2019（1）：51-63.

【 第 5 章 】

收益法

【学习要点】

1. 了解生产率法的概念，掌握生产率法的相关公式，明确生产率法的使用范畴，并掌握生产率法的基本步骤及优缺点。

2. 了解收益净现值法的概念，掌握收益净现值法的公式，明确收益净现值法的使用范畴，并掌握收益净现值法的基本步骤及优缺点。

3. 了解年金资本化法的概念，掌握年金资本化法的公式，明确年金资本化法的使用范畴，并掌握年金资本化法的基本步骤及优缺点。

5.1　生产率法

5.1.1　生产率法的概念

生产率法是一种用于评估和比较不同生产系统或生产过程效率的方法。它通过衡量在生产系统或生产过程中所产生的产出与所消耗的资源之间的关系，来评估其生产效率。其核心概念是生产率，生产率可以用不同的指标来衡量，常见的生产率指标包括劳动生产率、资本生产率、能源生产率等。不同的生产率指标适用于不同的情况和目标，可以根据具体需求选择合适的指标进行评估。

5.1.2　生产率法的公式

生产率法的公式可以根据具体的生产率指标来确定。以下是一些常见的生产率指标及其对应的公式：

$$劳动生产率 = 产出 / 劳动力投入 \tag{5-1}$$

$$资本生产率 = 产出 / 资本投入 \tag{5-2}$$

$$能源生产率 = 产出 / 能源消耗 \tag{5-3}$$

$$原材料生产率 = 产出 / 原材料消耗 \tag{5-4}$$

$$综合生产率 = 产出 / （劳动力投入 + 资本投入 + 能源消耗 + 原材料消耗） \tag{5-5}$$

以上公式仅为示例，实际应用中可能会根据具体情况进行调整和修改。此外，公式中的产出和资源消耗可以根据具体需求选择适当的度量单位，如货币单位、物理单位等。

5.1.3 生产率法的使用范畴

在生态资源价值评估中生产率法的适用范围较广，主要用于评估和衡量生态系统的生产力和资源利用效率。

5.1.3.1 农业生态系统评估

生产率法可用于评估农田的作物产量和农业生态系统的生产力，帮助农民和农业管理者了解农田的资源利用效率和生产潜力，从而优化农业生产管理。

5.1.3.2 森林生态系统评估

生产率法可用于评估森林的木材产量和森林生态系统的生产力，帮助森林管理者了解森林资源的可持续利用和管理，以及森林生态系统的健康状况。

5.1.3.3 水域生态系统评估

生产率法可用于评估水域生态系统中的渔业资源和水生生物的生产力，帮助渔业管理者了解水域资源的可持续利用和管理，以及水域生态系统的健康状况。

5.1.3.4 自然保护区评估

生产率法可用于评估自然保护区内的生物多样性和生态系统的生产力，帮助保护区管理者了解保护区的生态价值和保护效果，从而制定更有效的保护措施。

5.1.3.5 城市生态系统评估

生产率法可用于评估城市生态系统中的绿地和城市农业的生产力，帮助城市规划者了解城市生态系统的可持续发展和资料利用效率，从而优化城市规划和管理。

5.1.4 生产率法的基本步骤

5.1.4.1 确定评估目标

明确评估的目的和范围，确定需要评估的生态系统和资源类型。

5.1.4.2 收集数据

收集相关的生态系统和资源数据，包括生物量、产量、生长速率、能量流动等方面的数据。数据可以通过实地调查、文献研究、遥感技术等方式获取。

5.1.4.3 计算生产率

根据收集到的数据，计算生态系统的生产率。常用的生产率指标包括生物量生产率、净初级生产力、净次级生产力等。

5.1.4.4 分析结果

对计算得到的生产率数据进行分析和解释，了解生态系统的生产力水平和资源利用效率。可以比较不同时间点或不同地区的生产率数据，评估生态系统的变化和趋势。

5.1.4.5 评估生态系统健康状况

根据生产率数据和分析结果，评估生态系统的健康状况。可以通过与历史数据或参考值进行比较，判断生态系统是否处于良好状态。

5.1.4.6 提出建议和措施

根据评估结果，提出相应的管理建议和保护措施。可以针对生态系统的薄弱环节或资源利用效率低下的问题，制定相应的管理和改进措施。

5.1.4.7 监测和追踪

建立长期监测机制，定期对生态系统的生产率进行评估和监测，追踪生态系统的变化和效果，及时调整管理和保护策略。

以上是生态资源价值评估中生产率法的基本步骤，具体的实施过程可能会根据评估对象和目标的不同而有所不同。

5.1.5　生产率法的优点和局限性

生产率法在生态资源价值评估中具有一定的优点和局限性，需要结合具体的评估目标和情境来选择合适的评估方法。

5.1.5.1　生产率法的优点

一是其使用简单的指标来评估生态系统的生产力，易于理解和解释，能够提供直观的评估结果。

二是可比性较强，可以对不同时间点或不同地区的生态系统进行比较，帮助了解生态系统的变化和趋势。

三是应用范围广泛，生产率法适用于各种生态系统的评估，包括农田、森林、水域、自然保护区等，具有较广泛的应用范围。

四是生产率法所需的数据相对容易获取，相关数据可以通过实地调查、文献研究、遥感技术等方式收集，具有较高的可操作性。

5.1.5.2　生产率法的局限性

一是忽略了生态系统的复杂性。生产率法主要关注生态系统的生产力，忽略了生态系统的复杂性和多样性，无法全面评估生态系统的健康状况。

二是数据需求量较大。生产率法需要大量的生态系统和资源数据，包括生物量、产量、生长速率等方面的数据，数据收集和处理的工作量较大。

三是受环境因素影响较大。生产率法的评估结果容易受到环境因素的影响，如气候变化、土壤质量等，可能导致评估结果的不准确。

四是无法评估非生产性生态系统。生产率法主要适用于评估具有明显生产功能的生态系统，对于非生产性生态系统（如湿地、珊瑚礁等）的评估效果有限。

5.2　收益净现值法

5.2.1　收益净现值法的概念

在生态资源价值评估中，收益净现值法是一种经济分析方法，用于评估生态资源管理项目或决策的经济可行性。它基于现金流量的概念，将未来的生态资源收益折现到当前时间点，计算出项目的净现值。收益净现值法的核心思想是考虑时间价值的影响，即未来的生态资源收益价值会随着时间的推移而减少。通过将未来的生态资源收益折现到当前时间点，可以更准确地评估生态资源管理项目的经济价值和可行性。

在应用收益净现值法进行生态资源价值评估时，首先，需要确定项目的预期生态资源收益，包括生态系统服务的经济价值、生态旅游收入、生物资源的商业利用等。其次，将这些未来的生态资源收益按照一定的折现率进行折现，将其转化为当前价值。最后，将现金流入减去现金流出，得到项目的净现值。如果项目的净现值为正数，意味着项目的生态资源收益超过了成本，项目具有经济可行性，可以被接受。如果净现值为负数，则意味着项目的生态资源收益不足以覆盖成本，项目不具备经济可行性，应该被拒绝。

5.2.2 收益净现值法的公式

在生态资源价值评估中，收益净现值法的公式如下：

$$NPV = \sum \left[\frac{CF_t}{(1+r)^t} \right] - I \qquad (5-6)$$

式中：NPV 为项目的净现值；CF_t 为每个时间点 t 的现金流量（包括生态资源收益和成本）；r 为折现率，用于将未来的现金流量折现到当前时间点；I 为项目的初始投资成本。

根据公式，首先，需要计算每个时间点的现金流量，包括生态资源收益和成本；其次，将这些现金流量按照折现率进行折现，将未来的现金流量转化为当前价值；最后，将现金流入减去现金流出，得到项目的净现值。

如果项目的净现值为正数，意味着项目的生态资源收益超过了成本，项目具有经济可行性，可以被接受。如果净现值为负数，则意味着项目的生态资源收益不足以覆盖成本，项目不具备经济可行性，应该被拒绝。

折现率的选择对净现值的计算结果有重要影响。折现率的确定通常考虑投资项目的风险、市场利率和机会成本等因素，不同的折现率可能导致不同的净现值评估结果。

5.2.3 收益净现值法的使用范畴

5.2.3.1 生态系统服务评估

生态系统服务是指生态系统为人类提供的各种经济和社会价值，如水源保护、气候调节、土壤保持等。收益净现值法可以用于评估生态系统服务的经济价值，将未来的服务收益折现到当前时间点，计算出生态系统服务的净现值。

5.2.3.2 生物资源利用评估

收益净现值法可以用于评估生物资源的商业利用项目，如渔业、林业、农业等。通过计算项目的净现值，可以判断生物资源的商业利用是否具有经济可行性，从而指导资源的合理利用和保护。

5.2.3.3 环境保护项目评估

收益净现值法可以用于评估环境保护项目的经济效益，如水污染治理、生态恢复等。通过计算项目的净现值，可以判断环境保护项目的收益是否能够超过成本，从而决定是否进行投资。

5.2.4 收益净现值法的基本步骤

5.2.4.1 确定现金流量

首先需要确定项目的现金流量，包括生态资源收益和成本。这些现金流量可以是预期的未来现金流量，包括投资阶段的现金流出和运营阶段的现金流入。

5.2.4.2 确定折现率

折现率是将未来的现金流量折现到当前时间点的利率。折现率的选择通常考虑投资项目的风险、市场利率和机会成本等因素。

5.2.4.3 进行现金流量折现

现金流量折现是将每个时间点的现金流量按照折现率进行折现，将未来的现金流量转化为当前价值。可以使用以下公式进行折现计算：$PV = \dfrac{CF}{(1+r)^t}$。式中：PV 为现金流量的当前价值；CF 为现金流量；r 为折现率；t 为时间点。

5.2.4.4 计算净现值

将所有现金流量的当前价值相加，然后减去初始投资成本，得到项目的净现值。可以使用以下公式进行计算：$NPV = \sum (PV) - I$。式中：NPV 为净现值；I 为初始投资成本。

5.2.4.5 判断经济可行性

通常根据净现值的正负来判断项目的经济可行性。如果净现值为正数，意味着项目的生态资源收益超过了成本，项目具有经济可行性，可以被接受。如果净现值为负数，则意味着项目的生态资源收益不足以覆盖成本，项目不具备经济可行性，应该被拒绝。

收益净现值法的计算结果受到现金流量的准确性和折现率的选择等因素的影响。因此，在进行评估时需要仔细考虑和估计相关参数，以确保评估结果的准确性和可靠性。

5.2.5 收益净现值法的优点和局限性

5.2.5.1 收益净现值法的优点

一是收益净现值法将未来的现金流量折现到当前时间点，考虑了时间价值的影响。这使评估结果更准确，能够更好地反映项目的经济可行性。

二是综合考虑了现金流量，收益净现值法综合考虑了项目的现金流入和现金流出，能够全面评估项目的经济效益。它不仅考虑了生态资源收益，还考虑了项目的成本和投资。

三是收益净现值法的计算结果是一个具体的数值，可以直观地表示项目的经济效益。正值表示项目具有经济可行性，负值表示项目不具备经济可行性。

四是收益净现值法可以用于比较不同项目或决策的经济效益，可比性较强。

5.2.5.2 收益净现值法的局限性

一是收益净现值法对折现率的选择非常敏感。不同的折现率可能导致不同的净现值评估结果。因此，在确定折现率时需要仔细考虑相关因素，以确保评估结果的准确性。

二是收益净现值法的计算结果依赖准确的现金流量估计。如果现金流量估计不准确，可能导致评估结果出现偏差。因此，在进行评估时需要仔细估计和考虑现金流量的相关参数。

三是收益净现值法主要关注经济效益，忽略了一些非经济因素，如社会影响、环境影响等。这可能导致评估结果无法全面反映项目的整体影响。

四是收益净现值法无法直接考虑不确定性因素，如市场波动、政策变化等。这可能导致评估结果的不确定性，需要在实际决策中进行风险管理和灵活应对。

在应用时需要综合考虑相关因素，并结合其他评估方法和决策工具，以全面评估项目的可行性和影响。

5.3 年金资本化法

5.3.1 年金资本化法的概念

在生态资源价值评估中，年金资本化法是一种经济分析方法，它基于年金的概念，将未来的生态资源收益转化为一个等值的年金金额，以便进行经济分析和比较。

年金资本化法的基本概念是将未来的生态资源收益折算为一个等值的年金金额，这个年金金额可以在一定的时间段内按照一定的利率进行投资，以获得与生态资源收益相当的回报。通过计算这个等值的年金金额，可以评估生态资源的经济价值和可比性。

在用年金资本化法进行生态资源价值评估时，需要先确定未来的生态资源收益，包括生态系统服务的经济价值、生态旅游收入、生物资源的商业利用等。再根据一定的利率和时间段，计算出一个等值的年金金额，该金额可以代表未来的生态资源收益。

5.3.2 年金资本化法的公式

年金资本化法的计算公式如下：

$$PV = CF \times \frac{1-(1+r)^{-n}}{r} \tag{5-7}$$

式中：PV 为年金金额的现值；CF 为每年的生态资源收益；r 为利率；n 为时间段的年数。

通过计算年金金额的现值，可以评估生态资源的经济价值。如果年金金额的现值超过了投资成本或其他参考值，意味着生态资源具有经济价值，可以被接受。如果年金金额的现值低于投资成本或其他参考值，意味着生态资源的经济价值不足以覆盖成本，可能需要重新评估或调整。

年金资本化法的计算结果受利率和时间段的选择等因素的影响。因此，在进行评估时需要仔细考虑和估计相关参数，以确保评估结果的准确性和可靠性。

5.3.3 年金资本化法的使用范畴

5.3.3.1 生态系统服务评估

年金资本化法可以用于评估生态系统服务的经济价值。生态系统服务是指自然生态系统为人类提供的各种物质和非物质的利益，如水源保护、气候调节、土壤保持等。通过将未来的生态系统服务收益折现为一个等值的年金金额，可以评估其经济价值，并与其他经济活动进行比较。

5.3.3.2 生态旅游评估

年金资本化法可以用于评估生态旅游的经济价值。生态旅游是指以自然环境和生态资源为基础的旅游活动，具有一定的经济效益。通过将未来的生态旅游收入折现为一个等值的年金金额，可以评估其经济价值，并支持决策者进行旅游规划和管理。

5.3.3.3 生物资源利用评估

年金资本化法可以用于评估生物资源的商业利用价值。生物资源是指自然界中的各种生物体，包括植物、动物和微生物等。通过将未来的生物资源利用收益折现为一个等值的年金金额，可以评估其经济价值，并支持决策者进行资源管理和保护。

5.3.3.4 投资项目评估

年金资本化法可以用来评估投资项目的经济价值。通过将未来的现金流量折现为一个等值的年金金额，评估投资项目的回报率和投资价值，帮助决策者做出是否进行投资的决策。

5.3.3.5 养老金计划评估

年金资本化法可以用于评估养老金计划的经济可行性。通过将未来的养老金支付折现为一个等值的年金金额，可以评估养老金计划的资金需求和可持续性，为养老金计划的设计和管理提供参考。

5.3.3.6 保险产品评估

年金资本化法可以用于评估保险产品的经济价值。通过将未来的保险金支付折现为一个等值的年金金额，评估保险产品的保障能力和经济效益，帮助消费者选择合适的保险产品。

5.3.3.7 资产估值

年金资本化法可以用于评估资产的经济价值。通过将未来的现金流量折现为一个等值的年金金额，评估资产的市场价值和投资回报，为资产交易和投资决策提供参考。

在生态资源评估中，年金资本化法的适用范围受到一些限制。例如，它主要关注经济价值，忽略了一些非经济因素，如社会影响、环境影响等。此外，年金资本化法的计算结果也受到利率和时间段的选择等因素的影响。因此，在用年金资本化法进行生态资源价值评估时，需要综合考虑相关因素，并结合其他评估方法和决策工具。

5.3.4 年金资本化法的基本步骤

5.3.4.1 确定未来的现金流量

首先需要确定未来的现金流量，包括收入、支出或投资回报等。这些现金流量可以是定期的、不定期的或连续的。

5.3.4.2 选择利率和时间段

根据具体情况选择适当的利率和时间段。利率可以是市场利率、折现率或其他相关利率。时间段可以是年、月、季度或其他适当的时间单位。

5.3.4.3 计算年金金额

根据选择的利率和时间段，将未来的现金流量折现为一个等值的年金金额。年金金额是一系列等额的现金流量，在一定的时间段内按照一定的利率进行投资。

5.3.4.4 计算年金金额的现值

使用年金资本化公式计算年金金额的现值，公式为 $PV = CF \times \dfrac{1-(1+r)^{-n}}{r}$。

5.3.4.5 经济分析和比较

根据年金金额的现值进行经济分析和比较。如果年金金额的现值超过了投资成本或其他参考值，意味着现金流量具有经济价值，可以被接受。如果年金金额的现值低于投资成本或其他参考值，意味着现金流量的经济价值不足以覆盖成本，可能需要重新评估或调整。

年金资本化法的计算结果受利率和时间段的选择等因素的影响。因此，在进行经济分析时需要仔细考虑和估计相关参数，以确保评估结果的准确性和可靠性。此外，年金资本化法还可以结合其他评估方法和决策工具使用，以全面评估现金流量的经济价值和风险。

5.3.5 年金资本化法的优点和局限性

5.3.5.1 年金资本化法的优点

一是年金资本化法基于时间价值的概念，将未来的现金流量折现为一个等值的年金金额。这种方法能够准确地考虑时间对现金流量的影响，使不同时间点的现金流量可以进行比较和分析。

二是年金资本化法的计算方法相对简单，只需要确定未来现金流量，选择适当的利率和时间段，然后使用年金资本化公式进行计算。这使年金资本化法在实际应用中比较容易理解和操作。

三是年金资本化法可以将未来的现金流量转化为一个等值的年金金额，并计算其现值，可以对不同的现金流量进行经济分析和比较，帮助决策者做出合理的经济决策。

四是年金资本化法可以用于评估投资项目、养老金计划、保险产品等的经济价值。通过计算年金金额的现值，可以帮助决策者评估项目的回报率、养老金计划的可持续性、保险产品的保障能力等，为决策提供参考。

五是年金资本化法将不同时间点的现金流量折现为一个等值的年金金额，使得不同时间段的现金流量可以进行比较。这有助于评估不同方案或项目的经济价值，并选择最具经济效益的方案或项目。

5.3.5.2 年金资本化法的局限性

一是年金资本化法基于一些假设，如稳定的现金流量和固定的利率。然而，在实际情况中，现金流量和利率可能存在不确定性和变动性，从而导致这些假设无法完全满足实际需求。

二是年金资本化法主要关注经济价值，忽略了一些非经济因素的影响，如社会影响、环境影响等。这可能导致对资源的评估不全面，无法全面考虑资源的可持续性和综合价值。

　　三是利率和时间段的选择往往具有一定的主观性，不同的选择可能导致不同的评估结果，这可能影响评估的准确性和可靠性。

　　四是年金资本化法无法很好地应对不确定性和风险。在实际情况中，现金流量和利率可能受到不确定性和风险的影响，这可能导致评估结果的不准确和出现偏差。

【小资料】

会计学中的收益法

　　收益法是企业将未来金额转换成单一现值的估值技术。企业使用收益法，能够反映市场参与者在计量日对未来现金流量或者收入费用等金额的预期。

　　企业使用的收益法包括现金流量折现法、多期超额收益折现法、期权定价模型等估值方法。

　　现金流量折现法是指通过预测公司未来盈利能力，据此计算出公司净现值，并按一定的折扣率折算，从而确定股票发行价格。现金流量折现法是企业在收益法中最常用到的估值方法，包括传统法（即折现率调整法）和期望现值流量法。企业运用折现率将未来金额与现在金额联系起来，取得现值。企业使用现金流量折现法估计相关资产或负债的公允价值时，需要在计量日从市场参与者角度考虑相关资产或负债的未来现金流量、现金流量金额和时间的可能变动、货币时间价值、因承受现金流量固有不确定性而要求的补偿（即风险溢价）、与负债相关的不履约风险（包括企业自身信用风险）、市场参与者在当前情况下可能考虑的其他因素等。

　　多期超额收益折现法是指将企业或者资产组未来预期收益中归属于无形资产等评估对象的各期预期超额收益进行折现累加以确定评估对象价值的一种评估方法。多期超额收益通常是指从无形资产等评估对象与其他资产共同创造的各期整体收益中扣减其他资产贡献的收益后的余额。多期超额收益折现法也称多期超额收益法。

　　期权定价模型是一种用来估算期权价格的金融模型，它可以帮助投资者更好地了解期权的价值，并帮助他们做出更明智的投资决策。期权定价模型的基本原理是，在投资者投资期权时，他们将损失的风险减到最低，从而使期权价格更加稳定。企业可以使用布莱克—斯科尔斯模型、二叉树模型、蒙特卡洛模拟法等期权定价模型估计期权的公允价值。其中，布莱克—斯科尔斯期权定价模型可以用于认股权证和具有转换特征的金融工具的简单估值。布莱克—斯科尔斯期权定价模型中的输入值包括即期价格、行权价格、合同期限、预计或内含波动率、无风险利率、期望股息率等。

资料来源：中华人民共和国财政部 . 企业会计准则第 39 号——公允价值的计量〔Z〕. 2020-12-24.

【 第 6 章 】

成本法

【学习要点】

  1. 了解重置成本法的概念，掌握重置成本法的基本公式，明确重置成本法的使用范畴，并掌握重置成本法的基本步骤及优缺点。

  2. 了解机会成本法的概念，掌握机会成本法的基本公式，明确机会成本法的使用范畴，并掌握机会成本法的基本步骤及优缺点。

  3. 了解人力资本和疾病成本法的概念，掌握人力资本和疾病成本法的基本公式，明确人力资本和疾病成本法的使用范畴，并掌握人力资本和疾病成本法的基本步骤及优缺点。

  4. 了解防护成本法和替代成本法的概念，掌握防护成本法和替代成本法的基本公式，明确防护成本法和替代成本法的使用范畴。

6.1　重置成本法

6.1.1　重置成本法的概念

  重置成本法，就是在现实条件下重新购置或建造一个全新状态的评估对象，将所需的全部成本减去评估对象的实体性陈旧贬值、功能性陈旧贬值和经济性陈旧贬值后的差额，作为评估对象现实价值的一种评估方法。在生态资源价值评估中，重置成本法是通过衡量生态资源或生态系统在遭到损害后，将其完全恢复到原始状态或者重置其某种功能所花费的成本，来评估生态资源或该项生态系统服务功能价值的方法。该方法基于以下假设：当生态系统受到破坏或损失时，为了恢复生态系统的功能和价值，需要采取一系列的措施和行动，这些措施和行动需要投入一定的资源和资金。

重置成本法的核心思想是通过估计恢复和重建生态系统所需的成本，来衡量生态系统的价值。这些包括但不限于，清理污染物、修复土壤、恢复植被、引入或保护物种、恢复水体等。通过对这些成本的估计，可以评估生态系统的经济价值，并为决策者提供参考，以便在资源管理和环境保护方面做出合理的决策。

重置成本法的应用范围广泛，可以用于评估各种类型的生态系统，包括湿地、森林、河流、海洋等。它可以帮助决策者更好地理解生态系统的价值，并在资源管理和环境保护方面做出明智的决策，以此来最大限度地保护和恢复生态系统的功能和价值。

6.1.2 重置成本法的公式

用重置成本法评估生态资源价值的关键在于重置成本的估算。

资源资产的重置成本可以通过若干种方法进行估算，此处介绍较为常用的几种方法。

6.1.2.1 重置核算法

重置核算法亦称细节分析法、核算法等，它是利用成本核算的原理，重新确认被评估生态资源所需的费用项目，逐项计算然后累加得到资源的重置成本。

6.1.2.2 价格指数法

价格指数法是利用与资产有关的价格变动指数，将被评估资源的历史成本调整为重置成本的一种方法。在既无法获得处于全新状态下的评估对象的现行市价，也无法获得与评估对象类似的参照物的现行市价时，可利用与评估对象有关的价格变动指数计算重置价值，其计算公式为：

$$重置成本 = 生态资源的初始成本 × 价格指数 \qquad (6-1)$$

6.1.2.3 功能价值类比法

功能价值类比法是指利用某些生态资源功能（生产能力）的变化与其价格或重置成本的变化呈某种指数关系或线性关系的特征，通过参照物的价格或重置成本及功能价值关系估测评估对象价格或重置成本的技术方法，其计算公式为：

$$重置成本 = （评估对象年产量 / 参照物年产量）× 参照物重置成本 \qquad (6-2)$$

由于各种生态资源的特性不同，受到损坏以及需要重置的程度不同，重置成本的估算方法也各不相同，在此以森林景观资源价值评估为例。用重置成本法评估森林景观资源价值时，是按现时的标准、工价及生产水平，将重新营造一块与被评估对象相类似的森林资源资产所需要的成本费用，作为被评估森林景观资源资产的评估值，具体公式如下：

$$E = k \times \sum \left[C_i (1+r)^{n-i+1} \right] + Q \times v \qquad (6\text{-}3)$$

式中：E 为森林景观资源资产评估值；k 为景观质量调整系数；C_i 为第 i 年景观营林投入，主要包括工资、物资消耗、管护费用、地租等；Q 为旅游设施重置价；v 为旅游设施成新率；r 为折现率；n 为平均林龄。

6.1.3　重置成本法的使用范畴

6.1.3.1　通过控制污染物排放的成本来估计水质改善的价值

首先，收集相关污染物排放和治理成本的数据，包括监测、治理器材和设施等方面。其次，计算控制排放的成本，包括治理设施建设、运营和维护的费用。再次，估计水质改善所带来的效益，如减少健康风险、提升水资源可持续性和生态系统的恢复。最后，对成本与效益进行比较，评估控制排放的成本是否合理，并为决策制定者提供水质改善的经济评估依据。

6.1.3.2　通过计算清理河流侵蚀沉淀物的成本来衡量森林或者湿地防止侵蚀的价值

首先，收集相关数据，包括河流侵蚀沉淀物的数量和质量、河流清理工作的成本，以及防止森林或湿地受到侵蚀所需的投资和维护成本。其次，计算清理河流侵蚀沉淀物的成本，包括人力、设备和技术成本。再次，对防止森林或湿地受到侵蚀的成本进行估计，包括保护和恢复该地区的森林或湿地所需的投资和维护成本。最后，对清理河流侵蚀沉淀物的成本与防止森林或湿地受到侵蚀的成本进行比较，评估防止侵蚀的价值。

6.1.4　重置成本法的基本步骤

6.1.4.1　确定评估目标

首先应明确评估的目标和范围，例如，是要评估某个特定生态系统的重置成本，还是评估整个区域的生态系统重置成本。

6.1.4.2 确定受损生态系统的特征和范围

受损生态系统的类型、规模和受损程度数据可以通过实地调查、遥感数据、文献研究等方式获取。

6.1.4.3 确定恢复和重建措施

根据受损生态系统的特征和范围，确定需要采取的恢复和重建措施。这些措施可能包括清理污染物、修复土壤、恢复植被、引入或保护物种、恢复水体等。

6.1.4.4 估计每项措施的成本

对每项恢复和重建措施进行成本估计，可以通过参考类似项目的成本数据、专家咨询或相关研究来获取。成本估计应包括物质、劳动力、设备和管理等方面的费用。

6.1.4.5 计算总体重置成本

将每项措施的成本相加，便得到了总体的重置成本。这是恢复和重建受损生态系统所需的资金投入。

6.1.4.6 评估结果的可行性和可持续性

评估重置成本的可行性和可持续性，需考虑时间、技术可行性、政策限制等因素。这有助于决策者在资源管理和环境保护方面做出明智的决策。

重置成本法的应用需要综合考虑各种因素，并进行适当的调整和修正。此外，评估结果可能只是一个近似值，因为生态系统的恢复和重建过程可能受到多种不确定性因素的影响。因此，在实际应用中，需要谨慎使用和解释评估结果。

6.1.5 重置成本法的优点和局限性

6.1.5.1 重置成本法的优点

一是考虑了生态系统受损后的恢复和重建成本，能够全面评估生态系统的经济价值。它不仅考虑了直接的物质和劳动力成本，还包括管理和监测等间接成本，评估结果更加全面和准确。

二是提供了决策者在资源管理和环境保护方面的参考依据。通过评估生态系统的重置成本，决策者可以更好地理解生态系统的价值，并在制定政策和规划项目时做出明智的决策。

三是可以用于不同类型的生态系统和不同地区的生态系统评估，使不同生态系统之间的经济价值可以进行比较。这有助于优先确定哪些生态系统需要更多的资源投入和保护。

四是通过评估生态系统的重置成本，可以唤起人们对生态系统价值的认识和重视。这有助于提高公众和决策者对生态系统的保护意识，促进可持续发展和环境保护。

五是不仅考虑了生态系统的恢复成本，还考虑了恢复过程中的可行性和可持续性。这有助于决策者在制订恢复和重建策略时综合考虑时间、技术可行性、政策限制等因素，以实现可持续的生态系统管理。

6.1.5.2 重置成本法的局限性

一是重置成本法的评估结果仅仅是从重新恢复被破坏的生态资源所需成本费用的角度解释其价值，忽略了生态资源能够带来的经济利益。

二是重置成本法是对生态资源的最小经济价值进行评估，没有考虑到如文化服务价值这样的生态系统非经济价值，无法提供一个更为全面合理的价值参考。

三是完全重置生态环境资产和服务基本上是不可能的。首先，生态系统是经由漫长的时间演化、系统中物种、环境的相互作用形成的，重置一个生态系统需要耗费大量的时间和资源，而且往往很难还原到初始状态。其次，人们对生态价值的重视程度和为恢复生态系统进行支付的意愿也是不断变化的。因此重置成本法的评估结果可能和原生态资源价值差异较大。

在评估实务中，由于方法的局限性，重置成本法往往只作为评估生态资源部分或某类价值的方法，需要结合其他方法综合使用。

6.2 机会成本法

6.2.1 机会成本法的概念

机会成本法是通过计算生态资源的机会成本来评估生态资源价值的方法。其中，生态资源的机会成本是指为了利用某种生态资源而放弃选择其他方案所能带来的最大经济利益。在无市场价格的情况下资源使用的成本可用所牺牲的替代用途的收入来估算。该方法比较适用于具有唯一性特征或不可逆特征的生态资源的价值核算。例如，保护国家公园，禁止砍伐树木的价值，不是直接用保护资源的收益来测量，而是用为保护资源而牺牲的最大的替代选择的价值去测量；保护土地的价值，是用为保护土地资源而放弃的最大的效益来测量。

一方面，用机会成本确定生态资源价值意味着将一部分利润计入成本；另一方面，由于生态资源（特别是质量和开采条件都比较好的生态资源）具有实施意义上的稀缺性，现在使用资源就意味着丧失了今后利用同一资源获取纯收益的机会，所以机会成本也意味着必须将未来所牺牲的收益计入成本。

在运用机会成本法评估生态资源时应该注意以下两点：一是机会成本法的应用以生态资源的稀缺性为前提。对于有限的生态资源，必须在不同的利用方式之间做出选择，最大限度地实现资源的价值。如果一种生态资源多到可以保证每种用途都能够被充分满足，在这种情况下，由于资源的充足性，没有必要权衡不同利用方式之间的机会成本，人们可以同时选择多种利用方式，满足各种需求，无须做出牺牲，那也就不存在机会成本了。二是机会成本应该是可以被合理量化的，以便进行比较和评估。这通常需要确切地估计和测量放弃某种利用方式所带来的经济利益，可能会依赖市场数据、经济模型或专业评估方法。

6.2.2 机会成本法的公式

机会成本法的公式为：

$$OC_i = S_i \times Q_i \tag{6-4}$$

式中：OC_i 为第 i 种资源损失机会成本的价值；S_i 为第 i 种资源单位机会成本；Q_i 为第 i 种资源损失的数量。

机会成本的估算是采用机会成本法评估生态资源价值的核心，在估算过程中，可能会依赖市场数据、经济模型、专业评估方法和专家意见等。准确估算机会成本需要综合应用多种方法和技术，并充分考虑生态资源特性和相关背景，对于不同的生态资源，需要采用相对应的方法对机会成本进行评估。

以湿地生态系统生态服务功能价值评估为例，湿地生态系统的防止土壤侵蚀的价值评估可以采用机会成本法。若缺少了湿地的土壤保持，土壤侵蚀就会造成土地废弃，而土地未废弃时不同用途下的收益即为资源的机会成本。评估具体公式如下：

减少土壤侵蚀的价值 = 该生态系统生产的平均收益 × 相当的废弃土地面积

$$\tag{6-5}$$

废弃土地面积 = 减少土壤流失总量 / 表层土壤的平均厚度 $\tag{6-6}$

减少土壤侵蚀总量 = 生态系统土壤被侵蚀前后的单位面积水土流失量的差异 ×
生态系统总面积　　　　　　　　　　　　　　　　　　　　　　　（6-7）

6.2.3 机会成本法的使用范畴

6.2.3.1 投资决策

机会成本法可以用于评估不同投资项目的机会成本。通过比较不同投资项目的预期收益和成本，可以确定最佳的投资选择。

6.2.3.2 自然资源管理

在自然资源管理中，机会成本法可用于评估不同资源利用方式的机会成本。例如，评估开发某个自然保护区的机会成本，即放弃保护该区域所带来的损失。

6.2.3.3 环境政策制定

机会成本法可以用于评估环境政策的机会成本。例如，评估实施某项环境保护政策的机会成本，即放弃其他可能的政策选择所带来的损失。

6.2.3.4 生态系统服务评估

机会成本法可以用于评估生态系统服务的机会成本。生态系统服务是指生态系统为人类提供的各种好处，如水源保护、气候调节、土壤保持等。通过评估放弃某种生态系统服务所带来的机会成本，可以更好地理解生态系统的经济价值。

6.2.3.5 应用于多用途的生态资源评估

机会成本是在对生态资源采用不同利用方法所带来的最大经济利益的相互比较中产生的，因此，机会成本法要求被评估的生态资源存在多样化的利用选择，即生态资源可以用于不同的目的和经济活动。此外，当其无法在时间上进行储存或调节使用量时，就没有选择的余地，也就不存在机会成本的概念。例如，某些地区的特定土地可能只适宜于农业生产，而无法用于其他用途。在这种情况下，由于资源的单一用途和无法调节使用量，无论选择怎样的农业利用方式，都没有其他可供选择的机会，因此机会成本也就没有意义，"机会"也就无从谈起了。

机会成本法的应用需要综合考虑各种因素，并进行适当的调整和修正。此外，由于未来的收益和成本可能受到多种不确定性因素的影响，因此，在实际应用中，需要谨慎使用和解释机会成本法的评估结果。

6.2.4 机会成本法的基本步骤

6.2.4.1 确定可选利用方式

首先，需要确定生态资源可供选择的不同利用方式，包括资源保护、可持续开发、旅游、生态服务等多种用途。在采用机会成本法评估生态价值时，确定生态资源可供选择的不同利用方式是必要的，因为机会成本法的核心概念是评估选择某一项利用方式而放弃其他潜在利用方式所带来的机会成本。通过确定生态资源可供选择的不同利用方式，可以将潜在的利用方式列举出来，并对这些利用方式进行比较。

6.2.4.2 选择已实施的利用方式作为参考

从已实施的利用方式中选择一种，以该方式所取得的经济收益作为参考，并设置影响该收益的经济指标，这将成为比较和评估的基准。已实施的利用方式一般代表了一定的投资和社会成本，同时也带来一定的经济收益和社会影响。因此，选择它作为参考可以帮助人们更好地评估其他利用方式是否能够带来更多的经济效益或更好地满足社会需求。

6.2.4.3 估算放弃其他利用方式的经济效益

通过评估其他可选利用方式可能带来的经济效益，并将其转化为与参考利用方式相同的经济指标，以便进行比较。估算放弃其他利用方式的经济效益的目的是考虑到不同的利用方式可能带来不同的经济收益或贡献。这种经济效益可以体现在各种方面，如生态旅游收入、生态产品的销售、生态系统服务的经济贡献等。通过对放弃其他利用方式的经济效益进行估算，可以更全面地比较不同选择的经济成本效益，并对生态系统的选择和决策做出更准确的评估。

6.2.4.4 估算机会成本

通过比较参考利用方式的经济效益和放弃其他利用方式的经济效益，计算出机会成本。在估算机会成本时，需要考虑时间价值和不确定性。时间价值涉及对未来经济效益的折现，以反映时间上的偏好。不确定性则需要考虑可能的风险和不确定因素对经济效益和机会成本的影响。

6.2.4.5 综合评估和决策

对估算的机会成本与其他因素，如非经济因素（环境影响、社会福利等），进行综合评估，确定调整系数。基于评估结果，制定决策和管理策略，以实现生态资源的最优化利用和保护。

6.2.5 机会成本法的优点和局限性

6.2.5.1 机会成本法的优点

一是机会成本法能够综合考虑不同选项的效益和损失，帮助决策者全面评估选择的利弊。

二是机会成本法为决策者提供了资源配置和决策制定方面的参考依据，通过评估机会成本帮助其做出更明智的决策。

三是机会成本法可用于比较不同选项的机会成本，帮助决策者确定最佳选择。

四是机会成本法强调了放弃某种选择所带来的机会损失，有助于提醒决策者在做出决策时考虑长期利益和机会成本。

6.2.5.2 机会成本法的局限性

一是机会成本法以生态资源的使用为前提，然而生态资源的价值不仅包括生态使用价值，还包括选择价值、遗传价值、存在价值等非使用价值。采用机会成本法对生态资源价值进行评估，评估结果无法反映该项生态资源的非使用价值。

二是机会成本法主要关注当前和未来的机会成本，但对于生态资源价值评估来说，生态资源或生态系统的形成是一个漫长的且在未来会持续动态发展的过程，因此，需要考虑的时间维度更宽广，包括长期的生态系统恢复、可持续性和生态演替等因素，而机会成本法可能无法全面考虑这些因素。

三是机会成本法的计算往往涉及多个因素和变量，有时难以准确量化和估计。

四是机会成本法主要关注经济利益和损失，而忽视了一些非经济因素，如社会、环境和文化因素等。

五是机会成本法的计算结果受到未来收益和成本的不确定性的影响，可能只是一个近似值，存在一定的不确定性。

六是机会成本法的计算依赖一些假设和预测，如果这些假设和预测不准确，可能导致评估结果的偏差。

在实际应用中，需要综合考虑不同因素，并结合其他评估方法和工具，以获得更全面和准确的评估结果。

6.3 人力资本法和疾病成本法

6.3.1 人力资本法和疾病成本法的概念

生态环境恶化对人体健康造成的影响主要有以下三个方面：一是污染致病、致残或早逝，从而减少私人和社会的收入；二是医疗费用的增加；三是精神或心理上的代价。

人力资本法、疾病成本法通过估算生态环境变化对于劳动者的体力和智力的影响来评估生态系统价值。

其中，人力资本法用收入或者工资的损失来估价生态环境变化引起的过早死亡或者丧失劳动能力的成本。根据边际劳动生产力理论，人过早死亡或者丧失劳动能力的损失同这段时间个人的劳动价值相等。将个人的劳动价值作为个人未来的工资收入（考虑年龄、性别、教育等因素）进行贴现折算为现在的价值，此方法主要用于核算由环境质量变化和环境污染带来的对人体健康的危害。

疾病成本法可用来估算由生态环境变化造成的疾病导致缺勤所引起的收入损失和医疗费用。这种方法用于计算所有由疾病引起的成本，如生病缺勤造成的收入损失和医疗费用（包括门诊费、住院费和药费等）。计算的基础是损害函数，该函数把人们接触到的污染水平和污染对健康的影响联系起来，体现它们之间的技术关系。

6.3.2 人力资本法和疾病成本法的公式

人力资本法和疾病成本法是一种经济学概念和评估方法，用于评估疾病对人力资本的影响和相关的经济成本。基本公式为：

$$生态资源价值 = 人力资本损失 + 医疗费用 + 生产力损失 \tag{6-8}$$

其中：

$$人力资本损失 = 受影响人群的平均工资 \times 受影响人群的失能时间 \tag{6-9}$$

受影响人群的平均工资是指受疾病影响的人群在正常情况下的平均工资水平，受影响人群的失能时间是指由于疾病而无法从事正常工作的时间。

医疗费用 = 治疗和护理费用 + 药物费用 + 检查和检验费用 + 康复费用 + 其他相关费用 (6-10)

治疗和护理费用是指疾病治疗和护理所需的费用，药物费用是指购买药物所需的费用，检查和检验费用是指进行相关检查和检验所需的费用，康复费用是指康复治疗所需的费用，其他相关费用是指与疾病相关的其他费用。

生产力损失 = 受影响人群的失能时间 × 受影响人群的平均工作效率 (6-11)

受影响人群的失能时间是指由于疾病而无法从事正常工作的时间，受影响人群的平均工作效率是指受疾病影响的人群在工作时的平均效率水平。

6.3.3 人力资本法和疾病成本法的使用范畴

人力资本法和疾病成本法主要应用于评估疾病对人力资本和相关经济成本的影响。

6.3.3.1 生态系统服务评估

人力资本法和疾病成本法可以用于评估生态系统服务对人类健康的贡献和相关的经济价值。例如，评估湿地对水质净化的作用，以及由此带来的减少水源污染所需的治疗费用和健康成本。

6.3.3.2 疾病传播风险评估

人力资本法和疾病成本法可用于评估生态系统变化对疾病传播风险的影响。例如，评估气候变化对蚊媒传染病传播的影响，以及由此带来的医疗费用和失能时间的增加。

6.3.3.3 自然灾害影响评估

人力资本法和疾病成本法可用于评估自然灾害对人类健康和相关经济成本的影响。例如，评估洪水对居民健康的影响，以及由此带来的医疗费用、失业和生产力损失等。

6.3.3.4 健康政策制定

人力资本法和疾病成本法可以为健康政策制定提供支持。通过评估生态系统变化对人类健康和相关经济成本的影响，可以为制定预防、治疗和康复策略提供依据。

6.3.3.5 生态系统管理决策

人力资本法和疾病成本法可用于评估生态系统管理决策对人类健康和相关经济成本的影响。例如，评估森林砍伐对空气质量和呼吸道疾病的影响，以及由此带来的医疗费用和失能时间的增加。

6.3.3.6 卫生经济学研究

人力资本法和疾病成本法在卫生经济学研究中被广泛应用，它们可以用于评估不同疾病对人力资本的损害和相关的经济成本，帮助决策者制定卫生政策和资源分配决策。

6.3.3.7 疾病负担评估

人力资本法和疾病成本法可用于评估疾病对个人、家庭、社区和整个国家的负担。通过评估疾病对人力资本的损害和相关的经济成本，可以更好地了解疾病对社会经济发展的影响。

6.3.3.8 医疗资源分配决策

人力资本法和疾病成本法可用于评估不同疾病的经济成本，帮助决策者在医疗资源分配方面做出决策。通过比较不同疾病的经济成本，可以确定优先级和资源分配的策略。

6.3.3.9 经济评估研究

人力资本法和疾病成本法可以用于经济评估研究，如评估特定医疗干预措施的成本效益比。通过评估疾病对人力资本的损害和相关的经济成本，可以帮助决策者判断特定干预措施的经济效益。

人力资本法和疾病成本法的应用需要综合考虑不同因素，并进行适当的调整和修正。此外，具体的评估方法和数据收集可能因研究目的和数据可用性的不同而有所不同。因此，在实际应用中，需要谨慎使用和解释人力资本法和疾病成本法的评估结果。

6.3.4 人力资本法和疾病成本法的基本步骤

6.3.4.1 识别环境中可致病的特征因素

环境中可致病的特征因素包括以下几个方面：生物因素，如病原体、细菌、病毒、寄生虫等微生物；化学因素，如有毒物质和化学污染物；物理因素，如辐射、噪声、温度等；环境因素，如水污染、土壤污染、空气污染等。

6.3.4.2 确定疾病动因与疾病发生率和过早死亡率之间的关系

通过观察人群中的疾病发生情况和相关因素，如生活方式、环境因素、遗传因素等，来确定疾病动因与疾病发生率和过早死亡率之间的关系。

6.3.4.3 评价处于风险之中的人口规模

通过对人口统计数据和社会经济指标进行分析和测算，估算受到潜在风险因素影响的人口数量来实现。了解人口规模可以帮助人们估计风险的严重性和影响程度。

6.3.4.4 估算由疾病导致缺勤所引起的收入损失和医疗费用

估算由疾病导致缺勤所引起的收入损失和医疗费用的具体公式如下：

$$I_c = \sum_{i=1}^{k} (L_i + M_i) \tag{6-12}$$

式中：I_c 为生态环境质量变化所导致的疾病损失成本；L_i 为 i 种疾病患者由于生病不能工作所带来的平均工资损失；M_i 为 i 种疾病患者的医疗费用（包括门诊费、医疗费、治疗费等）。

6.3.5 人力资本法和疾病成本法的优缺点

6.3.5.1 人力资本法和疾病成本法的优点

一是能够综合考虑疾病对人力资本和经济多方面的影响，包括工资损失、医疗费用、生产力损失等，提供了一个全面的评估框架。

二是通过评估疾病对人力资本和经济的影响，可以为决策者提供有关资源分配、政策制定等方面的决策支持，帮助其做出更明智的决策。

三是人力资本法和疾病成本法可用于比较不同疾病、不同干预措施等的经济成本，帮助决策者确定优先级和资源分配的策略。

四是将健康视为一种重要的资本，强调了疾病对人力资本和经济的损害，有助于提醒决策者在做出决策时考虑健康价值和长期利益。

6.3.5.2 人力资本法和疾病成本法的局限性

一是需要大量的数据支持，包括疾病的发病率、医疗费用和人力资本的价值等。然而，有时候这些数据可能不完整或缺乏可靠性，特别是在发展中国家或资源匮乏地区。

二是主要关注经济方面的价值，忽视了生态资源所具有的非经济价值，如文化意义、生态系统功能和生物多样性等重要因素。这可能导致对于生态资源真实价值的低估。

三是人力资本法和疾病成本法通常在特定时间段和特定地点进行评估，对于长期和跨区域的生态影响难以完全考虑。生态系统服务和生态资源的价值可能在时间和空间上存在变化，且这些变化难以准确捕捉和量化。

6.4　防护成本法和替代成本法

6.4.1　防护成本法和替代成本法的概念

6.4.1.1　防护成本法的概念

防护成本法，又称预防费用法。人们试图采用某种保护措施来应付可能发生的环境恶化或者服务功能消失，而这些保护措施需要公众支付大量的成本。防护成本法通过人类对减轻环境的外部性的支付意愿，或者为了防止效用的降低所采取的行为，以及改变自身的作为来避免损害的方法，评估环境的价值。

该方法的核心思想是通过对保护措施的成本进行评估，来确定生态系统的价值。防护成本法认为，投入于保护、修复或恢复生态系统的成本可以反映其价值，因为保护和恢复生态系统是为了保护其所提供的各种资源和服务。例如，对于生态系统控制生物灾害的功能，可以通过防护成本法，根据在该生态系统区域中投入的防护成本对该功能服务价值进行估算，具体公式为：

控制生物灾害的价值＝生态系统单位面积防止生物灾害的投入成本 × 生态系统总面积　　　　　　　　　　　　　　　　　　　　　　　　　（6-13）

6.4.1.2　替代成本法的概念

替代成本法指的是用某项生态系统的服务功能提供替代物的成本，来估计生态系统该项服务功能价值的一种方法。替代成本法的核心思想是通过比较替代方案的成本与保护或管理生态系统的成本，来确定资源或服务的价值。如果替代方案的成本高于保护或管理措施的成本，那么，该资源或服务的价值就相对较高，说明在保护或管理生态系统方面的投资是具有经济合理性的。相反，如果替代方案的成本低于保护或管理措施的成本，那么，该资源或服务的价值就相对较低，说明替代方案更具经济吸引力。该方法基于一个基本前提，即生态系统中的资源或服务在没有保护或管理措施的情况下可能被替代或取代，因此其价值应等于替代或取代该资源或服务所需的成本。

6.4.2　防护成本法和替代成本法的公式

6.4.2.1　防护成本法的公式

$$防护成本 = 预防措施的实施费用 + 预防措施的维护费用 \qquad （6-14）$$

其中，预防措施的实施费用是指实施预防措施所需的费用，包括设备购置费用、培训费用、人力成本等。预防措施的维护费用是指维护和保养预防措施所需的费用，包括设备维修、定期检查、更新换代等的费用。

防护成本法的具体计算方法和公式可能因研究和评估目的的不同而有所区别。在实际应用中，需要根据具体情况进行适当的调整和修正，并综合考虑其他因素，以获得更准确和全面的评估结果。

6.4.2.2　替代成本法的公式

$$替代成本 = 选择的决策或行动的成本 - 放弃的决策或行动的成本 \qquad （6-15）$$

其中，选择的决策或行动的成本是指实施某项决策或行动所需的费用，包括直接成本和间接成本。放弃的决策或行动的成本是指因选择某项决策或行动而放弃的其他可行决策或行动所带来的成本。

替代成本法的具体计算方法和公式可能因决策和行动的不同而有所差异。在实际应用中，需要根据具体情况进行适当的调整和修正，并综合考虑其他因素，以获得更准确和全面的评估结果。

6.4.3　防护成本法和替代成本法的使用范畴

6.4.3.1　防护成本法的使用范畴

其一，疾病预防和控制。防护成本法可用于评估不同疾病预防措施的成本，帮助决策者确定最佳的预防策略。

其二，环境保护。防护成本法可以用于评估环境保护措施的成本，如减少污染、保护生态系统等，以支持环境政策的制定。

其三，安全管理。防护成本法可以用于评估安全管理措施的成本，如工业安全、交通安全等，以帮助决策者制定安全政策和规定。

其四，风险管理。防护成本法可以用于评估风险管理措施的成本，如保险、风险减轻措施等，以支持风险管理决策的制定。

6.4.3.2 替代成本法的使用范畴

其一，投资决策。替代成本法可用于评估不同投资项目的替代成本，帮助决策者选择最具经济效益的投资方案。

其二，项目评估。替代成本法可用于评估不同项目的替代成本，帮助决策者确定最佳项目选择。

其三，资源分配。替代成本法可用于评估不同资源分配方案的替代成本，以支持资源分配决策。

其四，时间管理。替代成本法可用于评估不同时间管理策略的替代成本，帮助决策者优化时间利用和提高效率。

防护成本法和替代成本法的应用需要综合考虑不同因素，并进行适当的调整和修正。具体评估方法和数据收集可能因研究目的和数据可用性的不同而有所差异。因此，在实际应用中，需要谨慎使用和解释防护成本法和替代成本法的评估结果。

6.4.4 防护成本法和替代成本法的基本步骤

6.4.4.1 防护成本法的基本步骤

其一，确定评估目标。明确需要评估的防护措施或政策的目标和范围。

其二，收集数据。收集相关的成本数据，包括实施费用、维护费用等。

其三，估计成本。根据收集到的数据，计算防护措施的实施费用和维护费用。

其四，评估效益。评估防护措施的效益，包括经济效益、社会效益等。

其五，比较和分析。将防护措施的成本和效益进行比较和分析，确定其成本效益比或其他评估指标。

其六，决策支持。根据评估结果，为决策者提供有关资源分配、政策制定等方面的决策支持。

6.4.4.2 替代成本法的基本步骤

其一，确定决策问题。明确需要做出决策的问题和可行的替代方案。

其二，收集数据。收集相关的成本数据，包括选择方案的成本和放弃方案的成本。

其三，估计成本。根据收集到的数据，计算选择方案的成本和放弃方案的成本。

其四，计算替代成本。通过减去放弃方案的成本，计算出选择方案的替代成本。

其五，比较和分析。将选择方案的替代成本与其他可行方案的成本进行比较和分析，确定最佳的决策方案。

其六，决策支持。根据评估结果，为决策者提供有关最佳决策方案的支持和建议。

防护成本法和替代成本法的具体步骤可能因研究和评估目的的不同而有所差异。在实际应用中，需要根据具体情况进行适当的调整和修正，并综合考虑其他因素，以获得更准确和全面的评估结果。

6.4.5 防护成本法和替代成本法的优点和局限性

6.4.5.1 防护成本法的优点和局限性

6.4.5.1.1 防护成本法的优点

一是注重预防和降低潜在的负面影响。它强调避免环境破坏和资源耗尽，有助于保护生态系统的健康和可持续发展。

二是关注风险管理和安全性，避免潜在的环境和健康风险。它可以帮助决策者识别和应对可能的负面影响，从而减少损失和风险。

三是重视公众需求和关注点，将公众的意见和期望纳入决策过程中。这有助于确保决策的合理性和社会接受度，提高公众的参与性和支持度。

6.4.5.1.2 防护成本法的局限性

一是由于防护成本法的谨慎性质，该方法在应用时可能会导致高估环境保护和风险管理措施的成本。这可能会增加决策的负担和造成资源的浪费。

二是在防护成本法的实际应用过程中，往往存在各种不确定性，包括估计风险、数据缺失或不准确性等。这些不确定性限制了模型的准确性和可靠性。

三是防护成本法主要关注经济上可量化的成本和效益，可能会忽略生态系统和社会的非经济价值，如生物多样性、文化价值等。

6.4.5.2 替代成本法的优点和局限性

6.4.5.2.1 替代成本法的优点

一是可以从经济学的角度评估资源的成本和效益。它通过比较替代品的成本和效益，帮助确定最优资源利用方式，以实现经济效益最大化。

二是替代成本法基于实际可行的替代品进行评估，使决策过程更加具体和贴合实际。它考虑了资源利用的可行性和可行性的限制条件。

三是替代成本法提供了一个可对比的评估框架，可以比较不同决策选项的成本和效益，并为决策提供指导。

6.4.5.2.2 替代成本法的局限性

一是和防护成本法一样，替代成本法主要关注经济成本和效益，往往忽略了生态系统和社会的非经济价值，如生物多样性、文化价值等。这些价值对于综合性的生态价值评估具有重要意义。

二是替代成本法在实践中涉及大量的假设和估计，可能存在填补缺失数据和价值偏差的挑战。另外，在替代成本法中存在数据的不确定性、未来预测的不确定性，以及模型的局限性，这些都可能影响评估结果的准确性和可靠性。

三是替代成本法可能无法充分考虑资源利用对不同群体和利益相关者的公平性和平等性的影响。一些决策可能导致资源分配的不公平，而替代成本法很难捕捉和解决这个问题。

【小资料】

机会成本和会计成本的区别

机会成本与会计成本是两个不同的概念。机会成本和会计成本的区别主要体现在以下几个方面。

一、定义不同

机会成本是在做出决策时，为了得到某一选项而放弃的其他所有选项中价值最高的那个选项的成本。它是相对于个人或企业的决策而言的，是一个相对概念。会计成本是企业在其生产经营过程中的实际支出或支付的费用，是一个绝对概念，与企业的实际成本相关。

二、计量方式不同

机会成本通常是隐性的，无法直接从财务报表中反映出来，因为它指的是放弃的潜在利益，而不是实际的现金支出。会计成本可以通过财务报表反映出来，会计成本有五种计量方式，即历史成本、重置成本、可变现净值、现值以及公允价值。通常情况下采用历史成本计量，即实际支付的货币成本。机会成本可能等于会计成本，也可能不等于会计成本。在完全竞争的条件下，机会成本等于会计成本；在商品（或生产要素）供应不足、实行配给的条件下，机会成本高于会计成本；在商品积压或要素闲置的条件下，机会成本低于会计成本，甚至为零。

三、成本来源不同

机会成本源于企业为从事某项经营活动而放弃的其他经营活动的机会，或者利用资源获得某种收入时所放弃的收入。会计成本包括工资、利息、原材料费用、折旧等，反映了企业在经营过程中实际发生的所有成本。

四、关注点和应用场景不同

机会成本更关注选择的机会成本，帮助管理者在决策中评估放弃其他机会所带来的收益。会计成本更关注实际的支出和支付，有助于管理者了解企业的经营状况和成本结构。

五、影响因素不同

机会成本受个人偏好、环境等因素的影响，而会计成本受企业经营决策、市场变化等因素的影响。

资料来源：

［1］天气网.机会成本与会计成本的区别［EB/OL］. https://www.tianqi.com/toutiao/read/191754.html, 2022-04-07/2024-09-28.

［2］MBA智库·百科.机会成本［EB/OL］. https://wiki.mbalib.com/wiki/%E6%9C%BA%E4%BC%9A%E6%88%90%E6%9C%AC,2023-12-17/2024-09-28.

［3］360百科.会计成本［EB/OL］. https://baike.so.com/doc/6676257-6890121.html，2024-09-28.

［4］MBA智库·问答.机会成本与会计成本的区别是什么［EB/OL］. https://www.mbalib.com/ask/question-129d8abb9da4c31a585e60794f22c9ce.html&wd，2024-09-28.

【 第7章 】

旅行费用法

【学习要点】

1. 了解旅行费用法的概念和类型，旅行费用法通过计算餐饮费、交通费、住宿费、门票费等旅行者所支付的旅行费用，作为旅游地环境服务价格的替代物。旅行费用法主要分为区域旅行费用法和个人旅行费用法两大类，其中区域旅行费用法也可称为环带旅行费用法、地域性旅行费用法，区域旅行费用法使用的推断资料主要来自旅游者的统计数据。

2. 掌握区域旅行费用法的概念、计算方法和步骤，明确该方法使用时的信息需求；掌握个人旅行费用法的概念、计算方法和步骤，明确该方法使用时的信息需求；掌握两种旅行费用法的使用范畴。

3. 掌握旅行费用法的五个基本步骤：第一，确定评估地域范围，选择研究对象和目标群体；第二，设计和实施数据收集；第三，计算旅行次数及旅行费用；第四，利用回归分析结果，建立需求函数；第五，计算消费者剩余，得到评估结果。

7.1 旅行费用法的概念及类型

7.1.1 旅行费用法的概念

旅行费用法（Travel Cost Method，TCM）又称费用支出法、游憩费用法，是一种基于消费者选择理论的旅游资源非市场价值评估方法，它将消费者剩余这一重要概念引入公共物品评估。通过计算餐饮费、交通费、住宿费、门票费等旅行者所支付的旅行费用，作为旅游地环境服务价格的替代物。旅行费用法的核心是估算旅游者的消费者剩余（Consumer Surplus，CS），消费者剩余是指消费者愿意为某种商品支付的最高价格与实际支付量之间的差值，能够衡量消费者感觉到的额外利益。旅行费用法认为，旅游者愿意支付的最高旅行费用代表旅游者到某地旅游的支付意愿，这种支付意愿可以作为旅游地的游憩价值，总游憩价值则由旅游者的总消费者剩余和总旅行费用构成。

旅行费用法的设想最早是 1947 年由美国经济学家霍特林（Harold Hotelling）提出的，他认为以经济学需求理论为基础，按照游客到达国家公园的旅行距离和国家公园的访问率之间关系的经验数据，估计出人们对国家公园的需求，进而计算出国家公园对游客产生的总效益，总效益等于游客的旅行费用支出加上消费者剩余。随后，随机效用模型（Random Utility Model，RUM）解决了在以需求为导向的旅行费用法中消费者选择混合离散／连续的问题。旅行费用法在其发展过程中得到不断完善，已被广泛应用于各种类型资源的游憩价值评估中，其评估结果可以为景区门票价格的制定、产品结构的调整，以及成本效益的分析提供一定的参考。

国内研究者于 20 世纪 90 年代初将旅行费用法引入国内，最早是将其应用于森林的游憩价值评估中。部分学者于 1992 年首先探讨旅行费用法在评估森林游憩价值中的可行性，又以张家界国家森林公园为案例进行了研究，并系统阐述和对比了游憩价值评估的两种方法：旅行费用法和条件价值评估法。随着国内研究者对旅行费用法的了解不断深入、应用不断成熟，研究对象也逐渐扩展到城市公园、农业景观等。但这种从国外引入的价值评估方法，是否能直接应用于国内的旅游资源价值评估以及是否存在一定的局限性，国内一些研究者对此进行了反思并尝试提出具有中国本土特色的旅行费用法理论与方法创新。

尽管旅行费用法现已成为游憩价值评估的有效工具，得到学术界广泛的认可，但在实证研究中，有研究者发现旅行费用法现存的潜在有效性问题不可忽视，如时间机会成本、多目的地、交通费用的计算方式、替代景区的影响、函数变量间的内生性、函数形式的选取等问题都会导致消费者剩余产生偏差，进而影响旅行费用法的游憩价值估算结果。旅行费用法理论研究主要包括旅行费用和时间价值的计算、多目的地旅行费用的分摊和评估模型的构建等内容。以此方法进行的案例研究始于 20 世纪 60 年代，到 20 世纪 70 年代已成为户外娱乐价值评估的经典方法，并在 20 世纪 80 年代以后广泛应用于各种类型游憩活动的评估中。通过观察游客与旅行相关花费，运用该方法可以得到某一地区景区的游憩价值。旅行费用法技术发展至今，主要衍生出区域旅行费用法、个人旅行费用法两种模式。

7.1.2 旅行费用法的类型

旅行费用法可分为两种类型：一是区域旅行费用法，也可称为环带旅行费用法、地域性旅行费用法，区域旅行费用法主要使用推断资料，其主要来源为旅游者的统计数据。二是个人旅行费用法，通常使用更为详尽的旅游者的资料。

7.1.2.1 区域旅行费用法

7.1.2.1.1 区域旅行费用法的概念

区域旅行费用法（Zonal Travel Cost Method，ZTCM）是一种常用的方法，用于评估自然环境中生态系统对人们的使用价值，特别是涉及旅行和游览的生态资源，该方法通常用于评估自然公园、自然景区、野生动物保护区等的生态系统价值。同时，区域旅行费用法用某一区域人群娱乐活动的总计值当作统计模型，即建立区域旅游人次与该区域旅游者平均旅行费用之间的函数关系。区域旅行费用法可以估计作为整体的地域娱乐服务价值，但难以估计娱乐质量的改变和其他影响价值的重要因素。

Clawson 构建的旅行费用法模型可以说是区域旅行费用法模型的起源，区域旅行费用法的原理是根据旅游者的来源地划定出游区域并计算各出游区域的出游率，以旅行费用、旅游者的社会经济特征等为自变量，以出游率为因变量，构建回归模型并建立需求函数，以此估算旅游地的游憩价值。区域旅行费用法适用于旅游者客源地较多、旅游次数不频繁的成熟知名景区，但没有考虑替代景区的影响。

7.1.2.1.2 区域旅行费用法的步骤

（1）确定区域。首先，需要确定研究的区域范围，包括涉及的自然公园、自然景区或其他生态系统所在的地理区域。确定区域后，需要收集相关的旅行者数据和市场数据。

（2）收集数据。收集旅行者数据，包括游客到达的次数、旅行者的出行距离、旅行者的交通方式，以及旅行者在该区域消费的相关数据。同时，也需要收集市场数据，包括周边地区相关旅游服务的价格和供给等信息。

（3）估算出行成本。利用收集的旅行者数据和市场数据，运用统计分析的方法，估算出旅行者到达该区域的总成本，包括交通费用、门票费用、住宿费用，以及其他相关费用。

（4）评估出行需求曲线。对旅行者的数量与旅行成本相关的数据进行分析，绘制并评估出旅行者的出行需求曲线。该曲线可以帮助评估不同价格水平下旅行者数量的变化，从而估计该区域对于旅行者的使用价值。

（5）评估生态系统价值。基于上述步骤的分析，可以通过推断旅行者对于该生态系统的愿意支付价格水平，以及生态系统对于旅行者的使用价值，从而评估生态系统的经济价值。

7.1.2.1.3　区域旅行费用法的公式

计算公式如下：

$$R_i = (N_i / N) \frac{P_{tot}}{P_i} \times 100\% \tag{7-1}$$

式中：R_i 为出发区域 i 到旅游景区的旅游率；N 为样本总数；N_i 为出发区域 i 的样本数；P_{tot} 为旅游景区年末接待游客总量；P_i 为出发区域 i 的年末总人口数。

借助统计产品与服务解决软件（SPSS）对旅游率及其影响因素进行相关与回归分析，得到数学模型，然后求得旅游率与人均总旅行费用回归拟合模型。

$$R_i = a + b + T_{c,i} + c\, T_{tv,i} + d\, S_{aw,i} + e\, T_{p,i} \tag{7-2}$$

式中：$T_{c,i}$ 为游客人均总旅行费用；$T_{tv,i}$ 为人均旅游时间价值；$S_{aw,i}$ 为职工平均工资；$T_{p,i}$ 为出发区域 i 的总人口数；a、b、c、d、e 为系数。

$$C_s = \int_0^{P_m} f(x)\,dx \tag{7-3}$$

式中：C_s 为消费者剩余；P_m 为旅游人数为 0 的追加费用值；$f(x)$ 为追加费用与旅游人数的关系式；x 为增加的总旅行费用。

$$T_v = T_c + C_s \tag{7-4}$$

式中：T_v 为景区总游憩价值；T_c 为总旅行费用；C_s 为消费者剩余。

通过以上公式，可以建立旅游率和旅行费用关系式及评价地区的需求曲线，根据需求曲线中的消费者总剩余，推算评估地点的经济价值。

7.1.2.1.4　区域旅行费用法的信息需求

（1）不同地域到该评估地点旅行的人数（通常以邮编为准）。通过邮编数据，可以更准确地获得来自不同地区的旅行者数量信息，这可以帮助政府和企业了解不同地区的旅行需求，并根据这些数据制定相应的决策。另外，这些数据也可以用于旅游规划和市场营销活动的定位。

（2）不同地域人群的人口统计信息，如年龄、教育水平、收入等。通过这些信息，政府和企业可以更好地了解不同地区人群的特点和需求，从而制定更有针对性的政策和服务。例如，了解到某一地区的人口主要是年轻人，那么就可以推断出该地区对于青年旅游活动的需求较大，相应的政策和产品可以以此做出调整。

（3）不同地域的旅行距离、时间和平均旅行成本。这些数据可以帮助政府和企业更好地了解人们的出行情况和成本，从而为交通规划和旅游设施的布局提供参考。另外，这些数据也可以为市场调研和定价策略提供依据。

（4）估算旅行时间的价值或者说旅行时间的机会成本（如工作人员的日平均工资水平）作为衡量指标。这个指标可以帮助决策者更全面地了解旅行对于旅行者的实际成本，从而更精确地评估旅行政策和规划的效果。此外，在商业领域，了解旅行时间的价值可以帮助企业更好地设计产品和服务，以满足消费者的需求。

总之，区域旅行费用法作为一种定量方法，可以帮助政府、保护机构和旅游经营者理解生态系统的经济价值，为决策制定提供参考依据，并在生态资源保护和管理中起到一定的指导作用。

7.1.2.2 个人旅行费用法

7.1.2.2.1 个人旅行费用法的概念

个人旅行费用法（Individual Travel Cost Method，ITCM）将旅游者个人或家庭在特定时期内（通常为一年）到某景点的旅行次数作为实际旅行费用、时间成本和其他解释变量的函数，直接估算游客消费者剩余，进而完成对目标景区游憩价值的评价。该方法要求更为详尽的资料和分析，这样做从而弥补了区域旅行费用法将同一区域所有人都视为同质个体的缺陷，结果更为准确。该方法通常用于评估自然公园、自然景区、野生动物保护区等对个人的生态系统价值。

个人旅行费用法是由 Brown 和 Nawas（1973）提出的，个人旅行费用法不需根据旅游者客源地划分出游区域，而是应充分考虑源于现场调研的个人资料，因变量为旅游者在某个特定时期到某个景区的游览次数，自变量为旅游者的旅行费用、社会经济特征（性别、年龄、教育水平等）、替代景区的特征等，以此建立回归模型计算消费者剩余，从而估算旅游地的游憩价值。

7.1.2.2.2 个人旅行费用法的步骤

个人旅行费用法的具体分析步骤如下：

（1）确定评估地点。首先，需要确定研究的具体生态资源地点，如一个国家公园或自然景区。

（2）收集数据。收集相关的旅行者数据，包括旅行者的出行费用、到达目的地的交通方式、旅行者的出行次数等。同时，也需要考虑市场数据，包括周边地区相关的旅行服务价格及供给等信息。

（3）估算出行成本。通过收集的旅行者数据和市场数据，估算旅行者到达目的地的总成本，包括交通费用、门票费用、住宿费用及其他相关费用。

（4）评估出行需求曲线。对旅行者的数量与旅行成本相关的数据进行分析，绘制出旅行者的出行需求曲线。这可以帮助评估不同价格水平下旅行者数量的变化，从而估计该地点对于旅行者的使用价值。

7.1.2.2.3　个人旅行费用法的公式

个人旅行费用法一般公式如下：

$$V_{ij} = f(P_{ij}, T_{ij}, Q_i, S_j, Y_i) \tag{7-5}$$

式中：V_{ij} 为个人 i 到地点 j 的旅行次数；P_{ij} 为每次去 j 地区时个人 i 的花费；T_{ij} 为每次去 j 地区时个人 i 花费的时间；Q_i 为对旅行地点的效用的衡量，主观上的感受；S_j 为替代物的特性；Y_i 为个人收入或者家庭收入。

7.1.2.2.4　个人旅行费用法的信息需求

相较于区域旅行费用法，此种方法除要收集消费者和他们的邮编以外，还需要以下信息：

（1）消费者的家庭住址，统计其离调查地点的距离。这些信息可以帮助研究人员了解消费者的地理位置信息，以便更好地理解他们到特定地点的旅行成本和时间成本。

（2）去评估地点的旅行次数和时间花费及旅行周期。了解消费者在一段时间内前往特定地点的次数及旅行所需的时间和周期，有助于评估他们到该地点的频繁程度和旅行的时间成本。

（3）每次旅行的费用。了解消费者每次前往特定地点的旅行费用对于评估该地点的价值和吸引力至关重要。

（4）消费者收入和其他相关时间价值的统计。了解消费者的收入水平和其他相关时间价值，有助于更全面地评估他们对旅行成本的承受能力和对特定地点的偏好程度。

（5）消费者的社会经济特征。社会经济特征如年龄、性别、教育水平等对于消费者的消费行为和偏好有一定影响，这些信息可以帮助研究人员更好地理解消费者对特定地点的喜好。

（6）旅行期间花费在其他非评估地点的时间和成本。了解消费者在旅行期间的其他时间成本和开销，有助于评估特定地点对他们的旅行价值和吸引力。

（7）旅行的目的（多目的）。了解消费者前往特定地点的具体目的，包括休闲度假、观光旅行、商务出差等，有助于更精确地评估他们对该地点的需求和偏好。

（8）对于该地区环境质量的评价和感受。了解消费者对旅行目的地的环境质量的评价和感受，可帮助研究人员了解其对环境条件的关注和重视程度。

（9）其他可以替代该评价地点的地域统计信息。了解其他地域的类似旅游资源或环境条件，可帮助研究人员更好地评估消费者对特定地点的偏好和特定地点的价值。

实际上，个人旅行费用法弥补了区域旅行费用法将同一区域内的所有人都视为同质个体的缺陷。同时，此种方法也较容易处理时间的机会成本和替代旅行场所等问题。

7.2 旅行费用法的使用范畴

旅行费用法主要适用于自然保护区、国家公园、用于娱乐的森林和湿地等具有休闲娱乐功能场所的游憩价值的评估。在实际评估应用中，旅行费用法的使用需要满足一定的条件。

7.2.1 旅行地点是可以到达的

旅行费用法是基于旅行活动的评估方法，需要考虑个人或消费者在实际情况下能否到达特定地点。旅行费用法关注的是个人旅行行为和旅行费用对个人福利的影响，因此，需要确保方法中分析的地点是可以到达的，即存在相应的交通和旅行方式，使人们能够到达该目标地点。

对于旅行地点的可到达性分析，需要考虑多个方面。可到达意味着目标地点对潜在访问者在物理上和经济上都是可行的。从物理上讲，这意味着访问者有能力抵达该地点，这通常要求有适当的交通连接，如公路、步道或公共交通。从经济上讲，意味着访问成本（包括时间成本、交通费用、可能的住宿费用等）对于潜在访问者来说是可承受的。如果一个地点由于地理位置偏远、交通不便、费用过高或其他原因难以到达，那么，使用旅行费用法来评估其价值就会变得复杂甚至不切实际。

此外，可到达性也与地点的吸引力和知名度密切相关。一个地点如果具有较高的自然、文化或娱乐价值，且这些信息被潜在访问者所了解，那么，它在实际中更可能被视为"可到达的"。同样地，即使物理上可达，但如果一个地点缺乏足够的吸引力或知名度，人们可能就不会选择前往。

因此，在应用旅行费用法进行生态资源价值评估时，确保评估的目标地点是可到达的，对于获得有效准确的评估结果至关重要。这需要对目标地点的各种特性（包括物理位置、交通便利性、经济可承受性和吸引力等）进行综合考量。

7.2.2　所涉及场所没有直接门票费用或收费很低

旅行费用法所关注的旅行活动本身对个人效用和福利的影响，不包括额外门票费用或其他显著费用。通过排除直接门票费用或费用较低的情况，可以更准确地评估旅行的经济效益和个人对旅行的倾向。而较高门票费用可能会对个人旅行决策产生影响，从而影响评估结果的准确性。

当评估场所没有直接门票费用或收费很低时，访问者的旅行成本（尤其是时间成本和交通费用）就成为估算资源价值的关键变量。在这种情况下，旅行费用法能够较好地反映访问者为享受这些资源而愿意承担的真实成本，从而为评估这些资源的非市场价值提供依据。如果一个地点收取的门票费用较高，那么，访问该地点的决策可能会更多地受到价格因素的直接影响，而不是基于旅行成本。在这种情况下，其他的经济评估方法，如消费者剩余法或意愿支付法，可能更适合用于评估该资源的价值。

旅行费用法通过分析访问者为到达某个地点而承担的旅行成本（包括交通费用、时间成本等）来估算该地点的价值。如果一个地点收取较高门票费用或其他费用，那么，这些直接费用会成为评估访问成本的主要部分，而旅行费用法的核心——评估基于旅行成本的价值就会受到影响。

7.2.3　人们到达旅行地点需要花费大量时间或其他开销

旅行费用法的基本原理是通过衡量访问者为到达特定地点所承担的旅行成本（包括时间成本和金钱成本）来评估该地点的价值。

当访问者需要投入较多时间或金钱成本到达某一地点时，这些成本就会成为评估该地点价值的主要组成部分。这些成本包括但不限于交通费用、住宿费用，以及旅途中其他相关开销。时间成本也是一个重要因素，尤其是在远离居住地的地点或交通不便的区域。对于那些旅行时间成本较高的地点，如需要远足徒步才能到达的自然保护区，时间成本在总旅行成本中占有很大比重。

在旅行费用法的应用中，高额的旅行时间和金钱成本意味着访问者需要为旅行付出较大努力。这种努力在一定程度上反映了访问者对目标地点的高度评价。因此，这些成本被视为评估该地点经济价值的重要指标。如果到达某个地点所需的时间和金钱成本较低，那么，使用旅行费用法可能不足以准确反映该地点的真实价值，因为低成本可能意味着低门槛旅行，从而使对该地点价值的评估受到限制。

7.3 旅行费用法的基本步骤

评估人员在采用旅行费用法对旅游地价值进行评估时，应当遵循一定的步骤。

7.3.1 确定评估地域范围，选择研究对象和目标群体

首先，根据评估目的，确定评估地域范围。

其次，以评估场所为中心，以画同心圆的方式来对地域进行分类和区分样本人群。将周围区域划分为不同的同心圆，每个圆代表不同的地理范围或行政区域。同心圆可以根据不同距离来划分，例如，以半径为 10 千米、20 千米、30 千米等进行分类，距离的不断增加意味着旅游费用的不断增加。

最后，对于样本人群，可以根据不同特征进行分类。例如，可以将人群按年龄、收入水平、职业等进行划分。这样可以将不同地域内不同样本人群的旅行费用进行对比和分析，从而进一步了解各类人群的旅行行为和费用支出情况。

7.3.2 设计和实施数据收集

运用旅行费用法设计和实施数据收集是一个复杂且关键的过程。

首先，需要明确数据收集的目标和需求。这包括确定想要收集的数据类型，如访问者的旅行成本、访问频率、访问者特征（如年龄、性别、居住地、教育背景、收入水平等），以及与访问相关的其他信息（如访问时长、活动类型等）。

其次，设计一份问卷。问卷应包含关于上述各个方面的问题，同时保证问题表述清晰、简洁，以提高问卷结果的准确性和响应率。问卷设计应遵循一定的统计学原则，确保所收集数据的有效性和可靠性。

最后，评估数据收集的有效性。这包括分析样本的代表性、响应率和可能存在的偏差。如果发现数据存在明显偏差或不足，则可能需要重新设计问卷或采取其他措施来改进数据收集过程。

在整个过程中，确保数据的质量和代表性是至关重要的。这需要对旅行费用

法的原理和统计学方法有深入理解，以及对所研究生态旅游资源和目标群体有足够的认识。通过精心设计和实施数据收集，可以确保旅行费用法在生态资源价值评估中的有效应用。

7.3.3　计算旅行次数及旅行费用

计算个体到评估地点的旅行次数及相关旅行费用，以及每个区域到评估地点旅行的平均成本时，需要进行一系列的数据整理和分析工作。首先，收集旅行行为数据，包括旅行目的、时间、交通方式、住宿费用等相关信息。这些数据可以通过旅行调查、交通数据等渠道获取。在数据收集完毕后，对这些数据进行统计和分析，计算出每个个体到评估地点的旅行次数和相关旅行费用。

对于每个个体，可以根据其旅行行为数据进行计算，统计他们到评估地点的旅行次数及相关旅行费用。这可以帮助研究者了解不同个体的旅行行为和成本情况。

同时，还需要根据区域划分的结果，计算每个区域到评估地点的旅行次数和相关旅行费用。通过对区域内个体旅行次数和费用进行汇总和统计，得出每个区域到评估地点旅行的平均成本。这些数据可以增加对不同区域旅行成本的了解，并有助于进行区域旅行规划和资源配置。

基于以上数据的统计和分析结果，可以了解个体到评估地点的旅行行为和成本情况，以及各个区域到评估地点旅行的平均成本。这些信息对于制定旅行政策、旅行交通规划及资源分配都有着重要的参考价值。

在具体工作中可能会面临大量的数据整理和分析任务，需要利用计算机软件进行数据处理和统计分析。同时，对于不同类型的旅行行为数据，可能需要针对性的统计分析方法，对数据进行合理的加工和计算。在此过程中，需要保证数据的准确性和可靠性，确保统计和分析的结果具有有效性和可信度。

此外，为了更好地利用这些统计和分析结果，还可以开展进一步的数据可视化工作。通过绘制图表、编写统计报告等方式，将统计和分析结果直观地呈现给决策者和相关工作人员，帮助他们更好地理解和应用这些数据，从而促进更科学、有效的旅行政策的制定和相关工作的开展。

7.3.4　利用回归分析结果，建立需求函数

在采用旅行费用法评估生态资源价值时，利用回归分析结果来估算需求函数

通常涉及将访问者的旅行成本与他们访问该资源频率之间关系的量化。也就是说，通过回归模型分析借助统计方法探讨生态系统提供的产品和服务的经济数量关系及其变化规律，简洁概括在某个真实社会、经济和环境体系下的数量特征。

回归模型将旅游频率或个人旅行次数作为因变量，旅行成本和其他相关变量（如访问者的社会经济状态、距离、时间等）作为自变量。这些变量可用来构建需求函数，这是表达旅游频率或个人旅行次数与旅行成本之间关系的数学方程式。这个方程式能够预测在不同旅行成本下的旅游频率，从而揭示成本变化是如何影响人们访问生态资源地点这种行为的。

另外，为确保分析结果的准确性和可靠性，需要进行模型诊断，检查是否满足回归模型的基本假设，如误差项的独立性和正态分布，以及考虑是否存在多重共线性或异常值等问题。此外，通过进行灵敏度分析来评估模型参数变化对需求估算的影响也非常必要，这有助于理解结果的稳健性。

7.3.5 计算消费者剩余，得到评估结果

根据经济学中的需求函数，可以计算消费者剩余，这是指消费者愿意为购买某一商品或服务支付的金额与他们实际支付的金额之间的差额。对于生态资源的游憩价值来说，消费者剩余可以被视为该资源对消费者的实际经济价值。

在实际应用中，消费者剩余可以通过计算需求曲线下方的面积来估算。需求曲线下方的面积代表了消费者在购买某一商品或服务时所获得的额外福利，也就是他们愿意为此支付的金额与实际支付金额之间的差额。对于生态资源的游憩价值而言，这种差额可以被视为消费者愿意为访问该资源支付的额外费用，实际支付的费用则是他们参与游憩活动所支付的费用。

消费者剩余的计算对于评估生态资源的经济价值至关重要。很多生态资源面临着受限的自然条件和环境容量，从而使游客数量和使用频率受到限制。因此，通过计算消费者剩余，可以更加准确地了解消费者对生态资源的实际经济价值，为资源的合理开发和管理提供重要参考依据。

消费者剩余的计算是一个复杂的过程，需要充分考虑需求曲线的形状、消费者行为和市场结构等因素。首先，需要确定生态资源的需求曲线，即消费者愿意为访问该资源支付的价格与其购买量之间的关系。根据需求曲线及市场价格，可以计算出消费者的实际支付金额，并将其与他们愿意支付的金额进行比较，得出消费者剩余的估算值。

此外，消费者剩余的计算还需要考虑消费者的个体差异和行为特征。不同消

费者对于同一资源的需求弹性、支付意愿等可能存在差异，因此，在计算消费者剩余时需要充分考虑这些个体差异，以提高计算的准确性和可信度。

除此之外，消费者剩余的计算还需要充分考虑市场结构和竞争状况。在实际应用中，许多生态资源可能存在着多种替代品或竞争资源。因此，在计算消费者剩余时还需要充分考虑市场竞争状况，以确保计算的准确性和可靠性。

在实际应用中，可以通过开展调查研究等方式，获取消费者在访问生态资源时的支付意愿和实际支付情况，进而计算消费者剩余。同时，利用实证研究和统计分析方法，可以更加准确地估算生态资源的游憩价值，为资源的管理和规划提供科学依据。

根据已构建的需求函数，可以计算消费者剩余，这是指访问者愿意为访问该资源支付的金额与他们实际支付的金额之间的差额。消费者剩余通常通过计算需求曲线下方的面积来估算，用以代表该生态资源的游憩价值。

7.4 旅行费用法的优点和局限性

生态旅游资源价值评估是一项复杂且重要的工作，旨在评估旅行活动对环境、社会和经济方面的影响。旅行费用法作为其中一种评估方法，具有一定的优点和局限性。

7.4.1 旅行费用法的优点

7.4.1.1 简单易操作

相比其他复杂的评估方法，如生态足迹分析或者生命周期评价，旅行费用法仅需统计旅行所需的费用，包括交通、住宿、餐饮等支出，然后计算出总费用即可。这使旅行费用法更容易被普通旅行者和业内从业人员所理解和接受，并且在实际应用中更加便捷。

7.4.1.2 能够直观地呈现生态旅行对环境和资源的影响

通过统计旅行所需的费用，可以直接反映出旅行对资源的消耗程度。例如，高额的航空票价可能意味着更多的燃油消耗和二氧化碳排放，昂贵的高档酒店住宿费用可能代表对当地水资源和土地的消耗。这种直观的反映方式使旅行费用法成为一种直观、易于理解的评估方法，更有利于引起社会和公众的关注。

7.4.1.3 可量化

通过费用的量化，可以对不同旅行活动的资源消耗进行比较和评估。这不仅使旅行者可以更清楚地了解自身的行为对环境资源的影响，同时也让管理者可以更准确地评估和管理旅行产品的生态影响。这种量化的评估方式有助于研究者更加客观地了解各种旅行方式的生态影响程度，以及推动旅行业朝着更加环保和可持续的方向发展。

7.4.1.4 考虑全面

旅行费用法不仅考虑了直接费用，如飞机票、酒店住宿等开销，同时也考虑了间接费用，如旅行行为对当地环境和社会的影响，这包括对当地水资源的消耗、生态环境的破坏、当地社区社会文化的影响等。这种全面的考虑可以帮助研究者更全面地了解旅行活动的生态影响，为管理者和旅行者提供更全面的评估依据。

7.4.1.5 落实成本内部化

在生态旅行评估中，通过旅行费用法，可以让旅行者了解其为自己的行为付出的成本，从而激励他们更加理性地选择旅行方式，减少对资源的浪费和环境的影响。这种内部化的成本意味着更多的责任和自律，有助于推动旅游业朝着更加可持续和环保的方向发展。

7.4.2 旅游费用法的局限性

在生态资源价值评估中，旅行费用法虽然是一种被广泛使用的方法，但该方法也存在一定的局限，可能会影响评估结果的准确性和可靠性。

7.4.2.1 消费者多目的性的存在会导致评估结果的高估

通常来说，人们访问某个生态资源地点时不仅是为了享受该资源价值本身，还可能存在其他目的，如商务、探亲或参观其他旅游景点。当个人旅行包含多个目的时，将所有旅行成本归于单一性生态资源访问是不够准确的。例如，如果一个人在前往国家公园后，还计划访问亲戚家或其他旅游景点，那么，这些旅行成本不应完全算作访问国家公园的成本。如果在评估中没有适当地分配这些成本，那么就可能高估人们为访问特定生态资源所愿意支付的金额。

在实际应用中，很难准确地分解和分配这些成本，因为访问者可能无法清楚地记述他们旅行中每项活动的具体成本，也难以准确评估每个活动的相对重要性。因此，旅行费用法在评估旅行时间成本时，通常是假设旅行者只有一个目标地点，然而实际上旅行者在旅行过程中可能有多个目标地点或活动，这种成本分配上的不准确会影响需求函数估计。由于部分旅行成本实际上应该分摊到其他活动中，如果没有正确处理，需求曲线会向右偏移，从而高估对该资源的需求。如果需求被高估，那么，计算出的消费者剩余也会相应被高估，导致对生态资源价值的过高估计。

7.4.2.2 定义和衡量旅行时间成本时存在很大争议

旅行时间成本基本上就是将个人时间价值转化为金钱价值。在理想情况下，这应该反映的是个人因放弃其他活动（如工作、学习或其他休闲活动）所带来的机会成本。然而，在实践中，对这种时间成本的估算存在多个争议点。

首先，时间价值评估具有主观性，不同个体对时间价值的评估不同。这取决于多种因素，如个人收入水平、个人偏好、旅行时的活动类型等。因此，为访问者群体确定统一的时间价值标准是困难的。

其次，在计算时间成本时，需要区分旅行发生在休闲时间还是工作时间。对于休闲时间，时间成本可能较低，而对于工作时间，时间成本可根据失去的收入来估算。但在实际情况中，这种区分并不总是清晰的。

最后，对于如何计算旅行时间价值，当前并没有统一的标准。部分研究采用访问者的工资率来估算，而其他研究可能使用更复杂的方法来考虑休闲时间的时间成本的相对价值。

由于这些争议，旅行时间成本估算的不确定性可能导致对生态资源价值的误估。这个问题对于那些远离访问者居住地的资源尤为重要，因为在这些情况下，旅行时间成本可能占旅行总成本中很大的一部分。

7.4.2.3 替代地点的存在会影响对于该地点的价值评估

在使用旅行费用法评估生态资源的价值时，替代地点的存在是一个重大局限，它会影响对特定地点价值的评估。这种局限性的核心在于，旅行费用法假设人们在访问某个特定地点时是因为这个地点本身的吸引力，而实际上访问者可能有多个相似选择，这些选择能提供类似的体验和满足感。

当存在一个或多个替代地点时，人们选择访问特定地点的决定将受到这些替代地点的影响。例如，如果一个地区有多个类似的国家公园，访问者可能基于各种因素（如距离、设施、知名度等）选择其中之一。这意味着对于任何一个公园旅行成本和访问频率的评估都需要考虑这些替代选择的影响。

由于访问者的选择受到替代地点的影响，特定生态资源的价值可能会被低估或高估。如果一个地点的访问者数量较少，可能不是因为这个地点本身价值不高，而是因为访问者会选择更方便或更具吸引力的替代地点。反过来，如果一个地点的访问者数量较多，可能是因为缺乏合适的替代地点，不一定是因为这个地点本身具有更高的价值。

在旅行费用法的实际操作过程中，评估替代地点的影响可能非常复杂，因为需要考虑各个地点之间的相对吸引力、访问成本，以及其他因素，如地理位置、自然和文化资源等。这些因素的综合作用可能在不同情境下极为不同，从而使准确评估单个地点的价值变得更加困难。

7.4.2.4 取样存在偏差，导致评估结果失真

在采用旅行费用法对生态资源价值进行评估时，如果所得到的样本不能完全代表整个访问者群体的真实情况，就会产生取样偏差。取样偏差可能以多种形式出现。例如，如果数据主要来自在特定时间（如节假日或周末）访问该地点的人群，那么，该样本无法代表整体访问者的特征和行为，这是因为不同时间的访问人群在社会经济特征（如年龄、收入水平、居住地）和访问动机上有所不同。此外，如果仅仅从某些特定区域或通过特定方式（如在线调查）收集数据，也可能导致取样偏差。

这种偏差的后果是，所得到的旅行成本和访问频率的数据不能准确地反映整个访问者群体的实际情况。例如，如果样本中过多地包含远程地区的访问者，那么，平均旅行成本可能会被高估；相反，如果样本中过多地包含附近地区的访问者，那么，平均旅行成本可能会被低估。

因此，在使用旅行费用法时，需要特别注意样本选择和收集的过程，以确保数据能够尽可能代表所有潜在的访问者。这就要求尽量在不同时间、不同地点和不同群体中进行数据收集，并采用适当的统计方法来调整和弥补潜在的取样偏差。然而，完全消除取样偏差是非常困难的，因此，评估者需要了解这一局限性，并在解释评估结果时考虑其可能的影响。

7.4.2.5 评估结果受当地社会经济发展水平的影响

在采用旅行费用法对生态资源价值进行评估时，评估地域范围内的社会经济发展水平对评估结果有着显著影响。

首先，旅行费用法依赖访问者对于时间和金钱的价值判断，这些判断与个人

经济状况密切相关。在经济条件较发达地区，人们可能对时间价值评估更高，因此，他们对旅行时间成本的计算可能会较高。相反，在经济条件欠发达地区，人们可能对时间价值评估较低，导致对旅行时间成本的计算较低。

其次，社会经济发展水平影响人们的休闲选择和可用于休闲活动的资源。在经济发展水平较高地区，人们可能有更多休闲时间和选择去访问远程的生态资源，而在经济发展水平较低地区，人们的休闲选择可能受到更多限制，这会影响他们访问特定生态资源的频率和意愿。

再次，当地社会经济条件也会影响公共配套设施及基础设施的发展水平，这直接关系到访问生态资源的便利性。在交通和基础设施较发达地区，访问远程生态资源的成本可能较低，而在交通和基础设施欠发达地区，相同的旅行可能成本更高。

最后，在这些因素共同作用下，旅行费用法评估结果在不同社会经济背景下具有很大差异性。因此，在应用这种方法时，评估者需要考虑到当地社会经济条件对评估结果可能产生的影响，并在分析和解释这些结果时采取适当的调整和考量。这种社会经济背景的差异性限制了旅行费用法在不同地区的普适性和可比性，使评估结果可能无法直接在不同地区间进行比较。

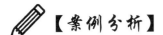

【案例分析】

旅行费用法的应用

本案例的内容请扫二维码。

旅行费用法的应用

【小资料】

游憩价值评估

游憩资源是指环境中凡能满足游憩者需求的自然环境、人文环境或自然与人文环境的组合，以及可提供游憩活动机会的所有场所，游憩地所有旅游服务和设施，都可称为游憩资源。对于生态旅游区而言，其主要游憩资源就是户外的自然资源和环境，因此，其具有自然资源的一切特征。

自然资源和环境是人类生存、发展和享受的各种天然和人工改造的自然因素的总和，是直接或间接影响人类的一切自然形成物质、能量、信息和自然现象的总体，包括阳光、空气、水、岩石、土壤、动物、植物、微生物、矿物、气候、温度、地磁、地壳稳定性、各种引力等自然因素。前者着重指自然资源等环境要素，具有比较实在的物质性产品价值，或者说有形的资源价值；后者强调环境的整体功能和状态，具有比较虚幻的舒适性服务价值或无形的生态价值。资源和生态两个部分联系紧密，因此，从概念或评估的角度，经常将二者视为一体，泛称自然资源或自然环境，即资源价值与生态价值的组合。

而游憩资源价值是指游客在游憩区从事休闲活动时，如观赏风景、动植物、照相、野餐、露营等旅游活动，所产生的直接或间接效益。游憩价值是外部环境资源所提供的，是旅游资源经济化的一种表现形式。旅游资源的核算包括数量核算和货币化核算，在实践中表现为对旅游资源游憩价值的评估，对旅游资源评估地的价值做出一个合理的评价，能够为在旅游资源评估地开展环境保护、效益分析、旅游开发等经济活动提供经济参考，从而达到合理地分配资金的目的。

鉴于旅游地开发模式的不同，研究者根据不同旅游地的自有特性和评估中面临的实际问题，把旅游地的总价值分为旅游地的使用价值和非使用价值，这样就囊括了资源地的价值构造，在评估时更能使评估价值接近真实价值，其中，使用价值包括水土保湿、木材产出、游憩等价值，非使用价值则包括遗产、保护濒危物种等价值。旅游地总价值评估包括的范围较为广泛，在实践应用中往往仅评估其中某一部分的使用价值或非使用价值。

在游憩价值的评估中，很多学者也会对旅游地的旅游资源进行直接评估，表现为评估单个项目的价值，如爬山、远足、野餐、钓鱼、农家乐、休憩等，单项资源价值评估是对整体资源价值评估的有效补充，整体经济价值是单项价值在协调作用下的表现形式。

在游憩价值的评估中，方法的选择尤为重要，国际上通行的一般方法是条件价值法和旅行费用法，最受瞩目的是条件价值法，在国外应用方法的历史中，曾对条件价值法进行过全面的评估。经过几十年的发展，在游憩价值评估领域，还出现了享乐定价法、费用支出法和效益转移法，以及改进后的旅行费用法等。在评估时，应把握好方法对于实践的适用性，充分考虑方法的前提假设，从而使评估结果更为准确。

资料来源：

［1］沁水县人民政府.国家园林县城标准［EB/OL］. https://www.qinshui.gov.cn/ztzl_369/2018nzt/giylxccj_459/201807/t20180716_1205744.shtml?_refluxos=a10.

［2］百度文库.游憩价值的概念［DB/OL］. https://mbd.baidu.com/ma/s/qLPgiFDe.

【 第 8 章 】

意愿调查法

【学习要点】

　　1. 了解意愿调查法的概念、类型及意愿调查法的使用范畴，并掌握意愿调查法的基本步骤。

　　2. 分析意愿调查法的优点和局限性，并对比旅行费用法和意愿调查法两种评估方法的共同点和不同点。

8.1　意愿调查法的概念及类型

8.1.1　意愿调查法的概念

　　意愿调查法又称意愿调查价值评估法（Contingent Valuation Method，CVM），是一种通过设计问卷来询问被调查者对于环境资源的改变所愿意或能接受的最小补偿意愿，从而直接得到被调查者对于这种特殊商品的货币评价的一种技术方法。该方法在应用时，通过直接询问被调查者对某种生态资源，所愿意支付的金额或对某种生态资源损失所愿意接受的意愿，并以支付意愿或受偿意愿表达生态资源的价值。

　　在采用意愿调查法对生态资源价值进行评估时，评估人员可以假设环境收益具有"可支付"和"投标竞争"的特性，试图通过直接向相关人群样本提问，来发现人们是如何给一定的环境变化定价的，这些环境变化和反映它们价值的市场都是假设的，因此又称假象定价法。

　　意愿调查法的兴起和发展，是对非市场环境物品和资源进行价值评估研究的重要里程碑。自 20 世纪 80 年代引入意愿调查法基本概念以来，我国对该方法的研究应用相对有限，仅限于生态资源价值评估和环境质量改善方面。尽管部分学者对意愿调查法的可靠性提出了异议，但是随着近年来意愿调查法的不断完善和进步，该方法逐渐引起我国环境经济学领域学者的重视和关注。

尽管意愿调查法在评估非市场环境物品和资源的价值时存在一定的局限性，但其优势仍不容忽视。尤其是对于那些不存在市场交易或市场价格无法准确反映其价值的公共物品和资源，意愿调查法可以通过构建假设市场，获取其他方法无法得到的价值数据，从而为政策制定和决策提供重要依据。另外，通过对意愿调查法调查数据可靠性和有效性的分析，意愿调查法还可以在一定程度上定量估算出环境物品的真实价值，为资源的合理利用和保护提供科学依据。

在国际上，意愿调查法已成为评估非市场环境物品和资源价值的首选方法之一。根据 Carson 于 2005 年的统计，世界各国已有超过 6000 个意愿调查法研究案例，且研究内容不断深入，研究领域不断扩展。进入 21 世纪以来，意愿调查法在西方国家的生态学、经济学和社会学领域研究中成为重要的研究热点之一。因此，我国意愿调查法的研究和应用还有很大的发展空间，可以借鉴国际经验，不断完善和发展本土化的意愿调查法，促进其在我国环境经济学领域的广泛应用。

尽管意愿调查法在我国的发展还面临一些挑战和争议，但随着对其方法论和实践经验的深入研究，相信意愿调查法将为我国环境保护和资源管理提供更多有益的信息和数据支持。作为一种评估非市场环境物品和资源价值的有效工具，意愿调查法将在未来发挥越来越重要的作用，成为我国生态资源价值评估领域不可或缺的研究手段之一。

通常，此方法在应用时需要将一些家庭或个人作为样本，询问他们对于一项环境改善或防止环境恶化措施的支付意愿，或者要求住户或个人给出受环境恶化而接受赔偿意愿。实际上，直接询问调查对象的支付意愿或接受赔偿意愿是意愿调查法的特征。

例如，某个调查问卷中的一个题项为：

"××省空气中颗粒物（煤烟、粉尘等）含量居全国省份前列，为改善××地区的空气质量，多年来有关部门一直在为减少煤烟污染做努力，并通过在上风地区的植树造林来减少河北风沙侵扰。有关部门正在考虑通过天然气进××工程来进一步改善××的空气质量。如果可以将××空气中颗粒物污染含量降低一半，您的家庭每年最多愿意支付____元。"

8.1.2　意愿调查法的类型

意愿调查法所采用的调查方法大致可以分为以下三类：

第一类调查方法是直接询问调查对象支付或接受赔偿的意愿。这种方法通常通过问卷调查或面对面访谈等方式进行。调查对象会被要求就他们对于某一环境服务或资源愿意付出的费用，或者他们对于受到环境影响愿意接受的补偿金额进行回答。直接询问的优势在于可以直接获取被调查对象的个人观点和意愿，有助于了解他们对特定环境资产价值的认知和评估。

第二类调查方法是通过询问调查对象对表示他们支付意愿或接受赔偿意愿的商品或服务的需求量，然后从调查结果中推断出他们的支付意愿或接受赔偿意愿。常用的调查方式包括问价法和替代品法。在问价法中，调查对象可以通过选择不同的价格和需求量来表达对环境服务或资源的支付意愿。而在替代品法中，调查对象可以通过比较环境服务或资源和其他替代品之间的价格和需求量来表达对环境服务或资源的价值感受。这两种调查方法的优势在于可以通过市场行为推断出消费者对环境资产的实际价值感受，有助于更为客观地评估环境服务和资源的价值。

第三类调查方法是通过对有关专家进行调查来评定环境资产的价值。这种方法通常通过专家访谈、专家研讨会、Delphi 法等方式进行，旨在获取专家对于环境资源和服务价值的专业意见和评估。专家通过对环境资产进行专业知识和经验上的分析和判断，从而评估环境资产的价值，专家意见的汇总可以帮助政府和决策者更好地了解环境资产的潜在价值，为环境保护和管理提供重要的参考依据。

综上所述，进行意愿调查的方法主要有投标博弈法、比较博弈法和无费用选择法。

8.1.2.1 投标博弈法

投标博弈法要求调查对象根据假设的情况，说出对不同水平环境物品或服务的支付意愿或接受赔偿意愿。投标博弈法又可分为单次投标博弈和收敛投标博弈。

8.1.2.1.1 单次投标博弈

在单次投标博弈中，调查者首先向被调查者解释要估价的环境物品或服务的特征及其变动的影响，例如，砍伐或保护热带森林或者湖水污染可能带来的影响，以及保护这些环境物品或服务（或者解决环境问题）的具体办法，然后询问被调查者为改善或保护该热带森林或水体不受污染最多愿意支付多少钱（最大支付意愿），或者反过来询问被调查者最少需要多少钱才愿意接受该森林被砍伐或水体受污染的事实（最小接受赔偿意愿）。

8.1.2.1.2 收敛投标博弈

在收敛投标中，被调查者不必自行说出一个确定支付意愿或接受赔偿意愿的数额，而是被问及是否愿意对某一物品或服务支付给定的金额时，调查者根据被调查者的回答，不断改变这一数额，直至得到最大支付意愿或最小接受赔偿意愿。

例如，要询问被调查者，如果森林将被砍伐，他是否愿意支付一定数额的货币用于保护该森林（如 20 元），如果被调查者的回答是肯定的，就再提高金额（如 21 元），直到被调查者做出否定的回答为止（如 30 元），然后调查者再降低金额，以便找出被调查者愿意付出的精确数额。

8.1.2.2 比较博弈法

比较博弈法又称权衡博弈法，它要求被调查者在不同物品或服务与相应数量的货币之间进行选择。通常给出一定数额货币、环境物品及服务的不同组合，该组合中的货币值，实际上代表一定量环境物品或服务的价格。

给定被调查者一组环境物品或服务及相应价格初始值，然后询问被调查者愿意选择哪一项，被调查者要对二者进行取舍。根据被调查者的反应，不断提高（或降低）价格水平，直至被调查者认为选择二者中任意一个为止。此时，被调查者所选择的价格就表示他对给定量环境物品或服务的支付意愿。此后，再给出另一组组合，经过几轮询问，根据被调查者对不同环境质量水平的选择情况进行分析，就可以估算出他对边际环境质量变化的支付意愿。

8.1.2.3 无费用选择法

无费用选择法通过询问个人在不同环境物品或服务之间的选择来估算环境物品或服务的价值。该方法模拟在市场上购买商品或服务的选择方式，给被调查者两个或多个方案，每个方案都不用被调查者付钱，从某种意义上说，对被调查者而言，是无费用的。

因此，在调查分析过程中需要关注以下几个问题：

8.1.2.3.1 样本数目

一般要求样本数量足够多，因为样本量多可以更好地反映被调查区域（如目标地点）的人群情况。选择的样本应该尽可能代表目标人群的特征和多样性。

8.1.2.3.2 对偏差较大的答案（或答卷）的处理

通常情况下要把那些特别极端的答案从有效问卷中剔除，因为这些答案可能是不真实或错误的。处理偏差较大的答案时，应该谨慎，避免主观判断和随意剔除。处理方法应基于统计分析和相关专业知识，且保障数据处理的透明度和对处理过程进行记录，以确保结果的可信度和可重复性。

8.1.2.3.3 与汇总有关的问题

把估计得出的平均支付意愿（或接受赔偿意愿）乘以相关人数，即可简单得出总支付意愿（或接受赔偿意愿）。然而，如果样本人群不能代表总人群的情况，那么就要建立起对支付意愿（或接受赔偿意愿）的出价与一系列独立变量（如收入、教育程度等）之间的关系式，以估算总人口的支付意愿值。

8.2　意愿调查法的使用范畴

意愿调查法在生态资源价值评估中通常用于衡量人们对特定生态系统或生物
多样性的偏好和愿意为之支付费用的程度。一般适用于缺乏实际市场和替代市场
交换的生态资源价值的核算，以及适用于独物景观和文物古迹的评价，而且可用
来同时核算生态资源的使用价值和非使用价值。意愿调查法在实际评估过程中的
使用，需要满足以下几个前提条件。

8.2.1　生态环境质量变化对市场产出没有直接影响

如果生态环境退化或改善直接影响市场产出，人们的付费意愿就会受到其他
因素的干扰，难以准确反映他们真正的生态资源价值认知。例如，一个湿地的改
善可能不会直接增加任何市场商品的产量，但它可能提高生物多样性、改善水质、
提供休闲机会等，这些非市场效益是传统市场评估方法难以捕捉的。

在这种情况下，意愿调查法通过询问人们对这些非市场效益的支付意愿，可
以评估出生态资源的总体经济价值。因此，这种方法适用于那些环境质量的改善
或恶化对市场产出没有直接影响，但对人们的福祉和生活质量有重要影响的情况。
当生态环境质量变化对市场产出没有直接影响时，意愿调查法可以更好地揭示人
们对生态资源价值的态度和意愿。

8.2.2　样本人群具有代表性

在使用意愿调查法进行生态资源价值评估时，确保样本人群具有代表性是一
个至关重要的应用条件。这是因为意愿调查法依赖从特定人群中收集数据，以此
来推断整个群体对特定生态资源的价值评估。如果样本人群不具有足够的代表性，
那么，从这些样本中得到的评估结果可能无法准确反映整个关心或受影响人群的
观点和支付意愿。

样本代表性的关键在于能够捕捉到具有不同背景和特征的人群，这些背景和
特征包括不同的年龄、性别、收入水平、教育背景、居住地和对生态资源的使用

频率等。例如，评估一个国家公园的价值时，样本不仅应包括经常访问公园的人，还应包括那些偶尔或从未访问过但可能关心该公园保护状态的人。

此外，代表性样本还应包括可能对生态资源有不同看法和价值观的人群。这意味着样本中应包含对生态资源有不同依赖程度和利益关系的人群，从高度依赖该资源的本地居民到对这类资源兴趣一般的外地人。

确保样本的代表性不仅对评估结果的准确性至关重要，也对评估过程的公正性和可信度有重要影响。如果样本人群不具有代表性，有可能会导致某些群体的利益和观点被忽视，从而影响评估结果的接受度和评估推广的有效性。在实施意愿调查时，通常需要通过适当的抽样方法和调查设计来确保样本的代表性，这可能包括随机抽样、分层抽样或配额抽样等技术，以确保样本能够合理地反映整个目标人群的特征和观点。

8.2.3 有充足的资金、人力和时间进行研究

意愿调查涉及样本选择、调查设计、数据收集、数据分析和结果解释等多个环节，这些环节都需要足够的资源支持。

首先，充足的资金是进行意愿调查所必需的。调查研究通常需要支付参与者报酬、购买调查工具和设备、费用支出和数据处理等方面的开支。适当的资金支持可以确保研究的顺利进行和获得高质量的调查数据。

其次，充足的人力资源对于意愿调查的顺利实施至关重要。人力资源包括研究团队的成员，如研究者、调查员、数据分析师等。他们需要具备相关的专业知识和技能，协调和执行各项研究任务，保证调查的科学性和可靠性。

最后，充足的时间是进行意愿调查的必要条件。调查研究需要充足的时间来进行背景调研、研究计划、调查实施、数据分析和结果解释等环节。充足的时间可以保证研究的完整性和准确性，从而避免出现仓促决策的情况和低质量的研究成果。

8.3 意愿调查法的基本步骤

8.3.1 明确评估对象和调查目标人群

在使用意愿调查法评估生态资源价值时，评估对象通常是具有显著生态、文

化或休闲价值的自然资源,如国家公园、湿地、保护区或者其他重要的自然景观。在明确评估对象时,重点是详细描述这些资源的特点,包括它们的生物多样性、生态系统服务(如水质净化、空气净化、碳储存等)、休闲和教育价值,以及它们在维持当地或全球生态平衡中的作用。同时,还需要考虑这些资源面临的威胁,如环境污染、气候破坏、过度旅游等。

在确定调查目标人群时,需要考虑那些与评估对象有直接或间接联系的群体,其中包括当地居民、经常访问该地区的游客、环境保护者,以及可能从这些资源的保护和管理中受益的更广泛群体。不同的群体可能对同一资源有不同的看法和支付意愿,因此,在设计调查时需要确保这些不同视角得到充分体现。例如,当地居民可能更关注这些资源对他们日常生活的影响,而远程游客可能更重视其休闲和审美价值。

8.3.2 创建假想市场

创建假想市场是指在调查过程中,研究者通过设计一系列情境或选择方案,以模拟一个虚拟的市场环境,让被调查者在其中做出选择或陈述他们的偏好和意愿。

创建假想市场的目的是通过模拟真实的决策环境,以此更好地了解被调查者的选择行为和偏好。研究者可以提供不同的选项、产品特征或政策参数,并要求被调查者从中选择最合适的或最偏好的选项。

通过创建假想市场,研究者可以获得被调查者对不同选择方案的偏好程度、明确的优先权排序和意愿支付水平等信息。这些信息可以用于评估市场需求、进行产品定价研究、制定政策等。

通过创建假想市场,可以为不存在现金交易的生态资源价值的评估找到某种理由,例如,可以假定政府有一项建议,要对某个自然区域进行开发。同时,没有多少人实际上参观过这个区域,因此,分析人员需要创建假想市场通过这个区域及政府所提出的项目建议对环境的影响进行描述。

8.3.3 获得个人的支付意愿和受偿意愿

在意愿调查过程中,评估人员需要从数量、质量、时间和区位等方面详细描述所要评价的环境物品或服务的状况,给参与者提供充足、现实和精确的信息,这是意愿调查评估中参与者对所提出的问题做出估价的基础。同时,应选择适当的支付工具或投标工具以获得支付意愿或受偿意愿。获得支付或受偿意愿的调查方法有面对面调查、电话调查、邮寄信函等。

目前常用的引导方法有开放式提问、封闭式提问、二分式提问、连续投标方式、支付卡方法等。

8.3.3.1 开放式提问

开放式提问不限制被调查者回答问题的选项，让他们自由表达观点、意见或经验。开放式提问是一种较容易引出支付意愿（WTP）或者受偿意愿（WTA）的方法，但受访者如果没有这方面的经历，就会加大其自身衡量的难度。相对于封闭式提问，开放式提问能够提供更深入、详细的信息，从而获得更全面的视角和理解。

8.3.3.2 封闭式提问

在封闭式提问中，被调查者需要选择特定的选项或给出预设的答案，以反映他们对支付的意愿。这些选项通常是根据不同的价格或条件设定的，可以用来衡量被调查者对某个产品、服务或活动的支付意愿。通过封闭式提问获得支付意愿或受偿意愿可以提供简洁、可比较的数据，便于统计和分析。研究人员可以设计多个选择项，观察被调查者的偏好和支付限度，从而更好地了解他们对支付的态度和行为。这种方法可以在市场调研或经济研究中广泛应用，帮助确定合理的价格定位、制定有效的定价策略，并提供商业决策的依据。

8.3.3.3 二分式提问

通过将问题的回答分为两个明确的对立选项，要求被调查者在两个选项中选择一个，以表示他们对支付的意愿。这种方法通常用于确定被调查者对价格、产品特征或服务条件的偏好。通过二分式提问获得支付意愿或受偿意愿可以快速、简单地了解被调查者的倾向。将选项设定为对立的两个极端，可以促使被调查者明确表达自己的选择。

8.3.3.4 连续投标方式

从二分选择问题开始，对于回答"否"的进行该具体数值上的增一或者减一，循环进行。通过连续投标方式获得的支付意愿或受偿意愿可以更准确地反映被调查者的偏好和支付水平。这种方法允许被调查者在信息逐渐明确的情况下做出决策，以更好地模拟现实情况。

8.3.3.5 支付卡方法

通过提供不同价格的选项，然后观察消费者对这些选项的选择行为来推断他们的支付意愿。通过支付卡方法获得支付意愿或受偿意愿可以快速、简便地收集数据，并提供可比性和统计分析的便利。被调查者可以根据所提供的选项在不同的价格或条件之间进行选择，从而表达他们对支付的意愿。

8.3.4 计算平均支付意愿或平均受偿意愿

根据调查结果，在获取的个人支付意愿或受偿意愿的基础上，计算平均支付意愿或平均受偿意愿，计算公式如下：

$$WTP_L = (\sum_{i=1}^{n} P_L \times M_L)/G_L \qquad (8-1)$$

式中：WTP_L 为被调查者支付意愿的平均值；P_L 为每类支付意愿的人数；M_L 为每类支付意愿的金额；G_L 调查对象的有效问卷数。

$$WTA_S = (\sum_{i=1}^{n} P_S \times M_S)/G_S \qquad (8-2)$$

式中：WTA_S 为被调查者接受赔偿意愿的平均值；P_S 为每类接受赔偿意愿的人数；M_S 为每类接受赔偿意愿的金额；G_S 为调查对象的有效问卷数。

在意愿调查法中，意愿调查法的核心内容即支付意愿或受偿意愿，通过支付意愿或受偿意愿反映公众的保护意愿与研究区域的非使用价值。这个价值会随着社会经济发展与人民生活水平的提高而不断增加，这在一定程度上取决于不同发展阶段人们对环境的认知。

8.4 意愿调查法的优点和存在的偏差

8.4.1 意愿调查法的优点

意愿调查法是生态资源价值评估的一种重要方法，具有许多优点。下面将详细论述意愿调查法在生态资源价值评估中的优点。

一是意愿调查法可以综合考虑人们对生态资源的实际需求和愿望。通过对受访者的调查，可以了解他们对于生态资源保护、美化和改善的需求和期望。这可以更全面地了解社会大众对生态资源的态度和需求，从而更加客观地评估生态资源的价值和受益情况。

二是意愿调查法属于一种相对较为经济的评估方法。相比其他评估方法，如实地调查或生态足迹分析等，意愿调查法的成本相对较低。调查过程可以通过电话、互联网等方式展开，不需要大量的人力、物力资源，这使意愿调查法更加容易实施并且更为经济高效。

三是意愿调查法可以定量评估生态资源。通过调查受访者对于生态资源的愿意支付金额或愿意接受的牺牲，可以量化生态资源的价值。这种方法可以更加准确地评估生态资源的经济价值，也便于与其他经济数据进行比较、分析和评估。

四是意愿调查法能够对生态资源具有的非市场化价值进行评估。生态资源的价值通常不仅体现为在市场交易中的价格，还包括人们对于生态环境的情感认同、文化传承和精神愉悦等方面。这些非市场价值难以通过传统的市场交易进行评估，而意愿调查法可以通过调查受访者的意愿和态度，较为准确地评估生态资源的非市场化价值。

五是意愿调查法能够纳入公众参与，增强社会的公众参与感。在调查过程中，公众可以表达自己对生态资源的态度和需求，这有利于提高社会公众对于生态资源的关注和参与程度。同时，公众的参与也有助于提高评估结果的可信度和公众认同度，对于生态资源管理和保护具有积极的推动作用。

意愿调查法估算类型全面，对生态资源的使用价值和非使用价值都能够进行评估。但是，由于意愿调查法并未进行实际市场的观察，也未通过要求消费者以现金的支付方式来表征支付意愿或接受赔偿意愿进而验证其有效需求。因此，调查结果存在产生各种偏差的可能性。因不可控的因素较多，当产生偏差时，需要进行可靠性检验。

8.4.2 意愿调查法使用中存在的偏差

意愿调查法作为典型的申明偏好价值评估技术，具有理论前提简单、方法应用直接的优点，是引导个人对非市场环境物品或服务估价的一种相对直接的方法。意愿调查法在评估应用中暗含的主要假设是，被调查者知道自己的个人偏好，有能力对环境物品或服务估价，并且愿意诚实地说出他/她的支付意愿。

在意愿调查法的研究及实际应用过程中，影响评估结果的可能偏差主要包括假想偏差、支付方式偏差、投标起点偏差、肯定性回答偏差、调查者偏差、部分——

整体偏差等，这些偏差大部分与意愿调查法本身有关。

8.4.2.1　假想偏差

在意愿调查的过程中，调查者需要设计一系列情境或选择方案，以模拟一个虚拟的市场环境，让被调查者在其中做出选择或陈述他们的偏好和意愿。然而，调查中对假想市场的描述可能存在不够详细、表达不清、主观性过强的情况，导致被调查者对假想市场问题的回答与对真实市场的反映不一致。调查的假想性质导致被调查者所声明的支付意愿或受偿意愿与实际情况不符，造成评估结果出现偏差。

对于假想偏差的解决，可以在实际调查过程中设计图文并茂的调查问卷，加强假想市场的具象性，也可以进行至少 30 人的预调查，以完善问卷，充分模拟市场。

8.4.2.2　支付方式偏差

意愿调查法需要依赖一种"工具"或"途径"，以获取被调查者陈述的假想金钱数量。因假设收取人们支付货币的方式不同而导致的偏差就是支付方式偏差。

这种偏差的解决办法是，提供更全面的支付方式选项，以覆盖多种支付方式；或对不同支付方式的选择进行敏感性分析，以确保评估结果的稳健性。

8.4.2.3　投标起点偏差

支付卡和投标博弈的支付意愿引导格式会从某一投标起点值开始，这个提前给定的出价标点的高低会因为被参与者误解为"适当"的支付意愿范围而产生偏差。

减少偏差的方法是，对于这种偏差的程度目前还缺乏相应的研究证据，但可通过预调查确定这种投标格式的起点值和数值间隔及范围，以减少起点偏差。

8.4.2.4　肯定性回答偏差

肯定性回答偏差指的是被调查者在回答调查问卷或采访问题时倾向给出肯定或同意的回答，而不考虑问题的具体内容或自己的真实观点。

为了尽量减少肯定性回答偏差的影响，研究者可以考虑在设计问卷或采访时，使用多种问题类型，包括开放性问题、缩放题和反向问题等，以减少偏差的影响。同时，提供明确和具体的问题表述，避免模糊或含糊不清的语言，以减少偏差的产生。另外，还可以使用随机化的顺序或方法来提交问题，以减少偏差的系统性影响。最后，要进行敏感性分析或针对偏差进行校正，以减少偏差对结果的可能影响。

8.4.2.5 调查者偏差

调查者偏差指的是在调查过程中，调查者的行为、语言、态度或偏好等因素可能影响被调查者的回答，从而引入偏差或扭曲研究结果。

在意愿调查过程中，如果采用面对面的采访调查，并且有多名调查者参加，就可以检验调查者对被调查者陈述价值的可能影响（即检验调查者引导出的支付意愿数值的等量性）。如果调查者发现得出较高的支付意愿数值，那么，在回归计算中引入一个反映其观测结果的漂移变量，并对此予以校准就可以了，然后计算平均支付意愿。调查者偏差可以通过严格培训和监督调查者或者使用专业调查者来减小。

8.4.2.6 部分—整体偏差

在意愿调查过程中，被调查者被要求评估某种给定的资源（例如，整个野生生物）的价值，然后被要求评估这种给定的资源的一部分（例如，某个物种）的价值时，被调查者给出的结果可能相似。被调查者没有正确区别一个特殊环境的价值和当它作为群体环境的一部分的价值时产生的偏差，就是部分—整体偏差。

这种偏差的解决办法是，提醒被调查者明确和注意自己的收支限制，确定提问范围，严格评估整个物品的价值而不是物品的部分价值，同时，调查者也需要确保样本的代表性，以尽量包含整体中各个部分的信息。

8.4.3 意愿调查法在生态资源价值评估中存在的问题

我国从 20 世纪 80 年代开始引进并使用意愿调查法，虽然经过多年的评估实践，但是目前该方法还基本处于理论探讨和引进、消化阶段。由于我国是一个发展中国家，市场经济发展还不完善，缺乏市场调查的传统，从而导致被调查者可能因为难于理解这一方式而不能给出他们真实的支付意愿和接受赔偿意愿。因此，目前我国在应用意愿调查法时存在如下几个方面的问题：

8.4.3.1 有效受众判断问题

在运用意愿调查法进行评估的过程中，缺乏对样本人群是否为有效受众的判断和认知。受众是指生态资源服务功能的受影响人群。因为意愿调查法的核心就是在某个假想市场环境下，直接询问被调查者的支付意愿。所以，被调查者是否为有效受众会影响其对生态资源的价值判断。关于这方面的分析目前还很缺乏，可能由于被调查者对生态资源服务功能不甚了解而影响其价值判断，因此，调查者需要了解样本人群的背景和知识结构，并为其提供详细的生态资源服务功能的背景知识，以避免调查结果出现偏差。

8.4.3.2 民族文化背景的调查问题

在运用意愿调查法进行评估的过程中，缺乏我国民族文化背景对于样本人群支付意愿影响程度的调查。我国的特殊国情和历史文化决定了我国现阶段的民族文化氛围，这些社会文化因素会导致我国民众在进行自身支付意愿判断的时候，会出现漠不关心和极度热心两种极端现象，从而导致极端值的出现，误导结果。

8.4.3.3 不同经济发展阶段分析的问题

在运用意愿调查法进行评估的过程中，缺乏不同经济发展阶段对于样本人群支付意愿影响程度的分析。实际上，经济发展水平会影响社会信息沟通、公众素质及其收入水平，进而影响公众支付意愿。但是目前在使用意愿调查法评估生态资源价值的过程中，往往缺乏对发展阶段的考虑，从而导致结果的不合理。

8.4.3.4 支付意愿和接受赔偿意愿比较应用问题

目前我国意愿调查法的应用绝大多数是对支付意愿或者接受赔偿意愿的单方面调查和分析，缺乏对于二者的同时应用和比较研究。根据经济学的"理性人"假定，在实际进行的意愿调查法应用过程中，受访者的支付意愿和受偿意愿必然是不同的。但目前很多调查实践都只有关于支付意愿的调查，缺乏相关受偿意愿的对应印证，从而容易导致相关评估结果的不合理或缺乏说服力。

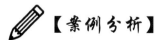
【案例分析】
　　　　意愿调查法的应用

本案例的内容请扫二维码。

意愿调查法的应用

8.5 意愿调查法与旅行费用法的比较

前文已经对旅行费用法的概念、应用进行简要的介绍。意愿调查法与旅行费用法作为评估生态资源价值的两种常用方法，既具有各自的特点，同时也存在着诸多相似和相异之处。对比分析这两种方法，有助于对这两种方法在生态资源价值评估中的应用有更进一步的理解。

8.5.1 意愿调查法与旅行费用法的共同点

一是理论基础一致。意愿调查法与旅行费用法均以效用价值理论和消费者剩余价值理论作为直接的理论依据，两种方法都是以生态资源的稀缺性、对消费者的效用、消费者的意愿为基础估算评估对象价值。

二是研究方法相似。意愿调查法与旅行费用法以问卷调查或实地直接访问为主要研究方法，其调查数据是应用方法的基础，其合理性与有效性将直接影响最终评估结果是否真实可信。

三是研究目的相似。意愿调查法与旅行费用法二者的目的都是评估人们愿意为特定产品、服务或体验支付的金额，从而得出其经济价值。

四是依赖数据收集技术。意愿调查法与旅行费用法二者的有效应用都依赖数据收集的技术，如问卷调查、访谈、实地观察等。

五是面临的问题相似。意愿调查法与旅行费用法在评估应用过程中均面临以下问题：情境不确定或风险因素，主观的判断与决策行为的偏差，样本的采集量不足，调查结果可能产生误差，资料不易量化。

8.5.2 意愿调查法与旅行费用法的不同点

一是意愿调查法属于陈述偏好的直接经济评估，通过直接询问个体或群体的意见和选择，收集他们对不同选择方案的态度、偏好和价值观，以此为基础对生态资源价值进行评估。旅行费用法属于揭示偏好的间接经济评估，通过研究参与者为到达某个目标地点而支付的时间、费用和其他成本，来评估目标地点的经济价值。

二是意愿调查法产生的偏差主要是假设市场技术本身所引起的调查结果与实际支付意愿之间的偏差。旅行费用法所产生的偏差主要源于假设条件之一，即不管哪一出发区对于同一游憩成本的旅游率都相同。

三是意愿调查法不仅可以评价游憩资源的使用价值，而且可以评价游憩资源的选择价值、遗产价值和存在价值等非使用价值。旅行费用法一般只适用于生态资源使用价值的评估，如游憩价值，而无法评估其非使用价值。

四是意愿调查法可以筛选受访者，因此可以更广泛地涵盖所有对产品、服务或体验感兴趣的人，旅行费用法则限制于选择实际进行过某项旅行或消费的人群。

五是意愿调查法通常用于评估环境资源、生态系统服务等在决策用途方面的非市场产品或服务的价值，旅行费用法通常用于评估旅行和娱乐行为中的实际支出。

六是意愿调查法需要对参与者的意愿数据进行统计和需求曲线等分析，旅行费用法则需要结合实际支出数据进行成本效益分析和效用评估。

综上所述，意愿调查法具有综合考虑人们需求和愿望、经济高效、定量化评估、非市场价值评估，以及公众参与等诸多优点。因此，在生态资源价值评估中，意愿调查法是一种重要的评估方法，能够在综合考虑社会大众需求的同时，更全面地评估生态资源的价值和受益情况。充分发挥意愿调查法的优点，可以更好地推动生态资源的合理管理和可持续利用，保护生态环境，推动可持续发展。

 【小资料】

支付意愿与消费者剩余

一、支付意愿

支付意愿是指消费者为获得一种物品或者服务愿意支付的最大货币量。支付意愿是福利经济学中的一个基本概念，它被用来表征一切物品和服务的价值，是环境资源价值评估的根本。

福利经济学认为：价值是人们对事物的认识、态度、观念和信仰，是人的主观思想对客观事物认识的结果，因此价值是公众的态度、偏好和行为的反映。人们每时每刻都在用支付意愿来表达自己对事物的偏好，支付意愿实际上已经成为"人们行为价值表达的自动指示器"，也是一切物品价值表征的唯一合理指标。因此，所有物品和服务的价值就可以用如下公式表示：

任何物品和服务的价值＝人们对该物品和服务的支付意愿

从消费者的角度来看，支付意愿是"人们行为价值表达的自动指示器"；从出售者的角度看，人们接受补偿的意愿也应该是"人们行为价值表达的自动指示器"。因此，所有物品和服务的价值也可用如下公式表示：

任何物品和服务的价值＝人们对该物品和服务的受偿意愿

因此，支付意愿和受偿意愿都可用来表达环境影响的经济价值。其具体的方法为：

1. 环境影响的经济效益测定

用支付意愿，即人们获得环境效益的支付意愿；用受偿意愿，即人们放弃环境效益的受偿意愿。

2. 环境影响的经济损失测定

用支付意愿，即人们阻止环境损失的支付意愿；用受偿意愿，即人们容忍环境损失的受偿意愿。

二、消费者剩余

所谓消费者剩余亦称净支付意愿。马歇尔的解释为，消费者剩余是个人为获得一种物品或服务而愿意支付的最大货币量与实际的货币支出之间的差额。

在福利经济学中，私有商品的消费者剩余可以通过其价格资料来求得，对于公共物品，其消费者剩余主要通过下述的两种方法求得：

1. 利用"影子价格"

与私有商品类似，可以根据公共商品的"影子价格"来求得其消费者剩余。例如，游憩商品的消费者剩余，往往是把人们游憩支出的费用（交通费、住宿费、门票费和时间花费）作为游憩商品的"影子价格"，再根据游憩费用资料即可求出游憩商品的消费者剩余。

2. 利用支付意愿

直接询问人们对某商品的支付意愿和实际支出的费用，其两者的差就是消费者剩余，即消费者剩余＝支付意愿－实际支出。

三、支付意愿与消费者剩余之间的关系

表征资源环境效益价值的三个指标都是价格。"影子价格"的本质是环境商品的替代市场价格，它亦是一种实际存在的市场价格；支付意愿是环境商品的模拟市场价格，是市场上不存在的一种假设价格；消费者剩余是支付意愿与实际支出的差，即假设市场价格与实际市场价格的差。

市场价格、支付意愿和消费者剩余三者之间既密切相关，又存在差别，关系如图8-1所示。

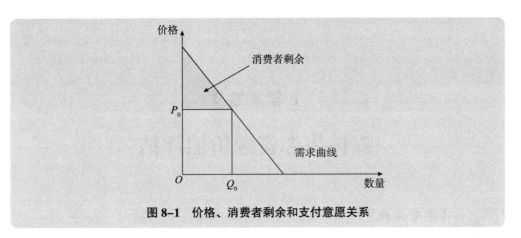

图 8-1　价格、消费者剩余和支付意愿关系

资料来源：

［1］知乎 . 支付意愿［EB/OL］. https://www.zhihu.com/topic/21282287/intro，2024-09-28.

［2］360 百科 . 消费者剩余［EB/OL］. https://baike.so.com/doc/5423664-32328742.html，2024-09-28.

【 第9章 】

森林生态资源价值评估

 【学习要点】

1. 了解森林生态资源的相关概念。森林生态资源是指在一定地域内，由森林、林木、林地，以及依托这些资源生存的野生动植物组成的具有特定功能的自然系统。

2. 掌握森林生态资源的基本特征。包括内部特征、外部特征、资产特征和评估特征。

3. 掌握森林生态资源价值的界定，明确界定内容，包括经济价值、生态价值和社会价值。

4. 掌握森林生态资源价值评估的内容，主要包括供给服务价值、调节服务价值、支持服务价值、文化服务价值。

5. 结合评估案例掌握森林生态资源价值评估的过程以及结果分析。

9.1 森林生态资源价值概述

森林生态资源是林地及其所生长的森林有机体的总称。按其物质结构层次可以分为林地生态资源、林木生态资源、林区野生动物生态资源、林区野生植物生态资源、林区微生物生态资源和森林环境生态资源。

9.1.1 森林生态资源的概念

森林生态资源是指在一定地域内，由森林、林木、林地及依托这些资源生存的野生动植物组成的具有特定功能的自然系统。它包括森林植物、野生动物、微生物，以及它们所依赖的水、土壤、气候等无机环境。作为地球上最重要的生态系统之一，森林提供了许多生态服务和资源，在维持地球生态平衡和人类社会的可持续发展方面具有不可替代的重要作用。

其一，在生态方面，森林生态资源具有丰富的生物多样性，包括各类动植物物种、微生物等。森林是生物多样性的重要存储库，为许多濒临物种提供了栖息地，在维持全球生物多样性的稳定性方面发挥了重要作用。同时，森林能通过光合作用吸收二氧化碳，释放氧气，在气候调节和减少温室气体方面发挥着显著的作用。

其二，在经济方面，森林生态资源包括木材、竹、药材、野生动植物等资源，为人类提供了重要的原材料和产品，是许多地区重要的产业支柱。森林也提供了生态旅游资源、生态文化资源等，在促进地区经济和社会发展方面具有重要作用。

其三，森林在水土保持、防治自然灾害、土壤改良、水资源保护等方面也具有重要功能，为人类提供了诸多生态服务。在维护环境方面，森林对大气、土壤和水体污染有吸收和净化的作用，为维护环境提供了帮助。

其四，森林生态资源是涉及土地、植物、动物和微生物的综合体。对于人类来说，保护和合理利用森林生态资源，是维护生态平衡、提高人类福祉、促进经济可持续发展的重要保障。因此，全球各国应该加强森林保护和管理，推动森林生态资源可持续利用，为未来的可持续发展创造更加美好的环境。

9.1.2 森林生态资源的特征

森林生态资源是地球上最重要的资源之一，是生物多样性的基础，它不仅能够为人类提供多种宝贵的实物资产，对人类所生存的环境起到调节和支持作用，同时还能帮助人类获得非物质收益。了解森林生态资源的特征，对保护森林生态资源具有积极作用。

9.1.2.1 内部特征

一是森林生态资源内部的生产者、消费者、分解者和无机物环境之间存在一种既相互依存又相互竞争的关系。相互依存的特征主要表现为四者之间相互联系、相互依存、密不可分、缺一不可；相互竞争主要表现为四者之间相互矛盾、相互制约、相互作用、相互竞争。

二是各组成部分各司其职，不能相互替代，任何一部分变化都会引起整个生态系统的变化。以雪兔、草本植物、落叶松等为例：一方面，雪兔以草为食，驯鹿以草或下木的嫩叶为食，其排泄物大部分由植物吸收，另一小部分由细菌分解，其尸体则由细菌分解转换成肥料，由草本植物、杜鹃、落叶松吸收，彼此之间相互依存、缺一不可；另一方面，1公顷林地所生产的草、下木的嫩叶是不足以供雪兔和驯鹿食用的，就会出现生存竞争、优胜劣汰，最终生态系统趋于平衡，彼此之间相互制约、相互竞争。

9.1.2.2 外部特征

从森林生态资源的外部特征来看，森林生态资源主要具有可再生性、稳定性、再生长周期长短悬殊、生产能力强、效益多重性这五个特征。

9.1.2.2.1 可再生性

与石油、煤矿、天然气及其他矿藏资源不同，森林生态资源是有生命的资源，其内部各组成部分的物质运动、能量转换与生物种族的繁衍，使森林生态资源的物种不断更新、面积逐渐扩大、质量不断提高、生物多样性不断发展，从而实现森林资源的永续利用和可持续发展。

9.1.2.2.2 稳定性

森林生态系统内部进行着有规律的物质运动和能量转换，从而积累了丰富的有机物和无机物，促使森林生态系统稳定地发挥正常的生态功能。任何破坏森林生态资源的行为，都会影响森林生态系统功能的正常发挥，破坏其稳定性。

9.1.2.2.3 再生长周期长短悬殊

一方面，森林生态资源再生长周期受到其内部各组成部分的性质、结构、生长发育规律等因素的影响。在森林生态系统中，林木的生长周期长于野生动物，而野生动物的生长周期又长于草本植物和微生物。另一方面，树种、地区、立地条件、气候条件等因素也会对林木的生长周期产生一定的影响。例如，我国针叶林比阔叶林生长周期长，寒温带针叶林区比热带雨林区生长周期长，立地条件较差比立地条件较好的生长周期长。

9.1.2.2.4 生产能力强

太阳辐射的光一部分被反射，另一部分被绿色植物的叶绿素吸收。叶绿素吸收太阳光为植物进行光合作用提供动力，使二氧化碳和水等简单的无机物变成复杂的有机物——碳水化合物，并进一步运输到植物的各个器官，形成更多新的个体。这样便使森林生态资源的生物和物质不断积累，种群不断增多，空间不断扩大，从而体现出森林生态资源强大的生产能力。

森林每年每平方米能生产 2~8g（有机物干重）的有机物质，净生长量约占全球一半。如果从陆地生态系统现存的生物量来看，由于经过上万年演化，其所占比例约为陆地生物量的 90%。每公顷森林的生物量在 100~400t，相当于农田和草原的 20~100 倍。这体现出森林具有较高的生产能力。

9.1.2.2.5　效益多重性

森林生态资源效益亦称森林效益，是指森林生态资源的物质生产、能量储备，以及对周围环境的影响所表现出来的价值，包括经济效益、生态效益和社会效益。

森林生态资源的经济效益（直接效益）是指人类经营森林获得的产品（含木材和其他林副产品），可以直接在市场上进行交换（并已纳入现行货币计量体系）而获得的一切利益，主要体现为森林生态资源为社会提供木材和薪炭。

森林生态资源的生态效益（间接效益）是指森林生态资源对人类生存的环境系统在有序结构维持和动态平衡方面所输出的效益，以及通过调节和改善森林生态资源及其周围的环境，在促进生物生长发育、繁衍后代方面所带来的效益，包括调节气候、涵养水源、保持水土、防风固沙、保存物种、减免自然灾害、改良土壤、增加土壤肥力等。

森林生态资源的社会效益（间接效益）是指森林生态资源对人类身心健康水平的提升、人类社会结构的发展和人类社会精神文明状态的提高具有促进作用而获得的效益，主要包括改善水质、净化空气、减弱噪声、美化环境等功能。

9.1.2.3　资产特征

从森林生态资源资产的特征来看，森林生态资源主要有经营永续性、再生长期性、功能多样性、风险未知性、分布辽阔性及管理复杂性六个特征。

9.1.2.3.1　经营永续性

森林生态资源资产具有可再生性。通过合理规划、季节性利用森林生态资源，根据动植物的生命周期对森林生态资源进行补偿，可以使森林生态资源得以永续利用。从这个角度来看，森林生态资源不存在折旧问题，具有永续经营的特点。

9.1.2.3.2　再生长期性

森林资源资产是再生性资产，但根据森林生长的规律，它的产品要经过很长时间才能出售。通常投入某一森林资源资产经营的资金少则数年，多则十年、上百年才能回收，因为一块林地上的林木要数十年的时间才能成材出售和收回投资。

9.1.2.3.3 功能多样性

森林生态资源资产具有生态、社会和经济三重效益，评估森林生态资源资产的经济价值，还需要关注生态效益和社会效益对其产生的影响。在特定目的与条件下，除了评估经济价值，森林生态资源资产的部分生态价值和社会价值也需要纳入评估范围。

9.1.2.3.4 风险未知性

自然灾害或者偶发的人为风险会造成森林生态资源遭到严重的破坏，而引起这些风险的因素在很大程度上具有不可控性。

9.1.2.3.5 分布辽阔性

森林是陆地生态的主体，分布极为广泛。南方的森林生态资源资产与北方的森林生态资源资产不同，山地的森林生态资源资产与平地的不同。不同地域的森林生态资源资产有着不同的经营属性，不能对其采取同一经营模式。森林生态资源分布的密集程度也直接关系到其价值与功效。

9.1.2.3.6 管理复杂性

森林生态资源资产存在于广阔的林地上，既不能仓储，又难以封闭，大多地处偏远，其管理十分困难，火灾、虫灾、盗伐等自然或人为的灾害很难控制，增加了风险损失的可能性。

9.1.2.4 评估特征

从森林生态资源的评估特征方面来看，森林生态资源具有森林生态资源资产价值的关联性、森林生态资源资产的可再生性、森林生态资源资产经营的长周期性、森林生态资源资产效益的多样性、森林生态资源调查和资产核查的艰巨性、森林生态资源资产的地域性特征，这些特征对资产评估结果有较大影响。

9.1.2.4.1 森林生态资源资产价值的关联性

森林的价值体现在林木、林地、森林景观资产及与森林生态资源相关的其他资产之上，林地价值的体现又与林木、森林景观资产及与森林生态资源相关的其他资产密不可分，森林景观资产价值依托于森林、林地、林木等资源资产，森林生态价值的体现更依托于森林系统整体。因此，评估森林生态资源资产要关注其资产的关联性，确定评估对象和评估范围，合理评估森林、林木、林地、景观、野生动植物、林下经济等的价值。

9.1.2.4.2 森林生态资源资产的可再生性

森林生态资源资产具有可再生性，这是森林实现持续经营的基础，也是其资产的特点，在评估时应考虑再生产的投入，即森林更新、培育、保护费用的负担；

考虑再生产的期限，即未来经营期的长短，包括产权变动对经营期的限制；考虑综合平衡森林生态资源培育、利用和保护的关系。

9.1.2.4.3　森林生态资源资产经营的长周期性

森林生态资源资产经营的周期少则 5~6 年（如南方的桉树短伐期人工林），长则几十年（如杉木、马尾松、木荷等）、上百年（如北方的红松、落叶松、云杉、冷杉等）。这样长的经营周期会对评估价值产生较大的影响，主要表现如下：

（1）在供求关系对价格的影响方面表现为供给弹性小，且成本效应滞后。当培育成本与市场价格出现背离时，成本对价格效应的反应非常滞后，市场需求对价格的影响会在相当长的时期内起主导作用。评估时应更多地考虑现行市场价格因素。

（2）由于经营周期长，投入资金时间极为重要，投资收益率的微小变化将对评估结果产生重大影响。

（3）由于经营周期长，生产过程不易人为控制，对未来投入产出的预测较为困难，而收益法的评估是建立在对未来投入产出预测基础上的，故预测的准确性对评估的影响很大。

9.1.2.4.4　森林生态资源资产效益的多样性

森林生态资源资产具有经济、生态和社会三重效益，效益的多样性为森林生态资源资产评估带来了重大的影响。

（1）在现实的生产中，生态效益和社会效益往往限制了经济效益的发挥，国家为了公众的利益制定了一系列法规，对一些森林的经营进行了限制，这些限制对森林资源资产价值的实现影响较大，在评估时必须予以充分关注。

（2）在生态文明建设的大背景下，森林的生态效益越来越被社会和市场认可，但有效地进入市场还需时日，对其生态价值的评估要依据委托目的和市场环境具体分析确定。

9.1.2.4.5　森林生态资源调查和资产核查的艰巨性

森林生态资源资产不同于其他资产，主要分布在偏远山区，那里山高路陡，人烟稀少，交通不便，外业调查或核查专业技术性强，工作量大，风险高，费时耗力，工作条件极为艰苦。但核查工作是森林生态资源资产评估过程中不可或缺的重要环节，也是森林生态资源资产评估风险控制的关键。通过森林生态资源资产评估现场核查或调查，核实森林生态资源的实物量是评定估算森林生态资源资产价值的基础。

9.1.2.4.6　森林生态资源资产的地域性

森林生长于固定的地理位置，评估时除了考虑森林的价值，还要考虑森林地位级和森林地利级，如气候条件、土地肥沃程度、适地适树情况、交通条件等。尤其是交通条件，无论对用材林、经济林的价值，还是对景观资产的价值，都有较大的影响。

9.1.3 森林生态资源价值的界定

对森林生态资源价值进行界定对于森林资源的合理利用、生态环境的保护、社会经济的可持续发展等方面有着重要作用，从而有利于人们认识森林生态资源的重要性。从森林生态资源的功能和性质出发，可以把森林生态资源价值分为经济价值、生态价值和社会价值。

9.1.3.1 经济价值

森林生态资源的经济价值主要体现在林地资源价值和林木资源价值两个方面。

9.1.3.1.1 林地资源价值

林地是森林生态资源的一个组成部分，因此，在森林生态资源经济价值核算中，林地的价值核算是不可或缺的一部分。而林地作为一种不动产，其价值是客观存在的。

林地有林业用地和非林业用地之分。林业用地包括有林地、疏林地、灌木林地、未成林造林地、苗圃地和无林地。有林地包括林分用地、竹林林地和经济林林地等，无林地包括宜林荒山荒地、采伐迹地、火烧迹地和宜林沙漠地等。在森林生态资源的价值核算中，只有属于经济资产的部分才能进行价值计量，这就要求核算的林地必须有明确的界限，权属清晰。

森林生态资源价值的界定是一种法律行为，其界定必须以有关法律、法规为依据。无论是物质内涵的界定，还是价值所有权的界定，都必须有法律依据，没有法律依据的界定是无法被接受的。

9.1.3.1.2 林木资源价值

林木资源价值是具有资产属性的林木的总和。根据《中华人民共和国森林法》，林木资源按其功能主要可分为用材林、防护林、经济林、薪炭林和特种用途林五种。

在这五大林种中，经济林一般应全部认定为森林生态资源价值。因为它的产权通常较明确，并可实施有效控制，而且它以生产果品、油料、饮料、调料、工业原料和药材为目的，通常有较多的投入和较高的经济效益。

用材林和薪炭林的大部分应认定为森林生态资源价值。不能认定为资产的主要有：产权关系不明确的用材林和薪炭林；经营主体无法进行事实上有效控制的用材林，如不可及林；生产条件恶劣或林分质量极差，无法产生经济效益，不能作为经营对象的森林。

防护林的情况较为特殊，一方面，有相当一部分的防护林虽然以防护效益为主要目的，但仍可产生较大的直接经济效益，如水源涵养；另一方面，由于防护效益带来了间接的经济效益，如农田牧场防护林、护路林等，能认定为资产的防护林具有产权关系明确、能产生经济效益且其效益为某一特定的经济主体所占有的特点。另外一部分防护林由于其产生的生态效益为社会所共有，且难以用货币计价，它们暂时只能作为潜在的资产而不能直接被认定为资产。

特种用途林的情况复杂，它的经营目的多种多样，其中有一部分即使产权关系明确也不能被认定为资产。例如，以保护军事设施和用作军事屏障为主要目的的国防林、自然保护区内的禁伐林等。但有些以培育优良种子为目的的特用林，教学、科研实验林场的实验林，城镇、医院、疗养院、工业区等以净化空气、改善环境、防止污染、减低噪声为主要目的的环境保护林，在风景游览区内美化环境、吸引游人的风景林等森林虽然有其特殊的经营目的，但在实现该目的的前提下，仍可产生较大的经济效益，则可以作为资产经营。这类森林只要产权关系明确，是为某一经营主体所占有并实施实际上的有效控制，则应认定为森林生态资源资产。

9.1.3.2 生态价值

森林生态资源是地球上一个构成复杂、功能多样的生态系统。它除了为人类提供丰富的木材和林产品，还发挥着多种生态功能，如涵养水源、固土保肥、固碳释氧、净化空气等，这些功能被人们所利用就产生了森林生态资源的生态价值。

9.1.3.2.1 涵养水源价值

森林生态系统因其特有的水文生态效应，具有蓄水、调节径流、抗洪抗旱、净化水质和改善小气候等功能。森林涵养水源是指森林生态系统对降水的拦截和滞蓄，其功能主要表现在调节水分变化，减少地表径流，增加河川水流。

9.1.3.2.2 固土保肥价值

森林和土壤是一个有机的整体。森林凭借它茂密的树冠、深厚的枯落物层及庞大的网状根系截留天然降水，减少雨水对土壤表面的直接冲刷，使土壤不被或减少被地表径流带走，从而有效地固持了土壤。土壤在流失的同时，也带走了土壤中的氮、磷、钾及有机物等营养物质，使土壤的肥力下降。因此，森林资源具有很好的固土保肥功能。

9.1.3.2.3 固碳释氧价值

森林资源在生长过程中，通过光合作用固持二氧化碳，并不断地释放氧气，是大气中氧气的重要补充源之一，因此，森林生态资源在稳定气候方面也有很重要的作用。

9.1.3.2.4 净化空气价值

大气中含有大量的有害物质，如二氧化硫、氢氧化物、氟化氢等，这些有害物质在空气中过量积聚，会损害人体的健康。而森林有作为气态污染物蓄积库的能力，有害气体通过扩散和气流运动与森林接触，或溶解于林木的表面，或被森林中的植物吸收，使它们在空气中的浓度大大下降。大片的森林不仅能够吸收空气中部分有害气体，而且树林与附近地区空气的温度差会形成缓慢的对流，从而打破空气的静止状态，促进有害气体的扩散稀释，降低下层空气中有害气体的浓度。

9.1.3.3 社会价值

森林资源除了为人类提供丰富的物质产品的功能和重要的环境功能，它还有许多的社会功能，人们对森林社会功能的认识也是随着人们对森林资源认识的深入而加深的。以森林资源为对象的林业生产活动为人们提供了就业的机会，促进了社会的安定团结和区域经济的发展；与森林资源有关的宗教、文化、景观等，使人们增长知识、身心愉悦，精神焕发，对人们体质的增强、感觉器官和思维器官的发展与完善都有重要的作用。

9.2 森林生态资源价值评估的内容

森林生态资源价值评估的内容主要是采用森林生态系统长期连续定位观测数据、森林生态资源清查数据及社会公共数据对森林生态资源的支持服务、调节服务、供给服务、文化服务进行评估，具体评价内容如表 9-1 所示。

表 9-1　森林生态资源价值评估指标体系

服务类别	功能类别	评估内容
供给服务	林木产品提供	√
	非林木产品提供	√

续表

服务类别	功能类别	评估内容
调节服务	涵养水源	√
	水体净化	√
	固碳释氧	√
	净化大气	√
	释放负氧离子	√
	气候调节	√
	防风固沙	√
	农田防护	√
支持服务	固土保肥	√
	氮元素固定	√
	磷元素固定	√
	钾元素固定	√
	物种资源保育	√
文化服务	休闲游憩	√
	旅游康养	√
	森林康养	√
	景观增值	√
	宗教文化	√

9.2.1　森林生态资源供给服务价值

森林生态系统的供给服务是指人类从森林生态系统获得的食物、淡水、薪材、生化药剂和遗传资源等各种产品，主要包括物种资源保育及木材产品和非木材产品的提供。

9.2.1.1　木材产品提供

木材产品的提供包括用材林、经济林和竹林等林木资源的提供。

森林生态资源木材产品提供的价值主要是根据各种木材产品单位蓄积量及单位价格，利用如下公式计算。

$$U_{木材产品} = \sum_{i}^{n} (A_i \times S_i \times U_i) \quad (j=1, 2, \cdots, n) \qquad (9\text{-}1)$$

式中：$U_{木材产品}$为区域内年木材产品价值（元/a）；A_i为第i种木材产品种植面积（hm^2）；S_i为第i种木材产品单位面积蓄积量［$m^3/(hm^2 \cdot a)$］；U_i为第i种木材产品市场价格（元/m^3）。

9.2.1.2 非木材产品提供

非木材产品是在森林或任何类似用途的土地上，以森林环境为依托，所获得的除木材以外的林下经济资源产品，包括药用和食用的植物果实，以及树脂、乳液、香精油、纤维、饲料、菌类和动物产品等。

森林生态资源非木材产品的价值主要是根据各种非木材产品的种植面积、单位产量及市场价格，利用如下公式计算：

$$U_{非木材产品} = \sum_{j}^{n} (A_j \times V_j \times P_j) \quad (j=1, 2, \cdots, n) \quad\quad (9\text{-}2)$$

式中：$U_{非木材产品}$为区域内年非木材产品价值（元/a）；A_j为第j种非木材产品种植面积（hm^2）；V_j为第j种非木材产品单位面积产量［$kg/(hm^2 \cdot a)$］；P_j为第j种非木材产品市场价格（元/kg）。

9.2.2 森林生态资源调节服务价值

森林生态资源的调节服务主要是指森林资源具有涵养水源、水体净化、固碳释氧、净化大气、释放负氧离子、气候调节、防风固沙、农田防护的功能。

9.2.2.1 涵养水源

涵养水源是指森林生态系统通过林冠层、枯落物层、根系和土壤层对降水进行拦截滞蓄，增加土壤下渗、蓄积，从而有效涵养土壤水分、调节地表径流和补充地下水。

森林生态资源涵养水源的价值主要是通过水源涵养量、水库单位库容投资和水库单位库容年运营成本来测算的，具体见式（2-5）。其中，水源涵养量有两种测算方式，一种是利用区域出入境水量之间的差额来进行计算，具体见式（2-2）；另一种是根据降雨量、地表径流量、蒸发量、侧向渗漏量来进行计算，具体见式（2-3），地表径流量又可以通过降雨量和地表径流系数，利用式（2-4）来进行计算。

9.2.2.2 水体净化

树木的根系和森林的土壤可以吸收和稀释水体中的有害物质，如金属离子和有机污染物。通过这些功能，森林可以起到净化水质的作用，从而保护水资源的安全，实现水资源的可持续利用。

目前较为广泛的定价方法是影子工程法、支出费用法等。影子工程法是以替代该功能而建设污水处理厂的价格来评估水质净化功能的价值。由于各地生产力水平发展不均衡，因此，采用替代成本法，以当地污水处理厂处理某种污染物的价格来表示生态系统水净化的价值量更加客观。采用替代成本法，通过工业治理水体污染物的成本来评估生态系统水质净化功能的价值，即通过水土污染物净化总量和处理成本，利用式（2-7）来测算水体净化价值。其中，水体污染净化总量主要是利用监测数据，根据降雨量、蒸散量和径流量利用式（2-6）来进行计算。

9.2.2.3 固碳释氧

森林生态资源中的植物能够通过光合作用吸收二氧化碳，释放氧气。降低了大气中的二氧化碳含量，在全球温室效应加剧的情况下，具有非常重要的缓解作用。

9.2.2.3.1 固定二氧化碳

固定二氧化碳是指森林生态系统能吸收大气中的二氧化碳合成有机物，从而将碳固定在植物或土壤中。这种功能对于调节气候、维护和平衡大气中二氧化碳和氧气的稳定具有重要意义，能有效减缓大气中二氧化碳浓度升高，减缓温室效应，改善生活环境。

森林生态资源固碳价值主要是通过固碳总量及碳汇交易市场或固碳成本利用式（2-12）来计算的。其中，森林生态资源的固碳量可用三种方法来进行计算。第一种是利用将碳转化为二氧化碳的系数、森林生态系统生物量—碳转换系数以及 t_1 和 t_2 年生物量之间的差额，利用式（2-8）来计算。第二种是通过将碳转化为二氧化碳的系数、森林（及灌丛）固碳量利用式（9-3）来计算。第三种是利用碳转化为二氧化碳的系数、净生态系统生产力，利用式（9-4）来计算。

森林（及灌丛）固碳量计算公式如下：

$$FCS = FCSR \times S + FCSR \times S \times \beta \tag{9-3}$$

式中：FCS 为森林（及灌丛）年均固碳量（$t \cdot C/a$）；$FCSR$ 为森林（及灌丛）植被年均固碳速率 $[t \cdot C/(hm^2 \cdot a)]$；$S$ 为森林（及灌丛）面积（hm^2）；β 为森林（及灌丛）土壤固碳系数。

$$Q_{CO_2} = M_{CO_2} / M_C \times FCS \tag{9-4}$$

式中：Q_{CO_2} 为生态系统年均总固碳量（$t \cdot CO_2/a$）；M_{CO_2}/M_C 为碳转化为二氧化碳的系数；FCS 为森林（及灌丛）年均固碳量（$t \cdot C/a$）。

9.2.2.3.2 释放氧气

释放氧气是指森林生态系统通过植物光合作用吸收大气中的二氧化碳释放氧气，从而维持大气氧气稳定的功能。这种功能对于调节气候、维护大气中二氧化碳和氧气的稳定具有重要意义，能有效降低大气中二氧化碳浓度，减缓温室效应，改善生活环境。

森林生态资源释氧价值主要是通过年释氧量和工业制氧价格，利用式（2-15）来计算。其中，森林生态资源的年释氧量有两种计算方法，一种是利用碳转化为二氧化碳的系数及森林生态系统的固碳量，利用式（2-13）来计算；另一种是根据林分净生产力及森林生态系统服务修正系数，利用式（2-14）来计算。

9.2.2.4 净化大气

森林依靠其自身的结构和功能，可过滤、阻隔、吸收和分解大气中的污染物，降低噪声。

9.2.2.4.1 吸收污染物

大气有害气体中，氮氧化物所占比例较大，它的特点是分布广、危害大。森林植被通过对大气污染物质的吸收、降解、积累和迁移，达到对大气污染的净化作用。

森林生态资源吸收污染物的价值主要根据二氧化硫和氮氧化物的治理成本和治理总量，利用式（2-17）来进行计算。其中森林生态系统的大气污染物的治理总量主要是根据森林生态系统对各类大气污染物的单位面积年净化量及大气污染物数量，利用式（2-16）来进行计算。

9.2.2.4.2 阻滞尘埃

首先，由于森林枝叶茂密，可以阻挡气流和降低风速，使大气中的尘埃失去移动的动力而降落。其次，森林具有较强的蒸腾作用，使树冠周围和森林表面保持较大的湿度，也使尘埃湿润增加重量，这样尘埃较容易降落吸附。最后，树木的花、叶和枝等能分泌多种黏性汁液，同时表面粗糙多毛，空气中的尘埃经过森林，便附着于叶面及枝干的下凹部分，从而起到黏着、阻滞和过滤作用。所以森林具有阻滞尘埃的功能。

森林生态系统滞尘的价值主要是根据滞尘的成本和滞尘的总量，利用式（2-19）来计算。其中滞尘的总量主要是根据森林生态系统对各类滞尘的单位面积净化量等，利用式（2-18）来计算。

9.2.2.5　释放负氧离子

负氧离子是一种带负电荷的气体离子，森林中的负氧离子主要源于叶枝尖端放电及绿色植物光合作用形成的光电效应使空气电离释放自由电子，氧分子相结合形成负氧离子。负氧离子有利于人体的身心健康，主要通过人的神经系统及血液循环对人的机体生理活动产生影响。在空气净化、城市小气候等方面具有调节作用，其浓度水平是城市空气质量评价的指标之一。森林环境中的高浓度空气负氧离子作为一种宝贵资源，已成为评价森林康养功能和空气清洁程度的重要指标，因其具有杀菌、净化空气、抑制和辅助治疗多种疾病的功能，被誉为空气的"维生素"和"成长素"。

森林生态资源释放负氧离子的价值主要是根据林分提供负氧离子总数量及工业负氧离子生产成本，利用式（9-6）来计算。其中林分提供负氧离子总数量主要是根据林分平均高度、负氧离子浓度和负氧离子寿命，利用式（9-5）来进行计算。相关公式如下：

$$Q_n = \sum 5.256 \times 10^{15} \times A \times H \times (C_n - 600) / L_n \qquad (9-5)$$

$$V_n = Q_n \times P_n \qquad (9-6)$$

式中：Q_n 为林分年提供负氧离子总数量（个 /a）；A 为林分面积（hm^2）；H 为林分平均高度（m）；C_n 为林分提供负氧离子浓度（个 /m^3）；L_n 为负氧离子寿命（min）。V_n 为林分年提供负氧离子价值（元 /a）；Q_n 为林分年提供负氧离子总数量（个 /a）；P_n 为工业负氧离子生产成本（元 / 个）。

9.2.2.6　气候调节

森林生态系统通过植物的光合作用吸收太阳光能，减少光能向热能的转变，从而减缓气温的升高；森林生态系统通过蒸腾作用，将植物体内的水分以气体形式通过气孔扩散到空气中，使太阳光的热能转化为水分子的动能，消耗热量，降低空气温度，同时散发到空气中的水汽能增加空气的湿度。

森林生态资源气候调节的价值主要是根据森林生态系统蒸腾蒸发消耗的总能量及电价，利用式（9-7）来进行计算。其中，森林生态系统蒸腾蒸发消耗的总能量有三种计算方法：第一种是利用空气的比热容、生态系统内空气的体积及生态系统内外的实测温差，利用式（9-8）来计算；第二种是根据森林生态系统蒸腾消耗的太阳能量和森林生态系统吸收太阳净辐射能量之间的差额，利用式（9-9）来计算；第三种是根据森林生态系统单位面积蒸腾消耗热量、空调能效比及空调开放天数，利用式（9-10）来计算。相关公式如下：

$$V_{tt} = E_{tt} \times P_e \qquad (9-7)$$

式中：V_{tt} 为气候调节总价值（万元 /a）；E_{tt} 为森林生态系统蒸腾蒸发消耗的总能量（kW·h/a）；P_e 为电价（万元 /kW·h）。

$$Q = \sum_{i=1}^{n} \Delta T_i \times \rho_c \times V \tag{9-8}$$

式中：Q 为年吸收的大气热量（J/a）；ρ_c 为空气的比热容 [J/(m³·℃)]；V 为生态系统内空气的体积（m³）；ΔT_i 为第 i 天生态系统内外实测温差（℃）；n 为一年内空调开放的总天数。

$$CRQ = ETE - NRE \tag{9-9}$$

式中：CRQ 为生态系统消耗的太阳能量（J/a）；ETE 为森林生态系统蒸腾作用消耗的太阳能量（J/a）；NRE 为森林生态系统吸收的太阳净辐射能量（J/a）。

$$E_{pt} = EPP \times S \times D \times 10^6 / (3600 \times r) \tag{9-10}$$

式中：E_{pt} 为森林生态系统植被蒸腾消耗的能量（kW·h）；EPP 为森林生态系统单位面积蒸腾消耗的热量 [kJ/(m²·d)]；S 为森林生态系统面积（km²）；r 为空调能效比，无量纲；D 为空调开放天数（d）。

9.2.2.7 防风固沙

防风固沙是指森林生态系统能够减少因大风导致的土壤流失和风沙危害的功能。在风蚀过程中，植被可以减少土壤裸露，对土壤形成保护，减少风蚀输沙量，通过根系固定表层土壤，改良土壤结构，提高土壤抗风蚀的能力，还可以通过增加地表粗糙度、阻截等方式降低风速、减少大风风力侵蚀和风沙危害。

森林生态资源的防风固沙价值可以根据森林生态系统防风固沙量、土壤容重、土壤沙化覆沙厚度、治沙工程成本或植被恢复成本，利用式（9-11）来计算。其中，防风固沙量可根据气候侵蚀因子、土壤侵蚀因子、土壤结皮因子、地表糙度因子和植被覆盖因子，利用式（9-12）来计算。相关公式如下：

$$V_{sf} = \frac{Q_{sf}}{\rho \cdot h} \times c \tag{9-11}$$

式中：V_{sf} 为年防风固沙价值（元 /a）；Q_{sf} 为年防风固沙量（t/a）；ρ 为土壤容重（t/m³）；h 为土壤沙化覆沙厚度（m）；c 为单位治沙工程的成本（元 /m³）或单位植被恢复成本（元 /m³）。

$$Q_{sf} = 0.1699 \times (WF \times EF \times SCF \times K')^{1.3711} \times (1 - C^{1.3711}) \tag{9-12}$$

式中：Q_{sf} 为年防风固沙量（t/a）；WF 为气候侵蚀因子（kg/m）；EF 为土壤侵蚀因子；SCF 为土壤结皮因子；K' 为地表糙度因子；C 为植被覆盖因子。

9.2.2.8　农田防护

农田防护是指在农田边缘、分散分布区域或植被覆盖率较低区域，通过人工造林或天然更新，建立起保障土壤和水资源的生态屏障。从而起到减轻水土流失、改善生态环境、提高土地利用效率的作用。

森林生态资源农田防护价值可以根据 $1\mathrm{hm}^2$ 农田防护林能够实现农田防护面积、农作物及牧草的价格、农作物及牧草年均增产量，利用式（9-13）来计算。

$$U_{农田防护} = K_a \times V_a \times m_a \times A_农 \tag{9-13}$$

式中：$U_{农田防护}$ 为评估林分农田防护功能的价值（元/a）；K_a 为平均 $1\mathrm{hm}^2$ 农田防护林能够实现农田防护面积；V_a 为农作物、牧草的价格（元/kg）；m_a 为农作物、牧草年均增产量 $[\mathrm{kg/（hm^2 \cdot a）}]$；$A_农$ 为农田防护林面积（hm^2）。

9.2.3　森林生态资源支持服务价值

支持服务是森林生态资源必不可少的服务，主要包括固土保肥、氮元素固定、磷元素固定、钾元素固定和物种资源保育等方面。

9.2.3.1　固土保肥

森林生态资源的固土保肥作用主要体现在森林具有固定土壤、保持土壤肥力等价值。

9.2.3.1.1　固定土壤

森林具有较强的水土保持能力，大量国内外的研究成果证实，森林在防止土壤侵蚀、减少径流泥沙方面具有显著作用。森林的林冠层、枯枝落叶层对大气降水进行截留，减小了进入林地的雨量和降雨强度，林下形成强壮且成网络的根系，与土壤牢固地盘结在一起，从而达到有效的固土作用。

森林生态资源固土价值是通过降雨侵蚀力、坡长等因子利用式（9-14）得出单位面积土壤保持量，再利用土壤容重和固土费用代入式（9-15）得出最终的固土价值。具体公式如下：

$$Q_{sr} = R \times K \times L \times S \times C \times P \tag{9-14}$$

$$V_{固土} = \frac{Q_{sr}}{\rho} \times A \times p \tag{9-15}$$

式中：Q_{sr} 为单位面积年均土壤保持总量 $[\mathrm{t/（hm^2 \cdot a）}]$；$R$ 为降雨侵蚀力因子 $[\mathrm{MJ \cdot mm/（hm^2 \cdot h \cdot a）}]$；$K$ 为土壤可蚀性因子 $[\mathrm{t \cdot hm^2 \cdot h/（hm^2 \cdot MJ \cdot mm）}]$；

L 为坡长因子；S 为坡度因子；C 为植被覆盖因子；P 为水土保持措施因子；$V_{固土}$ 为林地生态系统年均固土价值（元 /a）；ρ 为土壤容重（t/m³）；A 为林地生态系统的面积（hm²）；p 为单位土壤侵蚀所需要的固土费用（元 /m³）。

9.2.3.1.2 保持土壤肥力

林木的根系可以改善土壤结构、孔隙度和通透性等物理性状，有助于土壤形成团粒结构。在养分循环过程中，成为森林生态系统归还的主要途径，可增加土壤的有机质、营养元素和土壤碳库的积累，提高土壤肥力。保持土壤肥力主要包括减少氮元素流失、减少磷元素流失、减少钾元素流失，以及减少有机质流失。

土壤中含有丰富的氮、磷、钾等元素，同有林地对照，无林地每年土壤侵蚀不仅会带走大量表土及表土中的大量营养物质，如氮、磷、钾、有机质等，而且也会带走下层土壤中的部分可溶解物质。表土和下层土壤中的营养物质的损失，会引起土壤肥力下降，因此，通过计算有林地比无林地每年减少土壤侵蚀量中氮、磷、钾的含量，以及相应化肥中含氮、磷、钾的量，再按市场上相应的化肥平均价格即可计算森林的保肥价值，公式如下：

$$V_{肥} = Q_{sr} \times A \times \left(N \times \frac{C_1}{R_1} + P \times \frac{C_1}{R_2} + K \times \frac{C_2}{R_3} + M \times C_3 \right) \quad （9\text{--}16）$$

式中：$V_{肥}$ 为林分年保肥价值（元 /a）；Q_{sr} 为有林地单位面积年均土壤保持量［t/(hm²·a)］；A 为林分面积（hm²）；N、P、K、M 分别为林分土壤平均氮、磷、钾、有机质含量；C_1 为磷酸二铵化肥价格（元 /t）；C_2 为氯化钾化肥价格（元 /t）；C_3 为有机质价格（元 /t）；R_1 为磷酸二铵化肥含氮量（%）；R_2 为磷酸二铵化肥含磷量（%）；R_3 为氯化钾化肥含钾量（%）。

9.2.3.2 氮元素固定

氮元素固定是指无机氮（NH_4^+ 或 NO_3^-）被森林生态资源中的微生物吸收和化学固定的过程。

森林生态资源氮固持的价值主要是通过森林生态资源每年的氮固持量和相关化肥的价格来计算的，具体见式（2-25）。其中，森林生态资源每年的氮固持量是依据林木氮元素含量、林分净生产力和森林生态系统的修正系数计算出来的，具体见式（2-26）。

9.2.3.3 磷元素固定

磷元素固定是指磷元素被森林生态系统中的微生物吸收和化学固定的过程。

森林生态资源磷固持的价值主要是通过森林生态资源每年的磷固持量和相关化肥的价格来计算的，具体见式（2-27）。其中，森林生态资源每年的磷固持量是依据林木磷元素含量、林分净生产力和森林生态系统的修正系数计算出来的，具体见式（2-28）。

9.2.3.4　钾元素固定

钾元素固定是指钾元素被森林生态系统中的微生物吸收和化学固定的过程。

森林生态资源钾固持的价值主要是通过森林生态资源每年的钾固持量和相关化肥的价格来计算的，具体见式（2-29）。其中，森林生态资源每年的钾固持量是依据林木钾元素含量、林分净生产力和森林生态系统的修正系数计算出来的，具体见式（2-30）。

9.2.3.5　物种资源保育

物种资源保育功能是指森林生态系统为生物物种提供生存与繁衍的场所，从而对其起到保育作用的功能。

森林生态资源物种保育的价值主要是通过评估林分（或区域）内物种 m 的珍稀濒危指数（表9-2）、林分（或区域）内物种 n 的特有种指数（表9-3）、林分（或区域）内物种 r 的古树年龄指数（表9-4）、珍稀濒危物种及特有物种数量、计算古树物种数量和单位面积物种资源保育价值（表9-5），利用如下公式来进行计算：

$$U_{生} = (1 + \sum_{m=1}^{x} E_m \times 0.1 + \sum_{n=1}^{y} B_n \times 0.1 + \sum_{r=1}^{z} Q_r \times 0.1) \times S_{生} \times A \qquad (9-17)$$

式中：$U_{生}$ 为林分年生物物种资源保育价值（元/a）；E_m 为林分（或区域）内物种 m 的珍稀濒危指数；B_n 为林分（或区域）内物种 n 的特有种指数；Q_r 为林分（或区域）内物种 r 的古树年龄指数；x 为珍稀濒危物种数量；y 为特有种物种数量；z 为古树物种数量；$S_{生}$ 为单位面积物种资源年均保育价值 [元/（hm²·a）]；A 为林分面积（hm²）。

表 9-2　濒危指数体系

濒危等级	极危	濒危	易危	近危
濒危指数	4	3	2	1

注：物种种类参见《中国物种红色名录（第一卷）：红色名录》。

表 9-3　特有种指数体系

分布范围	仅限于范围不大的山峰或特殊的自然地理环境下分布	仅限于某些较大的自然地理环境下分布	仅限于某个大陆分布	至少在2个大陆都有分布	世界上广泛分布
特有种指数	4	3	2	1	0

表 9-4　古树年龄指数体系

古树年龄	100~299 年	300~499 年	≥ 500 年
指数等级	1	2	3

注：参见全国绿化委员会、国家林业局文件《关于开展古树名木普查建档工作的通知》。

表 9-5　Shannon-Wiener 指数等级划分及其价值

等级	1	2	3	4	5	6	7
Shannon-Wiener 多样性指数	指数 ≥ 6	5 ≤ 指数 <6	4 ≤ 指数 <5	3 ≤ 指数 <4	2 ≤ 指数 <3	1 ≤ 指数 <2	指数 <1
价值 [元/(hm²·a)]	50000	40000	30000	20000	10000	5000	3000

9.2.4 森林生态资源文化服务价值

森林生态资源的文化服务价值主要是指人类从森林生态系统获得的精神与宗教、消遣与生态旅游、美学、灵感、教育、故土情结和文化遗产等方面的非物质收益。

9.2.4.1 休闲游憩

森林生态资源休闲游憩价值主要是根据区域地年总游客人次及区域地总休闲游憩价值，利用式（2-32）来计算。其中，区域地总休闲游憩价值主要根据区域地的路程时间、区域地中受访者此行的时间分担度、区域地的活动时间等因素，利用式（2-33）来计算。

9.2.4.2 旅游康养

旅游康养主要是指森林生态资源给人们提供的旅游服务活动。

　　旅游康养选用区域内城市自然景区的三类旅游活动游客年旅游总人次，作为森林生态系统自然旅游康养功能量的评价指标，具体包括自然旅游康养人次、红色文化旅游康养人次和历史文化旅游康养人次，利用式（2-39）计算森林生态资源旅游康养总价值。其中各类型康养价值主要是依据各类型的游客人次，利用式（2-40）至式（2-48）来计算。

9.2.4.3　森林康养

　　森林康养是以森林生态环境为基础，以促进大众健康为目的，利用森林生态资源、景观资源、食药资源和文化资源，并与医学、养生学有机融合，开展保健养生、康复疗养、健康养老的服务活动。

　　森林生态资源的康养价值主要是根据各行政区林业旅游与休闲产业及森林康复疗养产业的价值，包括旅游收入、直接带动其他产业产值，利用如下公式来计算：

$$U_r = 0.8U_k \tag{9-18}$$

　　式中：U_r 为区域内年森林康养价值（元/a）；U_k 为各行政区年林业旅游与休闲产业及森林康复疗养产业的价值，包括旅游收入、直接带动的其他产业的产值（元/a）；k 为行政区个数；0.8 是指森林公园接待游客量和创造的旅游产值约占全国森林旅游总规模的 80%。

9.2.4.4　景观增值

　　景观增值是指森林生态系统可为其周边人群提供美学体验、精神愉悦等，从而提高周边土地、房产的价值。

　　森林生态资源景观增值价值主要是根据酒店宾馆景观增值及自有住房景观增值之和来计算，具体见式（9-19）。其中，酒店宾馆景观增值主要根据酒店景观增值销售房间、酒店房间平均单价、酒店景观增值房间的景观溢价系数，利用式（9-20）、式（9-21）来计算。自有住房景观增值主要是根据自有住房景观升值面积、自有住房服务价值、自有住房服务价值的景观溢价系数，利用式（9-22）、式（9-23）来计算，相关公式如下：

$$VL = VH + VR \tag{9-19}$$
$$VH = H_l \times PH \times RH \tag{9-20}$$
$$VR = R_l \times PR \times RR \tag{9-21}$$

　　式中：VL 为景观年增值总值（元/a）；VH 为酒店宾馆景观年增值（元/a）；VR 为自有住房景观年增值（元/a）；H_l 为酒店宾馆景观增值年销售房间（晚）数（晚/a）；PH 为酒店宾馆房间平均单价（元/晚）；RH 为酒店宾馆景观增值

房间的景观溢价系数（％）；R_l 为自有住房景观年升值面积（m²/a）；PR 为自有住房服务价值（元/m²）；RR 为自有住房服务价值的景观溢价系数（％）。

$$H_l = \sum_{i=1}^{n} H_{li} \tag{9-22}$$

$$R_l = \sum_{i=1}^{n} R_{li} \tag{9-23}$$

式中：H_l 为从森林生态景观获得升值的酒店房间（晚）数（晚/a）；H_{li} 为第 i 区从森林生态景观获得升值的酒店房间（晚）数（晚/a），$i=1$，2，…，n；R_l 为从森林生态景观获得升值的自住房面积（m²/a）；R_{li} 为第 i 区从森林生态景观获得升值的自住房面积（m²/a），$i=1$，2，…，n。

 【案例分析】

森林生态资源价值评估

本案例的内容请扫二维码。

森林生态资源价值评估

资料来源：

［1］百度百科.龙口源森林公园［EB/OL］. https://mbd.baidu.com/ma/s/vTjDXNIb.

［2］瑞昌市人民政府.瑞昌龙口源森林公园总体规划通过省审查［R］.2018-10-16.

 【小资料】

森林小知识

- 森林是地球的肺

一亩森林每天可吸收二氧化碳约 67kg，释放氧气约 49kg。

- 森林能吸收有害气体

一棵树每年可贮存一辆机动车行驶 16km 排出的污染物，一亩森林每天可吸收有毒气体二氧化硫约 4kg。

- 森林能过滤空气中的微粒和污染物

一亩森林每年能过滤粉尘 20~60t。

- 森林能阻挡风沙，削减风速 60%~80%

一亩防风林可保护一百多亩良田免受风灾。

- 森林能调节湿度，改善气候

一棵树每天可蒸发约 400kg 水，下雨时林冠可截留降水 20% 左右。

- 森林能涵养水源，防止水土流失

一亩森林比一亩裸地多蓄水 20t 左右，如果没有森林，90% 的淡水将直接流入海洋。

- 森林能保护生物多样性

一亩森林可为 130 多种野生动物提供栖息地。

资料来源：

［1］澎湃新闻客户端．一起"森"呼吸，守护绿色家园［EB/OL］．https://m.thepaper.cn/baijiahao_17233 119?sdkver=7d05c2f1&_refluxos=a10.

［2］河北新闻网．"森森"产息！这样的"森系"河北很治愈［EB/OL］．https://m.hebnews.cn/hebei/ 2023-03/21/content_8968346.htm?_refluxos=a10.

【 第 10 章 】

湿地生态资源价值评估

 【学习要点】

1. 掌握湿地生态资源的概念，湿地生态资源是指具有湿润土壤和植被特征的特定地区，包括沼泽湿地、河流湿地、湖泊、滨海湿地和人工湿地等。湿地生态资源涵盖了丰富的生态、水资源、气候调节等方面的资源，对维持生态平衡和促进可持续发展有着重要的意义。

2. 了解湿地生态资源的特征，从基本特征来看，湿地生态资源具有有限性、区域性和差异性、整体性和系统性及功能性特征，湿地的生态特征主要体现在系统的生物多样性、系统的生态脆弱性、生产力的高效性、效益的综合性、生态系统的易变性几个方面。

3. 掌握湿地生态资源价值的界定，明确界定内容，包括经济价值、生态价值和社会价值，其中，湿地的生态价值主要体现在其调洪蓄水、净化水质、调节气候及保护生物多样性的功能上，社会价值主要体现在三个方面：一是提供科学研究和科普教育基地；二是为社会提供游憩场所；三是提供了就业机会，带动当地相关产业（交通、餐饮、通讯、旅游）的发展。

4. 掌握湿地生态资源价值评估的内容，主要包括供给服务、调节服务、支持服务、文化服务。

5. 结合所给案例掌握湿地生态资源价值评估的过程及其结果分析。

10.1 湿地生态资源价值概述

湿地是地球上具有多功能的独特生态系统，是人类生存环境的重要组成部分，是宝贵的生态资源。湿地对地区、国家乃至全球气候变化、经济发展及人类生存环境都具有重要影响。我国地域辽阔、地理环境复杂、气候条件多样，拥有众多的江、河、湖泊、沼泽等天然湿地资源和延续 18000km 的海岸线，使中国湿地生态资源具有独有的特点。

10.1.1　湿地生态资源的概念

湿地生态资源是指具有湿润的土壤和植被特征的特定地区，包括沼泽湿地、河流湿地、湖泊湿地、滨海湿地和人工湿地等。湿地是地球上最丰富的生态系统之一，具有重要的生物多样性保护、水资源保护、气候调节和生态风险管理功能。

在生态方面，湿地生态资源具有丰富的生物多样性。由于湿地环境的特殊性，许多珍稀濒危的野生动植物选择在湿地栖息繁衍，湿地是许多鸟类的迁徙和越冬地。湿地也是重要的栖息地和繁殖地，维护着全球生物多样性的稳定。

在水资源方面，湿地是重要的水资源调节器，起到滞洪、蓄水、净化水质、维持水文平衡的作用。湿地还可以过滤和净化水源，为当地提供清洁的饮用水资源，保持水体生态系统的稳定。

湿地生态资源在气候调节、碳汇作用、土壤保护、防洪、抗旱、风沙固定等方面也具有重要作用，有助于缓解气候变化、保护土地资源和减轻自然灾害。

湿地生态资源涵盖了丰富的生态、水资源、气候调节等方面的资源。保护和合理利用湿地生态资源，对维护生态平衡、促进经济可持续发展、提高人类福祉具有重要意义。因此，在全球范围内加强湿地保护和管理，推动可持续管理和利用湿地资源，是当前和未来人类社会可持续发展的重要保障。

10.1.2　湿地生态资源的特征

目前湿地生态资源在国际上越来越受到重视，对其进行细化、深入研究是大势所趋。作为人类赖以生存和发展的资源宝库，湿地生态资源既有生态资源的总体特征，又有其独有的特征。

10.1.2.1　基本特征

从基本特征来看，湿地生态资源具有有限性、区域性和差异性、整体性和系统性及功能性特征。

10.1.2.1.1　有限性
有限性是生态资源最本质的特征，主要表现在资源数量和类型的有限。从面积来看，虽然我国湿地总体面积大，约占世界湿地的10%，但其中人工湿地约占58%，天然湿地仅占42%，资源量极其有限。再加上长期的盲目围垦、过度利用等，我国湿地面积的有限性持续增强。

从类型来看，我国湿地资源类型共计38种，类型丰富多样。不仅包括《湿地公约》中的所有类型，而且还包括独特的青藏高原湿地。但随着湿地的大量丧失和退化，其类型也逐渐减少，多样性不断下降，有些地方性湿地类型已经消失，湿地类型的有限性不断增强。

湿地生态资源的有限性还表现在其蕴藏的水资源和生物资源的有限性上。随着湿地面积的减少，湿地水资源含量不断降低。

10.1.2.1.2 区域性和差异性

我国地域辽阔，地跨多个气候区域，形成了多种多样的具有区域差异的湿地生态资源与类型。造成区域性湿地生态资源特征差异的主要原因是各流域水热组合条件及水文条件的差异性。流域是水文特征地域分异的结果，它不仅能反映水系空间格局的完整性和差异性，也能反映其所形成的湿地生态资源数量和类型的差异。基于这种认识，以流域为单元，依据整体性、系统性和差异性的原则，可将湿地类型、分布特征、环境条件相似的流域归并形成全国九大湿地生态资源分布区域，主要包括黑龙江流域湿地区，黄、淮、海、辽流域湿地区，甘、蒙流域湿地区，长江流域湿地区，东南诸河流域湿地区，华南诸河流域湿地区，西南诸河流域湿地区，新疆流域湿地区，青藏流域湿地区。

10.1.2.1.3 整体性和系统性

虽然我国湿地生态资源在各流域中的分布具有区域差异性，但同一流域内湿地景观或沿河岸分布，或分布于湖泊边缘，或分布于低洼部位，它们之间相互影响、相互作用、极为紧密，在流域上中下游、干支流之间相互制约形成了一个整体性强、关联度高的整体系统。这些湿地在流域中是直接或间接与水体相连的水陆过渡地带，无论在结构还是功能方面都与流域水文相互作用，成为流域中重要的生态资源和生态系统，在资源类型空间分布和功能上具有整体性和系统性特征，尤其是作为系统性较强的生态系统，为维护整个流域的生态平衡发挥巨大作用。

10.1.2.1.4 功能性

湿地生态资源具有多种功能，主要包括环境功能、生产功能、生物多样性功能、公益价值功能。

（1）环境功能。湿地生态资源的功能性对许多地区的可持续发展是必不可少的。湿地处于大气系统、陆地系统与水体系统的分界面，在水分、养分、有机物、沉积物、污染物的运移中处于重要地位。湿地还为人类提供了大量的粮食、肉类、药材、能源及多种工业原料。具有巨大的生态、经济和社会效益。人们越来越趋于一致地认为，湿地是可为全球提供可观的社会、经济和环境利益的极为重要的生态系统。湿地消失和退化危机将引发严重的生态环境和社会问题，会直接威胁区域、国家乃至全球的可持续发展。湿地还具有调节径流、均化洪水的作用，尤其是具有调节区域小气候的功能。

（2）生产功能。湿地能够蓄积来自水陆两相的营养物质，具有较高的肥力，从而为其生产功能提供了较大的效益。

（3）生物多样性功能。湿地的独特生境，决定了其生物多样性丰富的特点。湿地生物多样性是所有湿地生物种类、种内遗传变异和它们生存环境的总称，包括所有不同种类的动物、植物、微生物及其所拥有的基因，以及它们与环境所组成的生态系统和景观。

（4）公益价值功能。湿地占据地球表层的水陆交汇区，具有不可替代的环境调节作用，是极重要的物种基因库，为人类提供了最适宜和最重要的生存环境。水、土壤、地形、微生物、植物和动物之间的相互作用使湿地成为地球上最富有生产力的生态系统，人们可以直接开发利用湿地资源，也可以间接地从湿地所具有的功能中获益。

10.1.2.2 生态特征

湿地的生态特征主要体现在系统的生物多样性、系统的生态脆弱性、生产力的高效性、效益的综合性、生态系统的易变性等方面。

10.1.2.2.1 系统的生物多样性

由于湿地是陆地与水体的过渡带，它兼具丰富的陆生和水生动植物资源，形成了其他任何单一生态系统都无法比拟的天然基因库和独特的生物环境。特殊的土壤和气候提供了复杂且完备的动植物群落，它对于保护物种、维持生物多样性具有难以替代的生态价值。

10.1.2.2.2 系统的生态脆弱性

湿地的水文、土壤、气候相互作用，形成了湿地生态系统的环境主要素。其中每一要素的改变，都或多或少地导致生态系统的变化，特别是水文，当它受到自然或人为活动干扰时，生态系统稳定性会受到一定程度上的破坏，进而影响生物群落结构，改变湿地生态系统。

10.1.2.2.3 生产力的高效性

湿地生态系统同其他任何生态系统相比，初级生产力都较高。据报道，湿地生态系统每年平均生产蛋白质 $9g/m^2$，是陆地生态系统的 3.5 倍。

10.1.2.2.4 效益的综合性

湿地具有综合效益，它既有调蓄水源、调节气候、净化水质、保存物种、提供野生动物栖息地等基本生态效益，也有为工业、农业、能源、医疗业等提供大量生产原料的经济效益，还有作为物种研究和教育基地、提供旅游资源等社会效益。

10.1.2.2.5 生态系统的易变性

易变性是湿地生态系统脆弱性表现的特殊形态之一，当水量减少乃至干涸时，湿地生态系统便演替为陆地生态系统，当水量增加时，该系统又演化为湿地生态系统，水文决定了系统的状态。

10.1.3 湿地生态资源价值的界定

湿地是一种特有的土地资源和生境，也是地球上一类主要生态系统。湿地与人类的生活息息相关。《世界自然资源保护大纲》中将湿地与农业、林业并列为三大生态系统。这是因为湿地不仅具有巨大的经济价值，而且还有巨大的生态价值和一定的社会价值。

10.1.3.1 经济价值

湿地开展的种植业、养殖业、科普和旅游等服务业项目，可以给湿地生态资源保护提供一定的收入来源，夯实湿地保护的物质基础，在解决就业、增加经济收入上，创造良好的投资环境和生态环境，对当地经济发展起到良好的推动作用。

人们对湿地的认识，是从它给人们带来的经济价值开始的。例如，湿地占我国耕地总面积的 7.9%，提供了 60% 以上的商品粮食、经济作物和畜产品，在我国农业生产中具有不可忽视的地位。此外，湿地有不同于陆地旱生植物的挺水型、浮叶型、漂浮型和沉水型等丰富的植物资源，它们可以作为各种工业原料和初级产品，用于工业生产和农产品的深加工。例如，芦苇可用于造纸，莲藕、茭白和莼菜等可用于食品加工，忍冬、悬钩子可用于酿造，谷精草、芡实、菖蒲等可用于制药，水葫芦、金鱼藻等可用于饲料加工等等。湿地的水草资源可用来灌溉和放牧，湿地上的泥炭还可用来发电。

湿地又是鱼类繁殖的场所。全世界有 2/3 的淡水渔业集中在湖滩。我国湿地中有 500 多种淡水鱼，约占世界淡水鱼种数的 8%。而且，我国淡水鱼产量的 80% 以上是由湿地提供的。此外，作为第三产业的湿地旅游业也逐渐成为新的经济增长点。

10.1.3.2 生态价值

湿地的生态价值主要体现在其调洪蓄水、净化水质、调节气候及保护生物多样性的功能上。

10.1.3.2.1 调洪蓄水功能

湿地能够调节径流，增加地表有效水量，减轻水旱灾害，有巨大的渗透能力和蓄水能力。在水量充足时，湿地能吸收和渗透蓄水，减少了地表无效径流，增加了地表有效水的蓄积，为工农业生产和生活提供了水资源。因此，湿地涵养水源、增加有效水资源的效益有明显的生态价值。

10.1.3.2.2 净化水质功能

湿地具有净化水中污染物的功能，表现为净化水质。湿地对降水和径流水有过滤和去除部分污染物和杂质的作用。湿地对污水中的许多污染物有明显的净化效应。湿地通过水生植物吸沉积作用、物理吸附或交换作用，以及细菌降解等作用，具有很强的处理污水的潜力。并且国家的湿地工程实验证明，一个 $8hm^2$ 的浅沼泽湿地，具有日处理 3.8t 污水的能力。

10.1.3.2.3 调节气候功能

湿地对大气具有一定的净化作用，能够吸收二氧化碳并转化为氧气。湿地水汽蒸发可提高空气湿度，改变大气环境，同时湿地植物有很强的二氧化碳吸收转化能力，可以减少周围城市温室气体排放，湿地的这些功能加大了区域气候分异，减少了温室气体，保护了生物圈。

10.1.3.2.4 保护生物多样性功能

湿地拥有丰富的食物链和食物网，是很多种动物的栖息地，其植物物种也十分丰富，具有很强的保护生物多样性的价值。

10.1.3.3 社会价值

湿地的社会价值主要体现在三个方面：一是提供科学研究和科普教育基地；二是为社会提供游憩场所；三是提供就业机会，带动当地相关产业（交通、餐饮、通信、旅游）的发展。

10.2　湿地生态资源价值评估的内容

湿地是陆地和水域的交汇处，湿地生态系统是地球上最具生产力的生态系统之一，具有涵养水源、调节小气候、固碳释氧、维持生物多样性等功能，对于维护生态环境、水资源安全具有不可或缺的作用。我国加入《湿地公约》以来，不断加强对湿地的保护与恢复，截至目前，已基本形成包含国际重要湿地、湿地自然保护区、国家湿地公园、省级重要湿地在内的全国湿地保护体系，湿地生态环境获得明显改善。

对湿地资源价值的评估主要是从湿地的支持服务、调节服务、供给服务和文化服务这四个方面进行的，具体评价内容如表10-1所示。本书根据《湿地生态系统服务评估技术规程》（LY/T 2899-2023），对湿地资源价值进行定量估算，应根据不同湿地类型特点选择评估指标和方法，选择易量化的内容作为评估范围。

表 10-1　湿地生态资源价值评估指标体系

服务类别	功能类别	评估内容
供给服务	产品生产	√
	原料加工	√
	用水供给	√
调节服务	调节洪水	√
	补充地下水	√
	保土造陆	√
	削减护岸	√
	净化湿地	√
	固碳释氧	√
	调节气候	√
支持服务	维持生物多样性	√
文化服务	休闲游憩	√
	环境教育	√

10.2.1 湿地生态资源供给服务价值

供给服务是指人类从湿地生态系统直接获得的产品生产服务，包括食物生产、原料生产、用水供给功能。供给服务的三个功能类别包括以下指标类别：植物产品、动物产品、化工及加工原料、生活用水、生产用水、生态用水。

10.2.1.1 植物产品

湿地土壤肥沃，能生产丰富的植物产品，如芦苇、药用植物等，而这些资源正好可在公开市场上进行售卖，从而创造一定的价值。

湿地生态资源提供植物产品的价值主要是根据植物产品的产量及价格，利用如下公式算出：

$$V_{植} = \sum_{i=1}^{n} Q_i \times P_i \qquad (10\text{-}1)$$

式中：$V_{植}$ 为湿地当年提供的所有植物产品价值（元）；Q_i 为第 i 种湿地植物产品的当年总产量（t）；P_i 为第 i 种湿地植物产品当年的当地市场价格（元/t）；i 为湿地植物产品种类。

10.2.1.2 动物产品

湿地能进行水产品及禽畜的养殖，从而带来丰富的动物产品。湿地生态资源提供动物产品价值主要是根据这些动物产品的产量及价格，利用如下公式算出：

$$V_{动} = \sum_{j=1}^{n} Q_j \times P_j \qquad (10\text{-}2)$$

式中：$V_{动}$ 为湿地当年提供的所有动物产品价值（元）；Q_j 为第 j 种湿地动物产品的当年总产量（t）；P_j 为第 j 种湿地动物产品当年的当地市场价格（元/t）；j 为湿地动物产品种类。

10.2.1.3 化工及加工原料

湿地除了提供动植物产品，还提供丰富的化工、燃料、饲料等生产原料，湿地生态资源提供化工及加工原料的价值主要是根据原料的产量及价格，利用如下公式得出：

$$V_{化} = \sum_{k=1}^{n} Q_k \times P_k \qquad (10\text{-}3)$$

式中：$V_{化}$ 为湿地当年提供的所有化工、燃料、饲料等生产原料价值（元）；Q_k 为第 k 种湿地生产原料的当年总产量（t）；P_k 为第 k 种湿地生产原料当年的当地市场价格（元/t）；k 为湿地生产原料种类。

10.2.1.4 生活用水

湿地具有向人们提供生活用水的功能，湿地生态资源提供生活用水的价值主要是根据湿地当年提供生活用水的量及生活用水单价，利用如下公式得出：

$$V_{生活} = W_{生} \times P_{生} \qquad (10-4)$$

式中：$V_{生活}$为湿地当年提供的生活用水价值（元）；$W_{生}$为湿地当年提供的生活用水量（t）；$P_{生}$为当地当年生活用水单价（元/t）。

10.2.1.5 生产用水

湿地储蓄的水资源可以为工业生产提供一定的水资源。湿地生态资源提供生产用水的价值主要是根据湿地提供生产用水的量及生产用水的价格，利用以下公式得出：

$$V_{生产} = W_{工} \times P_{工} \qquad (10-5)$$

式中：$V_{生产}$为湿地当年提供的生产用水价值（元）；$W_{工}$为湿地当年提供的生产用水量（t）；$P_{工}$为当地当年生产用水单价（元/t）。

10.2.1.6 生态用水

除了生产和生活用水，湿地还可以提供丰富的生态用水，湿地生态资源提供生态用水的价值主要是根据湿地提供的生态用水量及生态用水价格，利用以下公式算出：

$$V_{生态} = W_{生} \times P_{生} \qquad (10-6)$$

式中：$V_{生态}$为湿地当年提供的生态用水价值（元）；$W_{生}$为湿地当年提供的生态用水量（t）；$P_{生}$为当地当年生态用水单价（元/t）。

10.2.2 湿地生态资源调节服务价值

调节服务是指人类从湿地生态系统对气候、水文等过程的调节作用中获得的各种惠益，包括调节洪水、补充地下水、保土造陆、削浪护岸、净化水质、固碳释氧、调节气候功能。调节服务的七个功能类别包括以下指标类别：削减洪峰、补给地下水、保持土壤、淤地造陆、保护水岸、降解污染物、固定二氧化碳、释放氧气、调节气温、增加湿度。

10.2.2.1 削减洪峰

湿地一般位于其所在地区的低凹处，含有大量持水性良好的泥炭土、植物及质地黏重不透水层，具有强大的蓄水能力。它能在短时间内蓄积洪水，然后用较长时间将水排出，从而起到分洪削峰、调节水位、缓解堤坝压力的重要作用。旱季土壤水分的亏损又可为随后的汛期洪水腾出有效的蓄滞空间，对洪水季节的径流具有较大的缓冲作用，对避免发生洪水灾害起着极其重要的作用。

湿地生态资源削减洪峰的价值主要是根据湿地最高与最低水位时的蓄水量和水库单位造价等因素，利用以下公式算出：

$$V_{削洪} = (Q_{高} - Q_{低}) \times (P_{造价} + P_{维护}) \tag{10-7}$$

式中：$V_{削洪}$ 为湿地削减洪峰价值（元）；$Q_{高}$ 为湿地最高水位时蓄水量（m³）；$Q_{低}$ 为湿地最低水位时蓄水量（m³）；$P_{造价}$ 为当地水库单位造价（元/m³）；$P_{维护}$ 为当地水库单位维护成本（元/m³）。

10.2.2.2 补给地下水

湿地可以在多雨或涨水的季节将过量的雨水储存起来，在发生洪水时，能够降低洪峰，延缓洪水发展，均化洪水，减少洪水造成的损失。

湿地生态资源补给地下水的价值主要是根据地表水渗漏量、地下水出流量及水资源交易价格，利用以下公式得出：

$$V_{补水} = (Q_1 + Q_2) \times P_{水} \tag{10-8}$$

式中：$V_{补水}$ 为湿地补给地下水价值（元）；Q_1 为湿地地表水渗漏量（m³）；Q_2 为湿地地下水出流量（m³）；$P_{水}$ 为当地水资源交易价格（元/m³）。

10.2.2.3 保持土壤

湿地的天然植被可以有效地保持土壤中的水分，防止土壤水分流失，保持土壤湿润，湿润的土壤有利于植物的生长和发育，同时也有利于土壤微生物的生存和繁殖。

湿地生态资源保持土壤的价值主要是根据湿地总面积与最低水位面积的差、植被土壤侵蚀模数、土壤容重等因素，利用以下公式算出：

$$V_{保土} = S \times (X_2 - X_1) \times \frac{P_{土}}{\rho} \tag{10-9}$$

式中：$V_{保土}$ 为湿地保持土壤价值（元）；S 为湿地总面积扣除最低水位时水域面积（hm²）；X_1 为有湿地植被土壤侵蚀模数（t/hm²）；X_2 为无湿地植被土壤侵蚀模数（t/hm²）；ρ 为土壤容重（t/m³）；$P_{土}$ 为当地当年单位面积土方价格（元/m³）。

10.2.2.4 淤地造陆

湿地生态资源淤地造陆主要是利用湿地的淤泥来造陆。它的价值主要是根据新增陆地面积及当地土地交易价格，利用以下公式算出：

$$V_{造陆} = S_{陆} \times P_{土} \tag{10-10}$$

式中：$V_{造陆}$ 为滨海及河口湿地淤地造陆价值（元）；$S_{陆}$ 为新增陆地面积（hm^2）；$P_{土}$ 为当地土地交易价格（元 /hm^2）。

10.2.2.5 保护水岸

湿地及其周围生长的植物具有一定的保护水岸的作用，湿地生态资源保护水岸的价值主要是根据生长湿地植物的岸线长度、当地单位削浪护岸工程造价等因素，利用以下公式算出：

$$V_{护岸} = L_{植} \times (L_{坝} + K_{维护}) \tag{10-11}$$

式中：$V_{护岸}$ 为湿地保护水岸价值（元）；$L_{植}$ 为生长湿地植物的岸线长度（m）；$L_{坝}$ 为当地单位削浪护岸工程造价（元 /m）；$K_{维护}$ 为当地单位削浪护岸工程维护成本（元 /m）。

10.2.2.6 降解污染物

湿地中的植物、微生物可以通过吸附、分解等方式对污染物进行降解。湿地中的水流动态作用和渗透作用可以将污染物带走、分散和稀释。湿地中具有多种物质的化学反应活性，可以通过氧化、还原、酸碱反应等方式降解污染物。

湿地生态资源降解污染物的价值主要是根据处理污染物的成本、污染物处理率等要素，利用以下公式算出：

$$V_{降污} = \sum_{i=1}^{n} Q_i \times P_i \times R \tag{10-12}$$

式中：$V_{降污}$ 为湿地降解污染物价值（元）；Q_i 为当年排入湿地第 i 种污染物含量（t）；P_i 为处理排入湿地中第 i 种污染物的成本（元 /t）；R 为湿地污染物平均处理率（%）；i 为污染物种类。

10.2.2.7 固定二氧化碳

在全球变暖的背景下，湿地系统的固碳活动具有巨大的价值。湿地系统内有丰富的植物资源，它们在经历生长、代谢和死亡的过程中积累了大量的有机碳资源，并且在植物生长期释放氧气。

湿地生态资源的固碳价值主要是根据湿地二氧化碳的净交换量、碳汇交易价格等，利用如下公式算出：

$$V_{固碳} = (24.5 \times M_{CH_4} + M_{CO_2}) \times S_{湿} \times P_{碳} \tag{10-13}$$

式中：$V_{固碳}$ 为湿地固碳价值（元）；M_{CH_4} 为湿地 CH_4 的净交换量（t/ hm^2）；

M_{CO_2} 为湿地 CO_2 的净交换量（t/ hm^2）；$S_湿$ 为湿地面积（hm^2）；$P_碳$ 为当年国内碳汇市场的碳交易价格（元 /t）。式中以增温趋势（GWP）将 1kg 的 CH_4 产生的温室效应等同于 24.5kg 的 CO_2 产生的温室效应。

10.2.2.8 释放氧气

湿地上的植物通过吸收二氧化碳释放氧气这一过程所产生的价值，主要是根据湿地的植物生物量、氧气价格等因素，利用如下公式算出：

$$V_{释氧} = 1.19 \times S \times W \times P_{氧} \tag{10-14}$$

式中：$V_{释氧}$ 为湿地释氧价值（元）；S 为湿地面积（hm^2）；W 为湿地的植物生物量（t/hm^2）；$P_氧$ 为当年氧气价格（元 /t）；1.19 为植物积累 1t 干物质释放 1.19t 氧气。

10.2.2.9 调节气温

我国降水的季节分配和年度分配不均匀，通过天然和人工湿地的调节，可以在丰水期将降雨、河流过多的水量储存起来，在流动过程中通过湿地中茂密的植物的蒸腾和水分蒸发，把水分源源不断地送回大气中，从而增加空气湿度，净化空气。同时，湿地在汛期滞蓄的大量洪水资源在干旱季节通过蒸散和地下水转化等形式对调节和维持局部气候与局部生态系统起着至关重要的作用。

湿地生态资源调节气温的价值主要是根据当地当年民用电价、空调能效比等因素，利用如下公式算出：

$$V_{调温} = (Q_{蒸} \times P_{电} \times \beta \times \rho_{水}) / (3.6 \times 10^6 \times \alpha) \tag{10-15}$$

式中：$V_{调温}$ 为湿地调节气温价值（元）；$Q_蒸$ 为湿地年蒸发量（m^3）；$P_电$ 为当地当年民用电价（元 /kW·h）；β 为汽化热值，取在 100℃、1 标准大气压下的汽化热 2260kJ/kg；$\rho_水$ 为水的密度，取 $10^3 kg/m^3$；α 为空调能效比，取 3.0J/kW·h 计算。

10.2.2.10 增加湿度

湿地水分通过蒸发成为水蒸气，然后又以降水的形式降到周围地区，保持当地的湿度和降雨量。湿地生态资源增加湿度的价值主要是根据湿地植被面积、湿地蒸发量等因素，利用以下公式算出：

$$V_{增湿} = (Q_{蒸} \times S_1 + Q_{植} \times S_2) \times 10 \times P_{气价} \tag{10-16}$$

式中：$V_{增湿}$ 为湿地增加湿度价值（元）；$Q_蒸$ 为湿地水面年蒸发量（mm）；$Q_植$ 为湿地植被蒸发量（mm）；S_1 为湿地水面面积（hm^2）；S_2 为湿地植被面积（hm^2）；$P_{气价}$ 为空气增湿的成本（元 /t）。

10.2.3 湿地生态资源支持服务价值

湿地为各类水生植物提供了良好的天然场所，同时还是许多野生动物的栖居地和繁殖地，湿地中富含动植物资源，为生物多样性提供了坚实的基础。

湿地生态资源支持服务价值主要是根据湿地单位面积生物多样性保护价值和特有物种数量等要素，利用以下公式得出：

$$Q_{多样性} = \left[1 + \sum_{i=1}^{n} (Q_n \times 0.1) + \sum_{i=1}^{m} (Q_m \times 0.1) + \sum_{i=1}^{j} (Q_j \times 0.1) \right] \times S \qquad (10\text{--}17)$$

$$V_{多样性} = Q_{多样性} \times P \qquad (10\text{--}18)$$

式中：$Q_{多样性}$ 为保护生物多样性的总量；Q_n 为物种 n 的濒危物种指数分值；Q_m 为物种 m 的特有物种指数分值；Q_j 为林分内物种 j 的古树名木指数分值；n 为计算濒危物种指数物种数量；m 为计算特有物种指数物种数量；j 为计算古树名木物种数量；S 为湿地面积（hm^2）；$V_{多样性}$ 为湿地保护生物多样性价值（元）；P 为湿地单位面积保护生物多样性价值（元 /hm^2）。

10.2.4 湿地生态资源文化服务价值

文化服务是指人类从湿地生态系统获得的各种非物质惠益，包括游娱休疗、科普宣教功能。文化服务的两个功能类别包括以下指标类别：休闲游憩、环境教育。

10.2.4.1 休闲游憩

湿地可以为人们提供垂钓、游泳等户外运动场所，让人们能够亲近大自然、欣赏美景。随着人们生活节奏的加快与工作压力的加大，人们对这些缓解身心疲劳的休闲娱乐方式越发渴望。这些休闲娱乐活动不仅能提高身体素质，还能使人们的身心得到放松。同时，湿地旅游业也有很大的发展潜力。

湿地生态资源休闲游憩的价值主要是根据湿地年均旅游人数、人均消费等因素，利用以下公式得出：

$$V_{游娱} = Y_{游} \times P_{游} \times K_{游} \qquad (10\text{--}19)$$

式中：$V_{游娱}$ 为湿地休闲游憩价值（元）；$Y_{游}$ 为湿地内年均旅游人数（人）；$P_{游}$ 为湿地内旅游人均消费（元 / 人）；$K_{游}$ 为湿地生态系统价值贡献系数。

10.2.4.2 环境教育

湿地资源因其特殊的水陆交互作用的地形，有着丰富的动植物资源和独特的自然景观等，再加上"地球之肾"的重要作用，吸引国内外学者不断研究。

湿地生态资源提供环境教育的价值主要是根据湿地环境教育的平均价值等因素，利用如下公式算出：

$$V_{环教} = S \times P_{教} \tag{10-20}$$

式中：$V_{环教}$ 为湿地环境教育价值（元）；S 为湿地面积（hm²）；$P_{教}$ 为当地湿地环境教育的平均价值（目前全国平均为 382 元/hm²）。

 【案例分析】

湿地生态资源价值评估

本案例的内容请扫二维码。

湿地生态资源价值评估

资料来源：

［1］360 百科. 河北青龙湖国家湿地公园［EB/OL］. https://baike.so.com/doc/26309789–27548178.html，2024–09–28.

［2］张翼然，周德民，刘苗. 中国内陆湿地生态系统服务价值评估——以 71 个湿地案例点为数据源［J］. 生态学报，2015（13）：4279–4286.

 【小资料】

我国湿地类型

◎ 近海与海岸湿地

近海与海岸湿地是指在近海与海岸地区，由天然的滨海地貌形成的浅海、海岸、河口及海岸性湖泊湿地，可以分为以下几种类型：红树林沼泽、海草湿地、潮间盐沼及潮间淤泥质海滩。

◎ 湖泊湿地

中国的湖泊类型多种多样，根据地域的不同，呈现出不同的特点。湖泊湿地是指湖泊沿岸边或者浅湖发生沼泽化过程而形成的湿地，主要表现为大小形状不一、充满水体的天然洼地。

◎ 沼泽湿地

沼泽湿地的地表常年潮湿积水、地面上喜湿性植物大量生长，其下有泥炭堆积。我国沼泽湿地分布范围广、面积大，占全国陆地面积的 1.15%。分布较集中的地区有东北的三江平原、西北的柴达木盆地、四川的松潘草地及藏北羌塘内陆河区等。沼泽湿地的形成和发展一般是在温湿和冷湿气候下，平坦和低洼的地形条件，更有利于它的形成和发展。由于沼泽湿地中只有处于相对静止状态的小规模水体，因此，沼泽湿地的地质作用以生物沉积为主。沼泽有利于喜湿植物大量繁殖。低等植物（主要是藻类）遗体中的脂肪、蛋白质等有机质在缺氧的环境下，经厌氧细菌分解，可形成含水量很高的絮状胶体物质——腐胶质。它与黏土和粉砂混合并经过脱水变致密后，即成为腐泥，腐泥经过成岩作用可转变成油页岩。高等植物遗体中的纤维素及木质素物质，在厌氧细菌的参与下，经过氧化、分解、合成等复杂过程转化为多水的腐殖酸及腐殖酸盐等。这些腐殖物质与沼泽中的泥沙及溶解于水中的矿物质等混合就形成泥炭。泥炭的有机质中含碳量可达60%，是湖沼演化中形成和聚集的典型产物。

◎ 河流湿地

受地形、气候条件等因素影响，河流在流域上分布不均。河流湿地主要指河流等流水水域沿岸、浅滩、缓流河湾等发生沼泽化过程而形成的湿地，包括以下类别：永久性河流湿地、季节性或间歇性河流湿地、泛滥平原湿地、喀斯特溶洞湿地。

◎ 人工湿地

人工湿地是指受人为活动影响而形成的湿地，主要包括水库、盐田、运河、输水河、稻田、水塘等。我国稻田的分布主要在亚热带与热带地区，人工湿地具有养殖、输水、蓄水、发电、农业灌溉和城市景观等功能和作用，与人类生产、生活息息相关，人工湿地不仅能够满足市民物质生产需求，更是建设城市生态文明的重要自然基础。

资料来源：华地行土地说.生态修复背景下，湿地资源保护的重要性〔EB/OL〕.https://baijiahao.baidu.com/s?id=1691997141284434026，2021-02-18/2024-09-28.

【 第 11 章 】

草原生态资源价值评估

【学习要点】

1. 了解草原生态资源的相关概念，草原生态资源指的是生存在草原地带的各种生物和自然资源，包括植被、土壤、水资源、野生动物、微生物等。草原生态资源对于维护生态平衡、保护生物多样性、提供生态服务等方面具有重要意义。

2. 掌握草原生态资源的特征，包括功能多样性、资源量的有限性和稀缺性、生产潜力的无限性、资源演变的不可逆性、受自然因素影响大、可再生性、分布辽阔性和获益性。

3. 明确草原生态资源价值的界定，掌握草原生态资源价值评估的内容，主要包括草原生态资源的供给服务价值、草原生态资源的调节服务价值、草原生态资源的支持服务价值及草原生态资源的文化服务价值，并且结合评估案例掌握草原生态资源价值评估的过程及结果分析。

11.1 草原生态资源价值概述

11.1.1 草原生态资源的概念

草原生态资源指的是生存在草原地带的各种生物和自然资源，包括植被、土壤、水资源、野生动物、微生物等。草原生态资源对于维持生物多样性、生态平衡，以及提供人类生活所需的许多重要资源等方面都起着至关重要的作用。在草原地区，人们依赖草原生态资源进行畜牧业、农业、草原旅游等活动，并从中获取食物、原料和其他经济利益。因此，保护和合理利用草原生态资源对于维护生态平衡和可持续发展至关重要。

11.1.2 草原生态资源的特征

　　草原是我国重要的生态系统和资源，是山水林田湖草沙一体化保护和系统治理的重要组成部分，为人类生存与发展提供了必要的生产资料和生活资料。草原不仅可以放牧，也具有独特的生态、经济、社会功能，是不可代替的重要战略资源，对减缓碳排放、促进牧业发展、保护生物多样性等方面均有重要作用。

　　草原生态资源从自然层次讲，具有支持生命生存的意义，能够满足生命生存和发展的需要，支持人类的持续生存，支持其他生命的持续生存，从而实现草原生态资源本身的演化。作为一种特殊的资源，除具有一般资源的属性外，还有其他鲜明的特征。

11.1.2.1 功能多样性

　　集经济、生态和社会效益于一体。草原植被种类较多，包括不同的草本植物和低矮的灌木植物。据不完全统计，草原植物有 254 科、4000 多属、1.5 万种左右，包括饲用植物、药用植物、沙生植物、芳香植物、观赏植物等，这种多样性不仅为生态系统提供了更丰富的生物多样性，还能满足不同动物对食物和栖息地的需求；同时，草原地区能源丰富，包括化石能源、风能、太阳能和生物质能源；草原生态资源对人类具有生产功能、防护功能和环境功能，具有调节气候、防风固沙、涵养水源、保护水土、美化环境、净化空气、防治公害等重要作用。

11.1.2.2 资源量的有限性和稀缺性

　　草原生态资产的有限性和稀缺性主要体现在三个方面：资源资产的数量是有限的，人类活动使某些自然资源数量减少、枯竭或耗尽；自然资源和自然条件的贫化、退化和质变；自然资源的自然结构、生态平衡被破坏。

11.1.2.3 生产潜力的无限性

　　草原生态资源及其利用是有限的，但科学技术的进步可以不断提高草原生态资源的质与量，因而生产潜力是无限的。草原是地球上最有生产力的生态系统之一，由于气候适宜和土壤肥沃，草原植被能够快速生长，形成茂密的草地，这使草原生态资源可以用于农业、畜牧业和能源生产等方面。

11.1.2.4 资源演变的不可逆性

　　草原生态资源演变的不可逆性是指一旦草原生态资源发生了演变，就很难或无法恢复到原来的状态。这是因为草原生态资源的演变常常受到环境因素的影响，而环境因素也会受到草原生态资源改变的影响而发生变化，从而形成了一个相互影响、相互促进的循环过程。首先，草原生态资源的演变取决于环境因素的影响。例如，气候变化、土壤质量、水资源等都会对草原的生长、分布和组成产生影响。当这些环境因素发生变化时，草原的生态系统也会随之发生变化，导致草原生态资源的演变。其次，草原生态资源的演变也会改变环境因素。草原的过度放牧、过度开垦和过度开发等人类活动，会破坏草原的生态平衡，导致植被退化、土壤侵蚀和水资源枯竭等问题。这些变化会进一步影响环境因素，形成一个恶性循环，使草原生态资源的演变变得不可逆。草原生态资源演变的不可逆性为草原生态系统的恢复和保护带来了挑战。一旦发生演变，草原生态资源恢复到原来的状态将变得非常困难。因此，保护草原生态资源、合理利用草原生态资源，对于维持草原生态系统的稳定和可持续发展非常重要。为了应对草原生态资源演变的不可逆性，需要采取措施来保护和恢复草原生态系统的健康状态。这包括加强生态环境保护，控制过度放牧和过度开发，进行草原恢复和植被重建等。同时，需要加强科学研究，加深对草原生态资源演变过程的理解，为草原生态资源的可持续利用和管理提供科学依据。草原生态资源的演变常取决于环境因素的影响，但也改变着环境因素，从而形成了草原生态资源演变过程的不可逆性。

11.1.2.5 受自然因素影响大

　　草原是一种特殊的自然生态系统，它受到自然因素的影响非常大。作为广袤的草地，草原承载着丰富的植被和丰富的生物多样性，而自然因素对草原的形成、演变和生态平衡具有深远的影响。气候因素特别是草原的水、热状况决定了草原的形成和发展，草原区域特殊的自然地理特点决定了其生态的脆弱性和不稳定性。全球变暖、风蚀、水蚀、沙尘暴、鼠害、虫害等自然因素都会对草原生态资源产生重要影响。例如，草原地区的气候特点通常是干旱或半干旱的，降水不足且不稳定，这对于草原的植被生长和分布产生显著影响。干旱的气候条件限制了植物的生长，而且降水的不规律性也增加了草原生态系统的脆弱性；草原地区的土壤通常比较薄，且容易受到风蚀和水蚀的影响，这对于草原植被的生长和土地的保育都产生了严峻挑战。而不同类型的土壤也会导致不同类型的植被分布，从而影响整个草原生态系统的结构和功能。

11.1.2.6 可再生性

草原生态资源资产是可再生性资源资产，具有生长期长的特点，投入草原生态资源资产经营的资金，一般要几年、几十年，甚至上百年才能收到回报，所以收回投资的周期长。虽然草原生态资源是可以再生的，但是草原生态资源培育过程风险大、管护难度大、投资直接经济收益小。

11.1.2.7 分布的辽阔性

草原是陆地生态的主体，分布极为广泛。南方的草原生态资源资产与北方的草原生态资源资产不同，不同地域的森林资源资产有着不同的经营属性，不能对其采取统一经营模式。分布的密集程度也会直接关系到草原生态资源资产的价值与功效。草原分布的辽阔性使其成为世界重要的自然资源和生态系统之一，也为人类和动植物提供了丰富的自然资源和生态环境。

11.1.2.8 获益性

草原生态资源资产能够用货币进行计量。只有具有经济价值的自然资源才能成为资产，草原生态资源资产具有经济价值，能够为持有者带来经济利益。并且草原生态资源资产除了能够用实物单位计量，还可以用价值量表示。

11.1.3 草原生态资源价值的界定

草原生态资源价值的界定首先应该满足资产的定义，从产权的角度界定，价值评估的一般范围是产权涉及的全部资产。根据我国现行的财务会计准则、制度和国际会计准则的相关规定，资产是指企业过去的交易或者事项形成的，由企业拥有或者控制的，预期会给企业带来经济利益的资源。只要经济利益很可能流入，成本、价值可以可靠计量，就可以确认为资产。其次应该考虑的是，草原资产是一个动态的概念，其内涵和外延的大小是以一定的科技水平和社会经济条件为前提的，随着科技的不断发展和社会经济条件的不断进步，其所涉及的内涵和外延也处于不断扩张之中。

草原生态资源价值评估是针对在现有的科技水平和社会经济条件下，由过去的交易或事项形成，可以以货币计量的，其所有权是清晰明确的，并可以被拥有或控制的，预期能够为所有者带来经济利益的草原生态资源。草原生态资源价值的界定一般满足以下几个条件：

第一，可计量性。草原生态资源资产首先是由过去的交易或事项形成，可以计量的，用价值来体现的，通过公允价值等方法进行核算。

第二，有价值性。草原生态资源是一种经济资源，能够为其所有者带来经济效益，如果草原被破坏或已经严重恶化，而不能够带来经济利益，就不再是草原生态资源。

第三，所有权明确性。草原生态资源的主权清晰明确，能够被一定的主体所拥有或控制，对其具有开发和使用的权利。只有草原生态资源的所有权关系明确，才能更好地保护和管理草原生态资源。一般来说，草原生态资源是由政府来管理，使用者为草原生态资源的所有者——牧民，实际上根据受托责任理论，草原生态资源的管理者和使用者形成的是一种委托—代理关系，这种关系也为草原生态资源价值的评定估算奠定了基础。

这三个条件是判断草原生态资源价值的重要边界，也是界定草原生态资源价值的重要辅助条件。只有当某一项草原生态资源满足这三个条件时，才属于草原生态资源价值评估的范畴。

11.2　草原生态资源价值评估的内容

草原是地球上重要的生态系统之一，拥有丰富的生物多样性和生态功能。为了更好地了解和管理草原生态资源，对其进行价值评估是必要的。草原生态资源是宝贵的自然财富，对于维持生态平衡和人类社会的可持续发展至关重要。通过对草原生态资源的价值评估，研究者可以更好地认识和管理草原，实现草原生态系统的可持续利用和保护。只有充分认识到草原生态资源的价值，才能更好地保护和管理草原资源，实现人与自然的和谐共生。草原生态资源价值评估包括供给服务价值评估、调节服务价值评估、支持服务价值评估、文化服务价值评估，具体评价内容见表 11-1。

表 11-1　草原生态资源价值评估指标体系

服务类别	供给服务		调节服务				支持服务		文化服务	
功能类别	草原土地	草原生物资产	气候调节	涵养水源	生物多样性	粪肥养分	土壤保持	营养物质循环	休闲游憩	文化传承和传播
评估内容	√	√	√	√	√	√	√	√	√	√

11.2.1 草原生态资源供给服务价值

供给服务是指生态资源所提供的产品。草原是生态系统中重要的组成部分，提供了许多生态资源供给服务。评估草原生态资源供给服务价值可以帮助研究者更好地理解草原生态系统的重要性，并采取措施来保护和合理利用草原生态资源。草原生态资源供给服务价值包括草原土地价值、草原生物资产价值。其中，草原生物资产价值又包括牧草供给价值和畜牧产品价值。

11.2.1.1 草原土地

草原土地地价的估算按照《农用地估价规程》的技术方法计算，拟采用收益还原法和市场比较法进行评估。根据草原的利用状况和资料收集情况，草地交易比较活跃时，可采用市场比较法。在正常条件下有客观收益且草地纯收益较容易测算时，草地地价评估宜采用收益还原法。其中，收益还原法的基本公式为：

$$p=a/r \qquad (11-1)$$

式中：p 为草地价格；a 为草地年纯收益；r 为草地还原率。

有限年期的待估草地价格可根据其使用年期进行年期修正。当草地纯收益每年不变，草地还原率每年不变且大于 0，草地使用年期为 n 时的公式为：

$$p = \frac{a}{r} \times \left[1 - \left(\frac{1}{1+r} \right)^{n} \right] \qquad (11-2)$$

式中：p 为草地价格；a 为草地年纯收益；r 为草地还原率；n 为草地使用年期。草地纯收益每年有变化的，可按其变化规律，采用相应的公式进行计算。

11.2.1.2 草原生物资产

草原生态系统为人类和数百种动物提供生存的空间与生存所必备的食物，其中，对于牧民来说，草原提供的最大的实物价值是每年为数万头牛羊提供食物。草原孕育着牲畜，间接生产畜禽肉及奶类等产品供人类食用。由此可知，草原提供的产品主要包括牛、羊、马、畜禽肉、奶类、绒毛和牧草，也就是牲畜及畜产品和牧草两类产品，因此，对于草原生物资产的价值核算，主要围绕草原提供牧草价值与畜牧产品价值展开。

11.2.1.2.1 牧草价值

牧草价值指草原生态系统提供的用于饲养家畜和野生草食动物食用的草本植物及木本植物当年生嫩枝叶的价值化形式。其价值计算方法如下：

$$V_g=P_g \times p_g \times A \qquad (11-3)$$

式中：V_g 为牧草供给价值；P_g 为牧草产量；p_g 为同类饲草料市场价格；A 为草原面积。

11.2.1.2.2 畜牧产品价值

草原提供了丰富的牧草资源，支持着畜牧业的发展。草原产品如牛羊肉、奶制品等是重要的农业产品，对于畜牧业的发展和农村经济的增长起着至关重要的作用。每年数以万计的牛羊利用草原获取食物，并通过这种方式彰显草原的产品价值。此处运用替代花费法来确定草原提供产品的具体价值，包括由草原提供牧草喂养的牲畜的价值以及草原牛羊肉、牛奶等畜牧产品的产出价值。计算公式参考式（2-1）。

11.2.2 草原生态资源调节服务价值

调节服务是指可以从生态系统过程调节中获得效益的服务，包括气候调节、涵养水源、生物多样性和粪肥养分等。其中气候调节又包括固定二氧化碳、释放氧气、吸收二氧化硫、阻滞粉尘。

11.2.2.1 气候调节

自然界中大部分气体的含量可以通过草原生态系统进行调节。草原通过物质循环活动，吸收并固定空气中的二氧化碳，同时释放氧气，保持空气中氧气和二氧化碳的均衡水平，有助于抑制温室效应，保障人类的生存与发展。草原生态系统是全球碳循环过程的重要环节，对全球气候具有重大影响。在草原生态系统中，植物、凋落物、土壤腐殖质构成了系统的三大碳库，对于各碳库贮存量和碳流量大小及其变化的研究，是整个草原碳循环研究的核心。此外，草原还可以吸附空气中的二氧化硫和浮尘，有显著的空气净化作用。

11.2.2.1.1 固定二氧化碳

根据光合作用方程式"$6CO_2 + 6H_2O + 光能 \longrightarrow C_6H_{12}O_6 + 6O_2$"，可以计算出植物在光照条件下发生光合作用时，吸收二氧化碳、释放氧气的质量，即形成 1kg 干物质需要吸收 1.62kg 二氧化碳，并释放出 1.2kg 氧气，由此计算出固碳系数。在计算出固定二氧化碳的质量后，对该固碳质量进行具体的价值核算。计算公式如下：

$$V_i^{CO_2} = \sum C^{CO_2} \times O_i \times S_i \times K_i^{CO_2} \times \frac{12}{44} \qquad (11-4)$$

式中：$V_i^{CO_2}$ 为 i 草原固定二氧化碳气体的价值（元）；C^{CO_2} 为单位质量二氧

化碳气体的影子价格（元/t）；O_i 为 i 草原单位面积产草量（t/hm²）；S_i 为 i 草原的面积（hm²）；$K_i^{CO_2}$ 为 i 草原的固碳系数。

11.2.2.1.2 释放氧气

通过光合作用，草原植物可吸收大气中的二氧化碳并释放出氧气。计算公式如下：

$$V_i^{O_2} = \sum C^{O_2} \times O_i \times S_i \times K_i^{O_2} \tag{11-5}$$

式中：$V_i^{O_2}$ 为 i 草原释放氧气的总价值（元）；C^{O_2} 为单位质量氧气的影子价格（元/t）；$K_i^{O_2}$ 为 i 草原的释氧系数。

11.2.2.1.3 吸收二氧化硫

硫是绿色植物生长过程中必需的元素，绿色植物的叶子可以吸收空气中的二氧化硫，为了促进自身发育，这些植物将二氧化硫转化为具有较高养分价值的硫酸盐。一个时间段内吸收的二氧化硫总量可根据草原植物数量初步计算，1kg 二氧化硫排放所需的平均成本可运用替代成本法，计算出草原吸收的二氧化硫的价值总和。计算公式为：

$$V_i^{SO_2} = \sum C^{SO_2} \times O_i \times S_i \times K_i^{SO_2} \times T_i \tag{11-6}$$

式中：$V_i^{SO_2}$ 为 i 草原吸收二氧化硫的价值（元）；$C_i^{SO_2}$ 为 i 草原所在地区为治理二氧化硫排放的平均成本（元/kg）；$K_i^{SO_2}$ 为 i 草原单位质量干草叶每天吸收的二氧化硫质量［kg/（天·kg 干草）］；T_i 为 i 草原上的牧草生长期（天）。

11.2.2.1.4 阻滞粉尘

草原生态系统每公顷的年降尘量为 1.2kg。使用替代成本法，以某一地区削减每千克粉尘所花费的平均成本，来估算草原生态资源在一定时间内阻滞粉尘所创造的价值。计算公式为：

$$V_i^{dust} = \sum C^{dust} \times S_i \times I_i^{dust} \tag{11-7}$$

式中：V_i^{dust} 为 i 草原阻滞粉尘的价值（元）；C_i^{dust} 为 i 草原所在地区为阻滞粉尘所投入的治理成本（元/kg）；I_i^{dust} 为 i 草原的阻滞降尘量（kg/hm²）。

综上，草原气体调节价值可综合表述为：

$$V = V_i^{CO_2} + V_i^{O_2} + V_i^{SO_2} + V_i^{dust} \tag{11-8}$$

11.2.2.2 涵养水源

草原植被可以吸收和阻截降水，延缓径流的流速和减弱降水对地表的冲击，渗入地下，形成地下水。草地和林地不仅都具有截留降水的功能，而且都有较强的多层次渗透性和保水能力。

计算涵养水源总量的方法有很多，如地下径流增长法、水量平衡法、土壤蓄水估算法等，因水量平衡法操作起来较容易，仅需要比较草原在一段时间内的降水量和蒸散量即可计算出该时间段草原涵养水源的总量，故本书介绍的是此方法。在核算涵养水源创造的具体价值时采用替代成本法，将有关单位为拦蓄同等价值量的水所花费的工程成本来替代该草原涵养水源所创造的价值量。计算公式如下：

$$V_{water} = \sum C \times L \tag{11-9}$$
$$L = (X - Y) \times S = X \times \theta \times S \tag{11-10}$$

式中：V_{water} 为草原涵养水源所创造的价值（元）；C 为建设一个拦蓄单位洪水的水库或堤坝工程所需支付的费用（元 $/m^3$）；L 为草原涵养水源总量（m^3）；X、Y 分别为该地一年中的平均降雨量和蒸散量（mm）；S 为水源面积（m^2）；θ 为草原截留降水、减少径流的效益系数。

11.2.2.3　生物多样性

草原不仅为大量生物提供了栖息场所和多样的基因资源，也是阻止恶劣天气的天然防线，起着生态屏障、维护生物多样性的作用。由于草原在维护生物多样性的基因保存方面有突出贡献，所以政府为维护生态平衡、保护生物资源在各地建立了自然保护区，但是该部分的价值较为抽象，难以量化。因此，本书选择机会成本法，以政府因建立自然保护区而不主动利用草原生态资源创造价值所造成的机会损失，即草原生态资源单位面积的平均花费，来替代该地自然保护区的机会成本，计算公式如下：

$$V = F \times S \tag{11-11}$$

式中：V 为政府因建立自然保护区而不主动利用草原生态资源创造价值所造成的机会损失（元）；F 为草原所在地区为建立草原自然保护区所花费的成本（元 $/hm^2$）。

另外，还可通过计算政府经费投入和公众支付意愿来评估草原维护生物多样性创造的价值。

11.2.2.3.1　政府经费投入

核算政府的经费投入可以使用防护费用法。假设投入费用与草原保护区的面积成正比，则可通过该地政府对自然保护区的经费投入和该草原保护区面积占全国自然保护区面积的比例来计算政府对草原保护区的经费投入。计算公式如下：

$$V=E \times d \quad\quad (11-12)$$

式中：V 为政府对草原所在地区草原保护区的经费投入情况（元）；E 为某地政府对自然保护区的经费投入（元）；d 为草原所在地区草原保护区面积占自然保护区面积的比例（%）。

11.2.2.3.2 公众支付意愿

该方法是指相关专家对多种生物及其栖息地现状进行调研，结合《中国生物多样性国情研究报告》和《中国濒危动物红皮书》所记载的中国一级保护物种的生活环境等因素，估算出社会公众为维护大自然生物多样性所愿意支付的代价。公式如下：

$$V=W \times d \times m \quad\quad (11-13)$$

式中：V 为社会公众为维护草原大自然生物多样性所愿意支付的代价（元）；W 为公众愿意为维护生物多样性而支付的价格（元）；m 为草原保护物种的比例（%）。

11.2.2.4 粪肥养分

草地具有极强的载畜能力，载畜能力的重要体现则是其牲畜粪便降解功能。草原上牲畜（牛、马、羊等）的自然代谢活动产生大量的粪便，这些粪便散落在草原上，进入草原生态循环系统。草原的牲畜粪便降解功能，在保持草原生态环境，促进草原生态功能的充分发挥方面起着重要的作用。草原上的牲畜通过粪便排泄为草地提供天然的化肥，是归还草地养分的一种方式，对保持土壤肥力和植被生产具有至关重要的意义。尤其是对于缺乏养分的荒漠草地和脆弱草地具有实质性的保肥作用。通常而言，牲畜粪便降解所产生的营养物质有 N、P_2O_5 及其他有机质，不同牲畜的日均粪便重量和营养物质含量不同，此处采用畜群结构及不同营养物质含量进行计算，使结果更接近真实值，通过估算牲畜散落粪便中所含的营养成分总量，计算出草原使用"废弃物"处理系统创造的养分归还价值。使用替代成本法，以市场中化肥的平均价格替代降解并归还的营养成分价值。计算公式如下：

$$G_{\text{waste}} = \lambda \sum Z_a \times G_a \times X_{ae} \quad\quad (11-14)$$

$$V_{\text{waste}}=G_{\text{waste}} \times p \quad\quad (11-15)$$

式中：V_{waste} 为草原粪肥养分价值（元）；G_{waste} 为草原生态系统通过降解牲畜粪便而产生并归还于草原的营养物质总量（kg）；λ 为牲畜粪便归还草原比率（%）；Z_a 为草原 a 牲畜的载畜量（头）；G_a 为每头 a 牲畜的粪便量（kg/ 头）；X_{ae} 为每

头 a 牲畜的粪便中氮、磷、钾的平均含量（%）；p 为我国市场中有机化肥的销售价格（元 /kg）。

11.2.3 草原生态系统支持服务价值

支持服务是所有其他生态系统服务功能的产生所必需的，其对人们的影响是间接的或者经过很长时间才出现的，而供给、调节和文化服务对人们的影响相对直接且会经过较短时间出现。一些生态系统服务（如侵蚀控制）归类于支持服务还是调节服务，取决于对人们影响的时间尺度和直接性。土壤形成通过影响食物生产的供给服务对人们产生间接影响，属于支持服务。相似地，由于在人类决策的时间尺度上（几十年或几个世纪）生态系统变化对地方或全球气候产生影响，因此，气候调节归类于调节服务，然而氧气的生成（通过光合作用）归类于支持服务，是因为其对大气中的氧气浓度产生的影响需要经过相当长的时间才会出现。支持服务包括第一性生产、大气中氧的生成、土壤形成和保持、营养循环、水循环、提供栖息地等。

11.2.3.1 土壤保持

雨水的侵蚀将降低土地利用价值，增加河流中的泥沙沉积。而草原植物根系发达，具有极强的固土和穿透作用，能有效增加土壤孔隙度和抗冲刷、风蚀的能力，有效降低水土流失和土壤风蚀沙化。

水和风的侵蚀等水土流失现象在生态系统中频繁发生，这可以归因于草原的不合理利用和某些恶劣天气的发生。因此，对水和风的侵蚀的调节决定了对草原生态系统调节土壤侵蚀价值的核算。

11.2.3.1.1　减少土壤侵蚀总量核算

为了普及和便于测量，本书采用土壤侵蚀模数法计算土壤侵蚀的潜在量和实际量，并考虑两者之间的差额，以实现对水土流失总量减少的计算。计算公式参考式（2-20）和式（2-21）。

11.2.3.1.2　降低土地面积废弃率的价值

草原降低土地面积废弃率是指在草原地区采取措施，减少土地的废弃和荒漠化现象，提高土地的利用率和可持续利用能力。在土壤侵蚀得到控制之后，该部分土壤便可在未来得到利用，产生一定的经济价值。土地减少的废弃面积可由土壤侵蚀总量、土壤耕作层的平均厚度和土壤容重三者估算出来。使用替代花费法，将该草原单位面积的平均收益进行替代，并计算出由于控制土壤侵蚀使土地废弃率降低后所创造的价值。计算公式参考式（2-22）。

11.2.3.1.3 减少泥沙淤积的价值

草原上的植被可以帮助固定土壤，减少水流侵蚀，从而减少泥沙的流失。土地被侵蚀并流失时，有些泥沙会在水库、江河等地淤积，有些泥沙会滞留在当地，剩下的会随着江河进入大海。在水库、江河等地淤积的泥沙会在一定程度上影响水库的蓄水量，并且增大了洪涝、干旱等灾害发生的概率。使用替代成本法以该地每年投入的蓄水成本替代草原减少泥沙淤积所带来的价值。蓄水成本用该地建设水库的平均费用计算，将每年减少的泥沙总库容量乘以建设水库的平均费用，即可得出该草原减少泥沙淤积所创造的价值。计算公式参考式（2-23）。

11.2.3.1.4 保持土壤肥力不损失的价值

土壤中的养分主要由氮、磷、钾、有机质等成分组成，在土壤被侵蚀后，养分也会大量流失。如果要保持土壤养分并且减少肥力损失，就需要草原不断降低土壤被侵蚀的程度。使用替代花费法，用维持土壤营养物质含量稳定所需投入的化肥价值来替代计算草原生态资源通过保护土壤肥力不受损失所创造的价值。由单位重量土壤中各类营养物质的含量与减少土壤侵蚀总量二者相乘，获得土壤养分损失总量。计算公式参考式（2-24）。

综上所述，土壤保持价值即可表达为：

$$V = V_{\text{land}} + V_{\text{silt}} + V_{\text{fertility}} \qquad (11-16)$$

11.2.3.2 营养物质循环

营养物质循环是指生物体内各种营养物质（如碳、氮、磷等）在生物体内及生物与环境之间的循环过程。这一过程对于维持生态系统的稳定和生物生存起着至关重要的作用。在生态系统与外界的物质循环活动中，各种营养物质元素在不断地进行交换。评估草原在营养物质循环中所创造的价值时，首先要关注净初级生产力。由于在自然界的物质循环中，各类营养元素的总量一定，并且在不间断地参与循环，因此，可以对一段时间内草原吸收的营养物质的总量进行定量分析，即采用替代价格法，以相关主体固定一定量的营养物质所需投入的化肥价格替代，得出草原生态系统固定这些营养物质、参与物质循环的价值。计算公式可参考式（2-31）。

11.2.4 草原生态资源文化服务价值

旅游与文化价值是文化服务价值中最重要的组成部分，草原旅游是草原文化的价值体现方式。旅游和文化是密不可分、相互促进、相互利用的关系。草原旅游和草原文化多样化的可持续发展既能发展旅游又能传承文化，草原文化是具有地域性和民族性的文化形态。游客能够直观地感受到草原民族的文化氛围，这也会激起他们的兴趣去进一步地认识和理解草原民族文化。草原上源远流长的民族文化会给游客展现他们独特的生活方式，这对多种文化的渲染营造、传播和流传具有重要的作用。一望无际的草原为游客提供了休闲娱乐场所，草原生态系统具有它独特的优美风景、广袤辽阔的自然景观，是众多游客向往的地方。

11.2.4.1 休闲游憩

草原不仅能创造经济价值，还能够创造生态观赏价值。考虑到数据获得的难易程度，使用费用支出法计算草原的休闲游憩价值。计算公式如下：

$$V=B \times r \tag{11-17}$$

式中：V 为草原的生态旅游观赏价值（元）；B 为草原所在地区的年旅游总收入（元）；r 为草原所在地区以草原观光为主题的旅游收入占该地区全年旅游方面总收入的比例（%）。

11.2.4.2 文化传承和传播

草原除了提供生态观赏价值，还可以为游客提供文化艺术价值。由于文化的复杂性，文化传承和传播价值并没有固定的评估方式。采用成本费用法作为替代方法，估算草原文化传承和传播的价值。公式如下：

$$V=B \times y \times K \tag{11-18}$$

式中：V 为草原为文化传承和传播带来的总价值（元）；B 为草原文化的基础价值（元）；y 为草原文化占草原所在地区文化产品总价值的比重（%）；K 为文化传承调节系数。

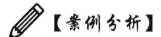　【案例分析】　草原生态资源价值评估

本案例的内容请扫二维码。

草原生态资源价值评估

资料来源：百度文库 . 锡林郭勒大草原简介［EB/OL］. https://mbd.baidu.com/ma/s/G40UuomJ.

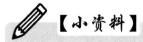

草原生态补偿机制

草原是我国陆地面积最大的生态屏障，占国土面积的40.9%，是耕地面积的2.91倍、森林面积的1.89倍，耕地与森林面积之和的1.15倍。内蒙古、新疆、西藏、青海、甘肃和四川六大牧区省份的草原面积共2.93亿hm²，约占全国草原面积的3/4。虽然我国牧区草原面积广阔，但是由于长期家畜超载过牧、违法征占使用、过度开发等不合理的人为因素，草原退化、沙化、盐渍化面积不断扩大，草原生态环境日益恶化，严重影响了牧区牧民生活和当地经济发展。

国家高度重视草原生态环境，先后出台和启动一系列草原生态保护政策和生态建设项目。例如，2000年底开始的京津风沙源治理工程、2003年初全面启动的"退牧还草"工程及2011年全面建立的草原生态保护补助奖励政策等。草原补奖政策是我国自新中国成立以来在草原牧区实施的投入规模最大、覆盖面最广、牧民受益最多的一项政策。通过多项生态治理工程，牧区草原生态环境出现好转态势。建立生态补偿机制是落实新时期环保工作任务的迫切要求，党中央、国务院对建立生态补偿机制提出了明确要求，并将其作为加强环境保护的重要内容。《国务院关于落实科学发展观加强环境保护的决定》要求：要完善生态补偿政策，尽快建立生态补偿机制。中央和地方财政转移支付应考虑生态补偿因素，国家和地方可分别开展生态补偿试点。《节能减排综合性工作方案》也明确要求改进和完善资源开发生态补偿机制，开展跨流域生态补偿试点工作。

生态补偿的含义包括四个层面：①对生态环境本身的补偿；②生态环境补偿费的概念，即利用经济手段对破坏生态环境的行为予以控制，将经济活动的外部成本内部化；③对个人或区域保护生态环境或放弃发展机会的行为予以补偿，相当于绩效奖励或赔偿；④对具有重大生态价值的区域或对象进行保护性投入等，包括重要类型（如森林）和重要区域（如西部）的生态补偿。

补偿标准是生态补偿机制的核心，不仅关系到生态环境保护者和受益者的切身利益和区域经济社会发展，更重要的是，它直接影响生态补偿的实施效果。因此，合理设定补偿标准，是保证生态补偿的有效开展的关键。目前确定的补偿标准主要有四种思路：

第一，通过计算生态系统服务价值即生态效益来确定补偿标准。由于研究人员采用的计算方法和指标不同，估算出的生态服务价值也各不相同。

第二，按生态系统破坏的恢复成本来确定补偿标准。按照"谁破坏，谁恢复"的原则，以环境治理和生态恢复的成本核算作为补偿标准的参考。以内蒙古牧区为例，如煤炭、矿石等采矿企业，其经营行为不可避免地会对草原造成不同程度的污染和破坏，轻者出现草地退化，重者造成土地沙化、水土流失，恶化牧区生存环境。此方法需要对恢复草原生态系统所需费用进行核算，作为补偿标准的参考。

第三，按生态受益者的获利来确定补偿标准。按照"谁受益，谁付费"原则，通过生态产品和服务的市场交易价格确定补偿标准，使生态受益者向生态保护者提供补偿。此方法通过市场交易，将草原生态保护的正外部性内部化，既能调动牧民积极性，又能降低草原保护成本，但是由于我国市场机制还不成熟，按此方法核算补偿标准在实践中操作难度大，很难实现。

第四，以机会成本来确定补偿标准。从国内外实践经验来看，机会成本法是可行性和认可率都较高的补偿标准方法，国外在制定政府主导型生态补偿机制的过程中，补偿标准结合了农牧户受偿意愿，将生态服务价值作为补偿上限，机会成本作为补偿下限，在农牧户补偿意愿基础上设定补偿标准，调动了他们的积极性，有利于生态保护项目的实施。借鉴国外成功经验，我国牧区草原生态补偿标准建议在结合农牧户生态补偿意愿的基础上，将保护草原生态环境导致牧区和牧民的发展权受限而产生的机会成本作为补偿标准。

资料来源：

[1] 光明日报. 加快构建草原生态补偿法律制度 [N]. https://www.gov.cn/xinwen/2019-07/12/content_5408553.htm?_refluxos=a10.

[2] 刘加文. 我国草原生态保护与牧区经济发展矛盾有待破解 [EB/OL]. https://ml.mbd.baidu.com/r/1qwJUU9mAkU?f=cp&rs=2419123402&rku=4MpmcRBHCJA0QAfu9iG5Wg&u=590baf51a1a79c27&urlext=%7B%22cuid%22%3A%22la2haga-Hf0qOvua0aSK8Ya6BigzavacgiHdaga2S8K90qqSB%22%7D，2018-07-18.

水生态资源价值评估

12.1　水生态资源价值概述

水资源是维持人类社会发展的重要生态资源，由于水资源类型繁多，不同类型水体之间能够相互转化及人们对水资源的广义和狭义认识的区别，对水资源的定义各有不同。从广义上看，水资源的概念强调其有可能被使用的潜力，例如，《不列颠百科全书》将水资源定义为，自然界一切形态（液态、固态、气态）的水，但地球上所有形态的水都具有被利用的潜力。从狭义上看，水资源的概念强调在现有的技术条件下可以被利用的水，例如，《国际水文学词汇》将其定义为，在某一地点和某段时期，适合于某种确定需求的可供利用或者能够经过处理而可供利用的水，它具有足够的数量和适当的质量；《中国自然资源丛书》将水资源定义为，凡能为人类生产、生活直接利用的，在水循环过程中产生的地表、地下径流和由它们存留在陆地上可再生的水体。相比广义水资源的概念,狭义的概念更具约束性。对于水资源，我国《水法》规定水资源是指地表水和地下水，因此我国界定水资源的范围就是地表水和地下水。其中，地表水是指我国陆地表面所有动态水和静态水的总称，主要包括河流、湖泊、沼泽、冰川等；地下水是指埋藏在地表以下的各种形式的重力水。不论是狭义的水资源还是广义的水资源，都有其价值，区别在于有没有被开发利用，人类的干预和活动从侧面赋予了水资源经济属性。

12.1.1　水资源的概念

水资源指的是地球上各种类型的水的总称，包括淡水、盐水、冰雪、地下水等。水资源对于维持生命和支撑人类社会的发展具有极其重要的作用。水资源可以用于饮用、农业灌溉、工业生产、发电、交通等各个领域，是人类生活和生产不可或缺的基本要素。

水资源的可持续利用和保护也成为当今世界面临的重大挑战，由于人口增长、工业化及气候变化等因素，水资源的供需矛盾日益加剧。因此，需要采取有效的措施来保护水资源，包括节约用水、改善水质、合理开发利用水资源等，以确保水资源的可持续利用和保护。

12.1.2　水资源的特征

中国水资源主要赋存于河流、湖泊、水库、沼泽等地表水生态系统与地下水生态系统中。水资源具有较多特征，包括数量有限且不可再生性、补给的循环性、时空分布的不均匀性、不可替代性和多功能性、动态性、易受污染和破坏性、地域性。

12.1.2.1　数量有限且不可再生性

水资源量的有限性决定了水资源资产量的有限性。目前我国多年平均地表水资源总量约为 2.7 万亿 m^3，地下水资源量约为 0.82 万亿 m^3，居世界第 6 位，但人均水资源不足 2400m^3，仅为世界人均占水量的 1/4。我国 600 多座城市中，有 300 多座城市面临缺水问题。每年因缺水而损失的工业产值达上千亿元。因此我国被列为世界 13 个人均水资源最贫乏的国家之一。此外随着工农业生产的进一步发展，对水资源的需求量会进一步增加，其有限性将会更加突出。尽管地球表面覆盖了丰富的水资源，但可利用的淡水资源却非常有限。水资源的再生过程需要较长时间，包括降水、蒸发和地下水补给等，是缓慢而复杂的。因此，必须珍惜和合理利用现有的水资源，避免浪费和过度开采。

12.1.2.2 补给的循环性

水资源属于一种动态可再生性资源，具有循环性。这是因为水循环是一个庞大的天然水资源系统，使地表和地下的淡水在该系统中循环往复，可以不断供人类利用和满足生态环境平衡的需要。同时，水资源的自我更新具有周期性，人类不能无休止地开发利用水资源。

12.1.2.3 时空分布的不均匀性

总体来看，北方水资源不足，南方水资源有余，大部分地区降水量集中在很短的雨季，且年际间降水量差异甚大，因而形成了我国水资源时空分布极不均衡的局面。水资源资产量不同于水资源量。水资源充足的南方往往有大量的废弃水不能形成资产，雨量稀少的北方又有可能重复利用水资源而使水资源资产量往往大于其水资源量。水资源资产量的大小除了与水资源量大小有关，还与工程措施、地区经济、供需状况、重复利用状况等有关。

12.1.2.4 不可替代性和多功能性

水资源在国民经济的各行各业中占有重要地位，没有水，各项建设事业就无法进行，它是推动人类进步和社会发展的不可替代的资源。水资源的多功能性体现为在同一个流域中上游的水能够到达中游、下游或河口，不管是农业、工业、居民生活等，各用水户都可以使用，水资源不仅为人类生活和工业生产供应资源，也是农业灌溉、生态保护和能源生产的基础。水资源在满足不同需求的同时，还承担着许多生态服务功能，如湿地保护、水文循环调节和生物多样性维护等。因此，在水资源管理中要兼顾各种需求和功能，促进资源的综合利用。

12.1.2.5 动态性

地表水和地下水均是流体，具有流动性，它们之间转化频繁，且都与大气补给有关。因此，水资源的数量和质量都有动态性，当外界条件改变时，其数量和质量都会变化。例如，河流上游取水量越大，下游的水量就会越小，并且上游水质污染也会殃及下游。在任一地点获取的地下水量，都是以周围地段甚至整个系统的水量和流场形态的变化为代价的。因此，在水资源价值评估中，不宜采用固体资源的区块评价方法，而应按水资源系统的具体形态进行。此外，随着科学技术的发展，用现代科学技术不能完全获取的水资源在将来能够得到开发利用，水资源量也会随之改变，因此说水资源具有动态性。

12.1.2.6 易受污染和破坏性

随着工业化和城市化的快速发展，水污染成为全球面临的严重问题之一。工业废水、农业面源污染和城市污水等都严重影响着水质和水资源的可利用性。此外，过度开采和过度放牧等人类活动也会导致水资源的破坏和生态系统的退化。因此，人们需要加强水资源保护和污染治理，确保水资源的可持续利用。

12.1.2.7 地域性

水资源的供应和需求具有地域性差异，由于地理和气候条件的不同，不同地区对水资源的需求和利用方式也有所不同。因此，研究者需要根据具体地区的特点，制定相应的水资源管理策略和措施，实现资源的合理配置和利用。

综上所述，水资源具有数量有限且不可再生性、补给的循环性、时空分布的不均匀性、不可替代性和多功能性、动态性、易受污染和破坏性、地域性等特征。了解和把握这些特征对于合理利用和保护水资源至关重要。人们应该加强水资源的管理和保护，促进水资源的可持续利用，确保人类和生态系统的可持续发展。

12.1.3 水生态资源价值的界定

水资源的价值界定是指对水资源的各种属性和作用进行评估和界定，以确定其在人类社会和自然系统中的重要性和意义。这对于水资源的科学管理、合理利用和可持续发展具有重要意义。通过对水资源的价值进行界定，可以更好地认识和传达水资源在社会、生态系统和经济中的重要性，从而更好地保护和管理水资源，实现水资源的可持续利用和管理。

12.1.3.1 经济价值

水资源的产权由国家所有，使用者向所有者支付一定的费用后，可以获得水资源的使用权并能获得使用水资源带来的收益，因此，水资源的产权是水资源的经济价值的基本组成部分，所有使用者都必须支付水资源的基本使用费用。

水资源是一种重要的生产要素，提供人类生产生活必需的生产资料和生活资料，满足工业、农业、居民生活等的要求，参与生产和消费的经济活动，使国民财富增值，是经济发展的动力和社会进步的保障。水资源的有用性使水资源具有巨大的使用价值，其稀缺性、水质及开发利用所耗费的劳动量决定了水资源经济价值的大小。目前水资源总量固定，但用量不断增大，致使现有水资源锐减，造成使用者间的竞争。市场经济体制运用水资源的价格这一工具调节供求关系，实现资源优化配置，达到水资源效用最大化的目标。

12.1.3.2 社会价值

水资源是一种准公共物品，流域内人群对该流域的水资源享有平等的使用权，这种平等不仅体现在同代人使用水资源的权利的平等上，也包括代际使用者之间的平等的使用权。这就要求开发利用水资源时，应注意水资源的可持续发展，包括代际持续利用、城乡持续利用和上下游持续利用，从而保障当代社会和后代的公平用水权。

良好的水质具有正外部性，足够干净可靠的水资源对于保障人类健康和提高生活质量至关重要，秀美的水域生态系统具有观赏价值，可以满足人类的精神需求。因此，水资源具有社会价值。

12.1.3.3 生态价值

水资源对生态系统具有演化和调节作用，这是水资源生态价值的主要表现。水分多少是划分湿润与干旱生态系统的基本因素，从而决定了物种的分布。水资源是维持和调节生态环境的要素，能够维持生物多样性、保持生态平衡，是生态系统的天然调节器，具有重要的生态价值。当水资源不断遭到污染和破坏而逐渐枯竭时，生态环境会随之恶化，物种会随之减少。

水资源具有净化环境的功能，能够降低污染程度、吸附污尘、净化空气、美化环境。在人类活动对环境产生巨大污染和破坏的情况下，水资源的生态价值会变得更有意义。

水资源的经济、社会、生态价值紧密相关、相互统一又各有不同。三者有各自不同的价值体现，但又因为水资源生态系统与社会经济系统交叉协同而产生联系。因此，科学的水资源价值理论应该对水资源的经济、社会和生态价值进行综合、科学的评估。

12.2　水生态资源价值评估的内容

水生态资源价值评估是指对水资源在生态系统、社会和经济中的各种作用和价值进行定量或定性评估。这种评估有助于更好地认识水资源的重要性，并为科学管理和保护水资源提供依据。水生态资源价值评估可以从以下几个方面展开。

12.2.1　水生态资源供给服务价值

　　水资源的社会必要使用价值包含饮水、用水、公共公益用水等方面。水资源资产的必要性不仅限于自然生态中，人类社会的存在和发展，同样无时无刻不需要水的滋润。作为社会主体的每一个人，每天都离不开水，无论是饮用、清洁还是烹饪，水资源的效用已经渗透进了每个人的生活，如果耗尽了水资源，社会将无法发展，人类也无法生存。所以，水资源资产的使用价值在社会中是显著的。可采用收益法评估水资源的社会必要使用价值，当水资源被利用于个人生活时，资产的收益额可直接采用市场上的供水价乘以流域内相关的用水量来确定，并且根据《中华人民共和国价格法》《中华人民共和国水法》等法律条款，我国水价为阶梯水价，各地区单位价格不同，并且水价长期稳定、波动不大，如果无特别事项，可用被评估水资源所处区位的市场自来水水价作为未来收益的预测参数。同理，饮水价值可以用当地平均可饮用水单价乘以流域内用于生产饮用水的水量求得，则：

　　水资源被用于个人饮水、用水时的收益额 = 饮水价值 + 用水价值 =

　　饮用水单价 × 生产饮用水的水量 + 自来水单价 × 生产自来水的水量

$$(12-1)$$

12.2.1.1　各行业用水供给价值

12.2.1.1.1　农田灌溉

农田灌溉用水量指用于农田灌溉的水资源量，主要包括水田、菜田、水浇地等田地的灌溉用水量。其水资源资产实物量等于核算区某核算周期内农田灌溉的总取用水量，价值量等于核算区农业用水单位价格和实物量的乘积。

12.2.1.1.2　林牧渔畜

林牧渔畜用水量指用于核算区林业、畜牧业和渔业的水资源量，主要包括林牧（果苗圃、草场）灌溉用水、鱼塘补水及牲畜用水等。其水资源资产实物量等于核算区某核算周期内林牧渔畜的总取用水量，价值量等于核算区农业用水价格和实物量的乘积。

12.2.1.1.3　工业生产

工业生产用水量指用于工业生产的水资源量，其数量为新取用的水量，不包括企业内部重复利用量。其水资源资产实物量等于核算区某核算周期内工业用水的总取用水量，含规模以上、火（核）电和规模以下工业企业的新取用水量；价值量等于核算区工业用水价格和实物量的乘积。

12.2.1.1.4 城镇公共

城镇公共用水量指用于城镇公共生活生产的水资源量，主要包括服务业和特种行业用水。其水资源资产实物量等于核算区某核算周期内城镇公共用水的总取用水量；价值量等于服务业和特种行业的实物量分别与其对应行业用水的单位价格的乘积。

12.2.1.1.5 居民生活

居民生活用水量指城镇和农村居民的生活用水量，主要包括市、县、乡（镇）的居民和农村居民的生活用水。其水资源资产实物量等于核算区某核算周期内居民生活用水的总取用水量，价值量等于核算区城镇和农村居民生活用水价格和实物量的乘积。

12.2.1.2 计算公式

根据式（2-1），生态资源的供给价值为生态资源提供产品的市场价格、产量与价值调整系数的乘积，所以水资源供给的价值量，即为灌溉农业用水和生态用水的实物量与非居民生活用水现行市价的乘积。计算公式如下：

$$E_{水资源}=E_{农业}+E_{生态} \qquad (12-2)$$
$$V_{水资源}=E_{水资源}+P_{水} \qquad (12-3)$$

式中：$E_{水资源}$为水资源供给实物量（万/m^3）；$E_{农业}$为灌溉用水的农业需水量（万/m^3）；$E_{生态}$为生态用水量（万/m^3）；$V_{水资源}$为水资源供给价值（万元/a）；$P_{水}$是非居民生活用水现行市价(元/t)。

12.2.2 水生态资源调节服务价值

水生态资源调节服务是指水对环境中各种物理、化学、生物过程的影响，以及对水循环、气候和自然灾害的调节作用。对水生态资源调节服务价值进行评估可以帮助人们更好地认识水资源的重要性，并为水资源的保护和可持续利用提供参考依据。水生态资源可从以下几个方面发挥其调节服务价值：

12.2.2.1 洪水调蓄

洪水调蓄是指区域核算主体通过水库、湖泊等具有的削减并滞后洪峰、蓄积洪量、缓解下游洪水造成威胁和损失的功能。洪水调蓄的水资源实物量由核算区水库的防洪库容量和湖泊的洪水调蓄量组成；价值量核算可以采用替代工程法进行计量，即利用单位水库库容建设成本来替代洪水调蓄的单位经济价值，其计算公式如下：

$$Q = \sum_{i=1}^{m} Q_{水库i} \times Q_{湖泊i} \tag{12-4}$$

$$V = Q \times TC \tag{12-5}$$

式中：Q 为核算区洪水调蓄的水资源实物总量（亿 m^3）；$Q_{水库i}$ 为核算区第 i 个水库的防洪总库容（亿 m^3）；$Q_{湖泊i}$ 为核算区第 i 个湖泊的洪水调蓄量（亿 m^3）；V 为核算区洪水调蓄的水资源价值总量（亿元）；TC 为核算区单位水库库容建设成本（元 /m^3）。

12.2.2.2　空气净化

水库水资源的空气净化功能指的是水体中的植物和微生物能够吸收二氧化碳（CO_2）和其他气体，同时释放出氧气（O_2），从而改善周围的空气质量。水体表面也可以通过蒸发作用将湖水中的水分和溶解的气体释放到空气中，起到湿润和净化空气的作用。另外，水库水资源还可以阻挡和沉积大气颗粒物，如尘土、污染物等，从而减少它们对周围地区的空气质量的影响。水体表面的水膜也可以捕捉并吸附空气中的一些有害气体和颗粒物。其价值量核算公式如下：

$$Q_{ap（水库）} = Q_{单位} \tag{12-6}$$

$$V_{ap（水库）} = Q_{单位} \times A_2 \tag{12-7}$$

式中：$Q_{ap（水库）}$ 是水库水资源的年滞尘总量（t/a）；$Q_{单位}$ 是水库水面单位面积空气净化价值（元 /hm^2）；$V_{ap（水库）}$ 是水库水资源的年滞尘总量（元 /a）；A_2 是水库水资源面积（hm^2）。

12.2.2.3　水体净化

水体净化指水资源自身通过一系列的化学过程，降低、吸附、转化、吸收水污染物，从而使水资源恢复初始状态的能力。自然界的水都具有一定的自净能力，大致分为物理净化、化学净化、生物净化，三者同时发生、共同作用。水质净化是水资源的基本生态功能，但其纳污能力是具有一定限度的，且水体自净的过程比较漫长，远低于人工净化速度，同时水体能够净化的污染量也是有一定限度的，超过其纳污能力的污染物排放便会造成水资源的污染。

水体净化价值量计量可采用替代成本法进行核算，水质净化价值量等于经济体处理该污染物排放量的成本。计算公式如下：

$$V=P_i \times Q_i \qquad (12\text{-}8)$$

式中：V 为水生态系统净化污染物总价值；P_i 为单位第 i 类污染物处理成本；Q_i 为第 i 类污染物处理量。

12.2.2.4 气候调节

由于水的蒸发作用能导致降水量的增加以及气温的降低，对局部温度和湿度有调控作用，使水资源具有气候调节的功能。对于此价值的计量可以从成本计量的角度出发，按水资源的平均蒸发水量乘以电价计算。由于蒸发的水资源是自然状态的，模型中的水资源单价也要与此对应。建立评估模型如下：

$$V=S \times E \times \beta \times C \qquad (12\text{-}9)$$

式中：V 为水生态系统气候调节价值；E 为水生态系统平均蒸发量；β 为蒸发单位体积的水消耗的能量；C 为电价。

12.2.3 水生态资源支持服务价值

水资源的支持服务主要体现在土壤保持上，土壤保持是指通过一系列的措施和方法，防止土壤侵蚀和退化，保持土壤的肥力和可持续利用能力的过程。它旨在保护土壤资源，维护生态平衡，促进农业生产和生态环境的可持续发展。土壤保持的内容包括土壤侵蚀的防治、土壤水分的调控、土壤养分的保持、土壤结构的改善和土地利用的合理规划等。其中，土壤侵蚀的防治是土壤保持的核心内容，通过采取防风固沙、梯田建设、植被恢复等措施，减少水土流失和风蚀等现象；土壤水分的调控包括合理的灌溉和排水措施，保证农作物的水分需求和土壤的水分平衡；土壤养分的保持通过科学施肥、有机肥料的利用和绿肥的种植等，保持土壤肥力的稳定；土壤结构的改善包括翻耕、深松和有机质的添加等，改善土壤的通气性和保水性；土地利用的合理规划是指通过科学合理的土地利用方式，减少土壤的退化和破坏。

12.2.3.1 土壤保持

选用土壤保持量，即通过生态系统减少的土壤侵蚀量（潜在土壤侵蚀量与实际土壤侵蚀量的差值），作为生态系统土壤保持功能的评价指标。其中，实际土壤侵蚀量是指当前地表覆盖情形下的土壤侵蚀量，潜在土壤侵蚀量则是指没有地表覆盖情形下可能发生的土壤侵蚀量。

$$Q_{sr}=R \times K \times L \times S \times C \times P \qquad (12-10)$$

$$V_{固土} = \frac{Q_{sr}}{\rho} \times A_1 \times p \qquad (12-11)$$

式中：Q_{sr} 为单位面积年均土壤保持总量 $[t/(hm^2 \cdot a)]$；R 为降雨侵蚀力因子 $[MJ \cdot mm/(hm^2 \cdot h \cdot a)]$；$K$ 为土壤可蚀性因子 $[t \cdot hm^2 \cdot h/(hm^2 \cdot MJ \cdot mm)]$；$L$ 为坡长因子；S 为坡度因子；C 为植被覆盖因子；P 为水土保持措施因子。$V_{固土}$ 为林地生态系统年均固土价值（元/a）；ρ 为土壤容重（t/m^3）；A_1 为林地生态系统的面积（hm^2）；p 为单位土壤侵蚀所需要的固土费用（元）。

12.2.3.2 减少泥沙淤积

减少泥沙淤积可以保护生态环境，泥沙淤积可能导致河道、湖泊和海洋生态系统的破坏，影响水生植物的生长，破坏鱼类的栖息地，甚至对水中动物和植物的生存产生负面影响。减少泥沙淤积可以维持水域通航，泥沙淤积会导致河道和港口的深度变浅，限制船只通航，影响港口的运输能力和经济发展；减少泥沙淤积可以实现防洪和灾害管理，泥沙淤积造成水体淤积，导致附近地区发生洪水的风险增加，通过减少泥沙淤积可以降低洪水风险，提高地区的防洪能力；减少泥沙淤积可以保护近岸生态系统：淤积会影响海岸线的稳定性，破坏沿岸生态系统，这对保护海岸线的生物多样性和维护海岸线的生态平衡至关重要；减少泥沙淤积可以维持水体和水质清洁，泥沙淤积使水质受到污染，影响饮用水资源和水生动物的生存环境。

减少泥沙淤积的价值量的核算公式可以参照式（2-23）。

12.2.3.3 保持土壤肥力

保持土壤肥力对于农业生产和生态环境具有重要的价值，可以提高农作物产量和质量，保持土壤肥力可以为植物提供生长所需的养分和水分，促进农作物的健康生长，提高产量和品质；保持土壤肥力还可以保护生态环境，良好的土壤肥力有助于维持土壤的结构和稳定性，减少水土流失，保护水体和生态环境的健康。

保持土壤肥力可提高土壤抗逆性，充足的养分和有机质能够提高土壤的抗病虫害能力，从而减少农药和化肥的使用，降低环境污染和土壤荒漠化的风险；保持土壤肥力可提高土壤生物多样性，良好的土壤肥力有利于土壤中微生物群落的丰富，维持土壤的生物多样性，促进土壤生态系统的平衡；保持土壤肥力还可以降低农业生产成本，保持土壤肥力可以减少农民在肥料和其他土壤改良措施上的投入，降低农业生产成本。

因此，保持土壤肥力不仅可以提高农作物产量和质量，同时也有助于保护生态环境、提高土壤的抗逆性、提高土壤生物多样性和降低农业生产成本，具有重要的价值。

保持土壤肥力的核算公式可参照式（2-24）。

12.2.4 水生态资源文化服务价值

水生态资源文化服务价值评估是指对水资源所提供的文化相关服务的价值进行评估和量化。水资源不仅是生态系统的一部分，也是人类社会和文化发展不可或缺的重要组成部分。水生态资源文化服务价值包括以下几个方面。

12.2.4.1 休闲游憩

水资源的休闲游憩价值主要体现在以下几个方面：水资源如海洋、湖泊、河流、温泉等都是优美的旅游景点，吸引着大量游客前来游览、度假和休闲放松。水上运动如冲浪、游泳、帆船、钓鱼等也是吸引游客的重要项目。水资源的生态环境对于生态旅游具有重要的价值，人们可以欣赏自然风光，观察水生动植物，感受大自然的美好。在健康疗养方面，温泉、海水浴、瀑布等水资源具有疗养功效，有助于缓解身心压力、促进健康。许多人会选择到温泉度假村或健康养生中心进行水疗。在文化艺术方面，水资源在一些地方还具有特殊的文化和艺术价值，如水乡古镇、水上表演、水上节日等，体现出当地独特的文化底蕴。

总的来说，水资源的休闲游憩价值不仅能带来经济效益，还可以带来人们身心健康、文化交流等方面的价值，对社会的发展和人们的生活质量具有积极的影响。因此，保护和合理利用水资源是非常重要的。休闲游憩价值核算公式可以参考式（2-32）和式（2-33）。

12.2.4.2 科研与教育价值

水资源具有科研与教育价值。科研价值体现在水资源科研可以推动技术创新和方法探索，促进水资源管理和利用效率的提高，为解决水资源匮乏、污染和可持续利用等问题提供科学依据和技术支持。教育价值体现在水资源教育培养了大量的专业人才，他们将在水资源保护和管理、水利工程建设和环境保护等领域发挥重要作用，为社会提供专业技术和知识支持。

由于数据搜集存在一定的困难，借鉴丁小迪等（2015）的研究成果，使用单位面积水资源科学研究价值衡量水资源价值，核算公式可参照式（2-34）。

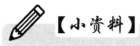

【案例分析】

水生态资源价值评估

本案例的内容请扫二维码。

水生态资源价值评估

资料来源：

［1］百度百科．龙口源森林公园［EB/OL］．https://mbd.baidu.com/ma/s/vTjDXNIb.

［2］瑞昌市人民政府．2017—2021 年瑞昌市水资源公报［EB/OL］．2023−07−21.

【小资料】

用水权

　　用水权是为了满足生活和社会基本需求所消耗水资源的一种权利。《关于推进用水权改革的指导意见》明确指出，广义上的水权既包括水资源所有权，也包括水资源使用权。我国水资源属于国家所有，明晰水权主要是明晰水资源使用权，即用水权。用水权是从水资源所有权派生出来的，是权利人依法享有的依一定方法并在一定范围内对地表水与地下水使用、收益的权利，用水权作为一个权利束，包含取水权、蓄水权等。水的公共属性可能导致出现水权不清、水价机制有缺陷的情况。从水权角度来看，用水权归属不清、取用水户水权无偿取得导致的水资源滥用的责任无法追究，由此形成"公水悲剧"现象，"用水权"这一概念也就是基于这一根源而产生的。因此，需要通过推进用水权分配，发挥用水权的约束机制和功能，深化水权水价改革，以消除"公水悲剧"。

　　用水权主要表现为四种类型，《关于推进用水权改革的指导意见》对每类用水权的分配和明晰均作出了规范性要求：一是区域水权。江河流域水量分配方案批复的可用水量，作为区域在该江河流域的用水权利边界；地下水管控指标确定下来的地下水可用水量，作为区域的地下水用水权利边界；调水工程相关批复文件规定的受水区可用水量，作为该区域取自该工程的用水权利边界。二是取用水户的取水权。对依法纳入取水许可管理的单位和个人，在严格核定许可水量的前提下，通过发放取水许可证明晰取水权。三是灌溉用水户水权。对灌区内的灌溉用水户，地方可根据需要通过发放用水权属凭证或下达用水指标等方式，明晰用水权。四是公共供水管网用户的用水权。地方可根据需要，对公共供水管网内的主要用水户通过发放权属凭证、下达用水指标等方式，明晰用水权。

　　水资源作为一种资源资产能为使用主体带来经济效益是无可争议的事实，对于水资源的权属问题一直存在较大的争议。用水权交易虽然受到国家调控，但受益主体主要是用水主体，仍然满足私权特性，基于此用水权交易市场化才有实现可能。

　　从资产属性来看，《水权交易管理暂行办法》明确水权可以作为资产交易，其交易过程需要通过水权交易平台进行。水资源作为水权交易的载体，是一种典型的不确定性资源，而这种不确定性是现代金融衍生品价值的来源。因此，水权可被视作一种金融资产，按照水资源用途和适用对象的不同，将水期权引入水资源配置和管理中，验证该交易机制的可行性。

　　从法律属性来看，我国的《水法》和相关法规对于水权和水权转让的内容没有一个准确完整的概念，但对于用水权和所有权的规定基本无异议。按照法律规定，水资源归国家所有，国有资产要由特定主体使用并实现其价值。用水权进行初始分配后，取水许可证是用水权分配得以实施的法律保证，取水许可的法律保障由政府授权，用水权是以产权作为法律基础，将水资源的使用权从低估值者转移到高估值者中，通过使用水资源获得收益，所以用水权是一种新型用益物权或准物权。尽管自然资源所有权为国家所有，但其使用要通过使用者申请和政府依法审查，用水权的使用属于资源特许权，这种特许权的核心赋予了申请人对水资源使用以及获取利益的权利和资格。无论是用益物权还是资源特许权都能为权利主体带来经济利益，因而都是准物权，准物权体现出用水权的本质是私权，是单位或个人对水资源的使用权或收益权。尽管用水主体的用水量受国家管控，但水资源的使用能为用水主体带来经济收益，因此，用水权从本质上讲仍是私权。

资料来源：

　　[1] 武穴市水利和湖泊局. 水利部国家发展改革委财政部关于推进用水权改革的指导意见政策解读 [EB/OL]. https://www.wuxue.gov.cn/zwgk/public/6636514/851688.html，2024-05-20/2024-09-28.

　　[2] 中华人民共和国水利部. 水权交易管理暂行办法 [Z]. 2016-04-19.

　　[3] 百度百科. 水权 [EB/OL]. https://baike.baidu.com/item/%E6%B0%B4%E6%9D%83/8475654?fr=ge_ala，2024-09-28.

【 第 13 章 】

海洋生态资源价值评估

 【学习要点】

1.了解海洋生态资源的概念,海洋生态资源是指在海洋内外应力作用下,形成并分布于海洋地理区域内,在当前及可预见的未来能为人类开发与利用,并能产生经济价值的一切物质、能量以及与海洋开发有关的海洋空间;掌握海洋生态资源的特征,自然特征包括流动性、空间立体性、易再生性和质量差异性,经济特征包括供给的稀缺性、资源开发的强外部性、产权的难界定性、利用方向变更的困难性以及报酬递减的可能性。

2.掌握海洋生态资源价值的界定;掌握海洋生态资源价值评估的内容,包括海洋生态资源的供给服务价值、海洋生态资源的调节服务价值、海洋生态资源的支持服务价值以及海洋生态资源的文化服务价值;结合评估案例掌握海洋生态资源价值评估的过程以及结果分析。

13.1 海洋生态资源价值概述

13.1.1 海洋生态资源的概念

海洋生态资源是指在海洋内外应力作用下,形成并分布于海洋地理区域内,在当前及可预见的未来能为人类开发与利用,并能产生经济价值的一切物质、能量以及与海洋开发有关的海洋空间。海洋资源可以按照其性质和利用方式进行分类。一般来说,海洋生态资源可以分为海洋生物资源、海洋矿产资源、海洋空间资源、海洋化学资源、海洋能源资源及海洋旅游资源等。

13.1.1.1 海洋生物资源

在海洋生物资源中,具有较广泛的开发利用和经济价值的除鱼、虾、蟹等能被人类利用的生物群体资源外，还包括具有科研价值和生物多样性保护价值的鲸豚类等海洋珍稀动物资源。海洋生物资源不仅可以扩充人类食物来源，还可以制作多种高效、特效药物，并提供多种重要化工及其他工业原料。

13.1.1.2 海洋矿产资源

海洋中蕴藏着丰富的石油和天然气资源、非金属矿物资源等。海洋矿产资源是海滨、浅海、深海、大洋盆地和大洋中脊底部的各类矿产资源的总称。这些资源对于能源供应、工业生产等具有重要作用。

13.1.1.3 海洋空间资源

海洋空间资源是指与海洋开发利用有关的海岸、海上、海中和海底的地理区域的总称，包括海洋水面资源和海底资源，即将海面、海中和海底空间用作交通、生产、储藏、军事、居住和娱乐场所的资源。

13.1.1.4 海洋化学资源

海洋化学资源是指海洋中所蕴含的可供人类利用的各种化学元素，根据测定，海洋中含有在陆地上已发现的 100 多种化学元素当中的 80 多种，具有重要的开发价值。目前，开发利用水平已达到工业规模的海洋化学资源有淡水、食盐、镁和溴等。

13.1.1.5 海洋能源资源

海洋能源资源是指海洋中所蕴藏的可再生的自然能源，主要为潮汐能、波浪能、海流能、海水温差能和海水盐差能。按储存形式可以分为海水运动和势能（包括潮汐能、波浪能、海流能）、海水的热能（温差能）和海水的化学能（盐差能）。

13.1.1.6 海洋旅游资源

海洋旅游资源是指在特定的社会经济背景下，依托海洋环境所产生的一系列满足人们精神和文化需求的海洋游览、娱乐和度假活动的现象和关系。这些资源主要包括海滨、海岛以及其他海洋区域中所蕴含的自然风光和人文景观。

13.1.2 海洋生态资源的特征

海洋生态资源不仅是海洋经济发展的物质基础，同时也是整个国民经济健康稳定发展的保障，不同于一般的资源，其以自然特征为基础，在人类不断开发和利用的过程中产生了其特有的经济特征。

13.1.2.1　自然特征

海洋生态资源的自然特征是海洋资源自然属性的反映，是海洋生态资源所固有的，与人类对海洋开发利用与否没有必然的联系。从海洋生态资源的自然特征来看，海洋生态资源具有流动性、空间立体性、易再生性及质量差异性四个特征。

13.1.2.1.1　流动性

海洋中的海水不是静止不动的，而是无时无刻都在做水平或垂直方向的移动。在海洋生态资源中除海底矿产、岛礁等少数资源不移动外，其余均随着海水的流动而在海洋中自由移动。海水的流动性造成海洋生态资源的公有性，任何地区或国家都不应当独占海洋生态资源。

13.1.2.1.2　空间立体性

海洋从其表面开始，向下可以深至数千米，且不同深度都分布有海洋生态资源，对海洋生态资源的开发表现出强烈的空间立体性，如水面为航道、水中为筏式养殖、海床为底波养殖、海底为矿物开采等。

13.1.2.1.3　易再生性

生物多样性资源、生态资源和部分空间资源都是可再生资源，只要合理使用就可以做到可持续利用，具有易再生性。

13.1.2.1.4　质量差异性

虽然海洋水体是流动的，在很大程度上将不同海域的水体进行了交融，但是海域自身的条件以及相应的气候、水文条件的差异，造成了海洋生态资源的质量差异性。

13.1.2.2　经济特征

从海洋生态资源的经济特征来看，海洋生态资源具有供给的稀缺性、资源开发的强外部性、产权的难界定性、利用方向变更的困难性及报酬递减的可能性五个特征。

13.1.2.2.1　供给的稀缺性

在人类大规模进军海洋之前，海洋还未成为经济学意义上的资源，不存在稀缺性，而当人类大规模开发利用海洋之后，对海洋生态资源的需求不断扩大，海洋生态资源的稀缺性也随之而来。但这种稀缺性并不表现在海洋生态资源供给总量与需求总量的矛盾上，而是表现在某些海区资源和某种用途资源的稀缺上。

13.1.2.2.2 资源开发的强外部性

海洋是一体的、流动的、相互影响的，资源联系非常紧密。某一陆地地域的经济开发一般不会给不相连的陆地地域带来较大的直接影响，而海洋经济由于其一体的构成和流动的形态，某一海洋区域的开发利用，不仅会影响本区域内的自然生态环境和经济效益，而且将会影响邻近海域甚至更大范围内的生态环境和经济效益，具有很强的外部性。

13.1.2.2.3 产权的难界定性

海洋生态资源属于典型的公共资源，具有较强的非竞争性、非排他性和共享性，其产权难以界定。例如，海洋水体覆盖下的生物可以游动，而深海和公海资源更是难以界定。

13.1.2.2.4 利用方向变更的困难性

海洋生态资源有多种用途，但当其一经投入某种用途之后，想要改变其利用方向，一般来说是比较困难的。由于投资较大，变更其利用方向往往会造成巨大的经济损失；有的项目一旦变更利用方向，便无法在海里将其遗留的废弃物全部清理，进而会对海区造成不可消除的影响，甚至导致整个海区的荒废。

13.1.2.2.5 报酬递减的可能性

在海洋开发中，如果技术水平保持不变，当投入超过一定限度后，就会产生边际报酬递减的后果。

13.1.3 海洋生态资源价值的界定

海洋生态资源对人类来说是具有效用的，它能满足人类的某些功能或需要，因此，它是具有价值的。根据效用价值论及可持续发展理论，海洋生态资源对人类的效用除了体现在传统的经济价值上，其生态价值与社会价值也日益突出。

13.1.3.1 经济价值

经济价值是指任何事物对于人和社会在经济上的意义，经济学上所说的"商品价值"及其规律则是实现经济价值的现实必要条件。海洋生态资源的经济价值是指海洋生态资源直接用于当前生产和消费活动中的价值，该价值体现的是直接使用价值，通常可通过市场交换来体现，主要表现为开发利用海洋生态资源（如海洋渔业资源、海洋油气资源、海洋港口资源等）产生的经济效益。

13.1.3.2　生态价值

海洋生态资源的生态价值是指海洋生态资源并非直接用于生产和消费活动中，对生态水平、环境质量所产生的影响，该价值体现的是潜在价值与间接使用价值，通常不可直接通过市场交换来体现。在估计海洋生态资源价值时，首先要确定海洋生态资源所提供的各种生态功能。目前，国际与国内对海洋生态资源价值的关注主要集中在海洋的固碳释氧、水体净化、营养物质循环、生物控制、干扰调节、初级生产、提供基因资源、物种多样性与生态系统多样性等功能的价值上。

13.1.3.3　社会价值

海洋生态资源的社会价值是指在人类对海洋生态资源的开发利用等活动中，海洋生态资源为满足人类社会发展中物质的、精神的需要所做出的贡献和承担的责任。社会价值主要体现在海洋生态资源对区域社会发展各个因素的贡献与影响上，包括教育、文化、经济、政治等方面。该价值通常体现为科研文化价值、选择价值和存在价值。

13.2　海洋生态资源价值评估的内容

海洋生态资源价值评估是对海洋生态系统及其提供的服务和产品进行经济化的衡量和评估。海洋生态系统提供了许多重要的生态服务，如食物供给、气候调节、海洋保护、旅游娱乐等，这些服务对人类社会和经济具有重要意义。海洋生态资源价值评估的内容主要包括生物多样性评估、经济价值评估、生态服务评估、生态风险评估、社会文化价值评估。通过对海洋生态系统的服务价值进行评估，可以系统地认识海洋生态资源环境承载能力，推动海洋生态资源的合理开发利用，为海洋强国建设打下坚实基础（见表 13-1）。

表 13-1　海洋生态资源价值评估指标体系

服务类别	功能类别	评估内容
供给服务	渔业资源	√
	港址资源	√
	石油资源	√
	海盐资源	√

服务类别	功能类别	评估内容
调节服务	固碳释氧	√
	净化价值	√
	气候调节	√
	营养盐循环	√
支持服务	物种多样性维持	√
	生态系统多样性维持	√
文化服务	休闲娱乐服务	√
	科研服务	√
	教育服务	√

13.2.1 海洋生态资源供给服务价值

海洋生态资源通过提供各种资源来满足人类的需求，其中最明显的是海洋渔业资源，海洋中的鱼类、贝类等海产品是人类的重要食物来源。此外，海洋还提供石油、天然气、盐等重要的能源和原料资源。

13.2.1.1 渔业资源

海洋渔业资源是指从海洋中捕捞和采集的野生或人工养殖的鱼类和甲壳类动物以及其他生物。渔业资源品种众多，对每个品种的价值进行评估比较困难。从渔业资源利用现状出发，可以把渔业资源开发的纯收益认为是资源本身的价值，考虑时间、社会等因素，采用收益还原法对渔业资源总价值进行评估。假设海洋渔业的年纯收益和还原利率不变，评估渔业资源价值的公式如下：

$$V = \frac{E}{i} = \frac{R-C}{i} \tag{13-1}$$

式中：V 为海洋渔业资源价值；E 为海洋资源开发的年纯收益，近似采用当年海洋渔业的年增加值；R 为海洋渔业资源开发的年总收入；C 为海洋渔业资源开发的年总成本；i 为还原利率。

13.2.1.2 港址资源

港址资源指符合一定规格船舶航行与停泊条件，并具有可供某类标准港口修建和使用的筑港与陆域条件，以及具备一定的港口腹地条件的海岸、海湾、岛屿等，是港口赖以建设与发展的天然资源。对于已开发利用的港址资源，港口的收益可认定为资源本身的价值，可采用收益还原法进行评估，假设港口运营的年纯收益不变，评估港址资源无限年期价值，港址资源价值评估的公式如下：

$$W = \frac{S}{i} = \frac{R - C}{i} \tag{13-2}$$

式中：W 为港址资源价值；S 为港口运营的年纯收益；R 为港口运营的年总收入；C 为港口运营的年总成本；i 为还原利率。

13.2.1.3　石油资源

海洋石油资源是指埋藏在海底的石油和天然气，无论其生成条件是否属于海洋环境，都列入海洋石油资源。海洋石油资源的价值主要依靠资源总储量、单位采出量价值、资源回收率评估，具体计算公式如下：

$$M = M_e \times Q \times r \tag{13-3}$$

$$P_e = P - C \tag{13-4}$$

式中：M 为资源总储量价值；M_e 为资源单位采出量价值；Q 为石油和天然气储量；r 为石油和天然气的回收率；P 为资源单位市场价格；C 为资源单位开采成本。

13.2.1.4　海盐资源

海水中有大量的盐类，主要是氯化钠，同时还含有其他矿物质，如硫酸钙、镁盐等。当海水蒸发时，盐类会结晶并沉淀下来，形成海盐。海盐广泛应用于食品加工、调味等领域，是一种非常珍贵的资源。海洋盐业的收益可认定为资源本身的价值，假设海盐生产年纯收益和还原利率不变，评估海盐资源无限年期价值，海盐资源价值评估公式如下：

$$W = \frac{B}{i} = \frac{R - C}{i} \tag{13-5}$$

式中：W 为海盐资源价值；B 为海盐生产的年纯收益；R 为海盐开发的年总收入；C 为海盐开发的年总成本；i 为还原利率。

13.2.2　海洋生态资源调节服务价值

海洋生态系统可以调节地球的气候。海洋通过吸收二氧化碳，减少大气中二氧化碳的含量进而减缓温室效应。此外，海洋可以减缓气候变暖的影响，吸收和分散飓风和风暴的能量，并在一定程度上缓解沿海地区的洪灾和风暴的破坏性影响；还能经过生物、化学和物理自净，最终将人类生产、生活产生的废水转化为无害物质。

13.2.2.1 固碳释氧

固碳释氧是海洋生态服务功能的重要组成部分，在海洋生态系统这一复杂的系统中，海洋植物通过光合作用和呼吸作用吸收二氧化碳并释放氧气。采用替代价格法和收益还原法对海洋资源的固碳释氧价值进行评估，计算公式如下：

$$V = Q_{CO_2} \times P_{CO_2} + Q_{O_2} \times P_{O_2} \times \frac{CPI_1}{CPI_2} \tag{13-6}$$

式中：V 为固碳释氧年均价值（元 /a）；Q_{CO_2} 为年均固碳物质量（t/a）；P_{CO_2} 为二氧化碳排放权的市场交易价格（元 /t）；Q_{O_2} 为年均氧气生产量（t/a）；P_{O_2} 为人工制氧成本（元 /t）；CPI_1 为待估年份消费价格指数；CPI_2 为比较实例年份消费价格指数。

13.2.2.2 净化价值

海洋生态资源的净化价值是指人类生产、生活产生的废水、废气等通过地面径流、直接排放、大气沉降等方式进入海洋，经过净化最终转化为无害物质的功能。海洋分解、降解、吸收、转化废弃物可大大减少垃圾处理费用。海洋资源的净化功能价值主要采用替代价格法和收益还原法进行评估。海洋资源净化功能的物质量计算公式如下：

$$Q_{SWT} = Q_{WW} - Q_{WW} \times f \times 20\% \tag{13-7}$$

式中：Q_{SWT} 为废弃物处理的年均物质量（t/a）；Q_{WW} 为工业废水与生活废水年均产生量（t/a）；f 为主要河流携带入海的主要污染物质量百分比浓度。

13.2.2.3 气候调节

海洋通过与大气的能量物质交换和水循环等作用在调节和稳定气候上发挥着决定性作用，被称为"气候的调节器"。海洋气候调节的物质量计算公式如下：

$$Q_{CO_2} = Q'_{CO_2} \times S \times 365 \times 10^{-3} + Q''_{CO_2} \tag{13-8}$$

式中：Q_{CO_2} 为气候调节的年均物质量（t/a）；Q'_{CO_2} 为单位时间、单位面积水域浮游植物固定的二氧化碳量［mg/(m2·d)］；S 为评估海域的水域面积（km²）；Q''_{CO_2} 为大型藻类年均固定的二氧化碳量（t/a）。

浮游植物固定二氧化碳量的计算公式如下：

$$Q'_{CO_2} = 3.67 \times Q_{PP} \tag{13-9}$$

式中：Q'_{CO_2}为单位时间、单位面积水域浮游植物固定的二氧化碳量 [mg/（m² · d）]；Q_{PP}为浮游植物的初级生产力 [mg/（m² · d）]。

大型藻类固定二氧化碳量的计算公式如下：

$$Q''_{CO_2} = 1.63 \times Q_A \qquad (13-10)$$

气候调节的价值量应采用替代市场价格法进行评估，计算公式如下：

$$V_{CO_2} = Q_{CO_2} \times P_{CO_2} \times 10^{-4} \qquad (13-11)$$

式中：V_{CO_2}为气候调节年均价值（万元/a）；Q_{CO_2}为气候调节物的年均质量（t/a）；P_{CO_2}为二氧化碳排放权的市场交易价格（元/t）。

13.2.2.4 营养盐循环

海洋生态资源营养盐循环价值主要是用海洋处理含 P（磷元素）、N（氮元素）等营养盐的成本替代海洋生态系统营养盐循环的功能价值，计算公式如下：

$$P = X_N C_N + X_P C_P \qquad (13-12)$$

式中：C_N、C_P分别为 N 和 P 的去除成本；X_N、X_P分别为单位面积海域 N、P 容量。

13.2.3 海洋生态资源支持服务价值

支持服务是保证海洋生态系统为人类提供供给、调节和文化服务所必需的基础服务。海洋生态资源支持服务评估主要考虑生物多样性维持服务，具体包括物种多样性和生态系统多样性的维持服务。海洋物种多样性维持服务是指海洋中不仅生活着丰富的生物种群，还为其提供了重要的栖息地、产卵场、越冬场、避难所等庇护场所。海洋物种多样性维持服务主要通过海洋珍稀濒危生物的维持和保存来实现。海洋生态系统多样性维持服务主要通过维持高生物多样性价值的关键生境来实现。虽然海洋中每种生物、每块生境对维持生物多样性都有贡献，但是海洋生物多样性维持服务的价值主要体现在那些珍稀濒危生物和关键生境上。例如，国家级的海洋保护物种和保护区就具有较高的生物多样性维持服务价值。

13.2.3.1 物种多样性维持

海洋不仅生活着丰富的生物种群，还为其提供重要的产卵场、越冬场和避难所等庇护场所。例如，滨海湿地、珊瑚礁就维持着很高的生物多样性。物种多样性维持的价值量应采用条件价值法进行评估。推荐采用评估海域毗邻行政区（省、市、县）的城镇人口对该海域内的海洋保护物种以及当地有重要价值的海洋物种的支付意愿来评估物种多样性维持服务的价值。计算公式如下：

$$V_{SSD} = \sum WTP_j \times \frac{P_j}{H_j} \times \eta \qquad (13-13)$$

式中：V_{SSD} 为物种多样性维持的年均价值（万元 /a）；WTP_j 为物种多样性维持支付意愿，即评估海域内第 j 个沿海行政区（省、市、县）以家庭为单位的物种保护支付意愿的平均值 [元 /（户·a）]；P_j 为评估海域内第 j 个沿海行政区（省、市、县）的城镇人口数（万人）；H_j 为评估海域内第 j 个沿海行政区（省、市、县）的城镇平均家庭人口数（人 / 户）；η 为被调查群体的支付率。

13.2.3.2 生态系统多样性维持

生态系统多样性维持的价值量应采用条件价值法进行评估。推荐采用评估海域毗邻行政区（省、市、县）城镇人口对该海域内的海洋自然保护区、海洋特别保护区和水产种质资源保护区的支付意愿来表示生态系统多样性维持服务的价值。计算公式如下：

$$V_{SED} = \sum WTP_j \times \frac{P_j}{H_j} \times \eta \qquad (13-14)$$

式中：V_{SED} 为生态系统多样性维持的年均价值（万元 /a）；WTP_j 为生态系统多样性维持支付意愿，即评估海域内第 j 个沿海行政区（省、市、县）以家庭为单位的保护区支付意愿的平均值 [元 /（户·a）]；P_j 为评估海域内第 j 个沿海行政区（省、市、县）的城镇人口数（万人）；H_j 为评估海域内第 j 个沿海行政区（省、市、县）的城镇平均家庭人口数（人 / 户）；η 为被调查群体的支付率。

13.2.4 海洋生态资源文化服务价值

文化服务是指人们通过精神感受、知识获取、主观印象、消遣娱乐和美学体验从海洋生态系统中获得的非物质利益。文化服务主要包括休闲娱乐服务、科研服务和教育服务。休闲娱乐服务是指海洋为人们提供游玩、观光、游泳、垂钓、潜水等方面的服务。科研服务是指海洋提供了科研的场所和材料，提供知识创造的服务。教育服务是指为学生提供学习、培训和指导的服务，包括学校教育、辅导班、培训机构、在线学习平台等。

13.2.4.1 休闲娱乐服务

海洋生态旅游作为一种旅游形式，为人们提供了独特的休闲娱乐场所。基于分区旅行费用法，海洋的休闲娱乐服务价值量计算公式如下：

$$V_{ST} = \sum \int_{O}^{Q} F(Q) \qquad (13-15)$$

式中：V_{ST} 为休闲娱乐服务的年均价值（万元 /a）；$F(Q)$ 为通过问卷调查数据回归拟合得到的旅游需求函数。

基于个人旅行费用法的休闲娱乐服务价值量计算公式如下：

$$V_{ST} = (\overline{TC} + CS) \times P \qquad (13-16)$$

式中：V_{ST} 为休闲娱乐服务的年均价值（万元 /a）；$\overline{TC}$ 为单个游客旅行费用的平均值（元 / 人）；CS 为单个游客的消费者剩余（元 / 人）；P 为旅游景区年均接待的旅游总人数（万人 /a）。

13.2.4.2 科研服务

海洋生态资源的科研服务价值主要是根据公开发表的以评估海域为调查研究区域或实验场所的海洋类科技论文数量进行评估，其价值量主要采用替代成本法进行评估。计算公式如下：

$$V_{SR} = Q_{SR} \times P_R \qquad (13-17)$$

式中：V_{SR} 为科研服务的年均价值（万元 /a）；Q_{SR} 为科研服务的年均物质量（篇 /a）；P_R 为每篇海洋类科技论文的科研经费投入（万元 / 篇）。

13.2.4.3 教育服务

教育服务具有使用价值与交换价值，具有基础产业性、交换性、市场性、生产与消费同时性、共发性及消费的多层次性、多元性等特征。海洋生态资源的教育服务价值评估是指人们参与海洋相关的教育活动，能够主动或者被动去学习、了解相关知识，进而对其结果是否满足自己需求的一种评价，主要包括参观相关海洋展览的价值、阅读海洋书籍的价值以及浏览海洋相关网站的价值。计算公式如下：

$$V_{USE} = V_{USE_1} + V_{USE_2} + V_{USE_3} \qquad (13-18)$$

$$V_{USE_1} = T \times P_人 \qquad (13-19)$$

$$V_{USE_2} = P_价 \times C \qquad (13-20)$$

$$V_{USE_3} = P_页 \times K \times M \qquad (13-21)$$

式中：V_{USE} 为海洋生态资源的教育服务的价值（元）；V_{USE_1} 为参观相关海洋展览的价值（元）；V_{USE_2} 为阅读海洋相关书籍的价值（元）；V_{USE_3} 为浏览海洋网

站的价值（元）；T 为海洋展览的门票费用（元／人）；$P_人$ 为参观海洋展览的人数（人）；$P_价$ 为海洋书籍的发行单价（元）；C 为海洋书籍的发行量（本）；$P_页$ 为海洋网站的年浏览量（次）；K 为海洋知识量比例（％）；M 为浏览一个海洋网页的费用（元）。

 【案例分析】

海洋生态资源价值评估

海洋生态资源价值评估

本案例的内容请扫二维码。

资料来源：

［1］天津政务网 . 天津市地理位置［EB/OL］. https://www.tj.gov.cn/sq/tjgk/zrdl/dlwz/?_refluxos=a10.

［2］中华人民共和国生态环境部 . 关于调整天津古海岸与湿地等 5 处国家级自然保护区有关事项的通知［Z］. 2009-12-07.

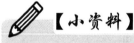 【小资料】

"海洋牧歌"

推动海洋渔业向信息化、智能化、现代化转型升级，需要提高海洋资源开发能力，着力推动海洋经济向质量效益型转变。海洋渔业资源，是重要的海洋生物资源。推动海洋渔业发展，理应从整体上提高海洋开发能力，既要扩大海洋开发领域，又要加强对海洋产业的规划和指导。这都离不开信息化、智能化、现代化的支撑。换言之，以信息化、智能化、现代化为重要支点，不断提高海洋资源开发能力，必然带动海洋渔业的结构优化，推动建设完善深远海养殖技术和装备产业的全产业链，进而助力培育现代化海洋牧场全产业链。只有不断提高开发能力，持续向信息化、智能化、现代化转型升级，才能更好地让海洋渔业发展成智慧渔业、让海水养殖不断向深蓝挺进。

推动海洋渔业向信息化、智能化、现代化转型升级，需要发展海洋科学技术，着力推动海洋科技向创新引领型转变。建设海洋强国必须大力发展海洋高新技术，推动海洋渔业向信息化、智能化、现代化转型升级同样呼唤海洋科技作为支撑。以国家 863 计划项目海水养殖种子工程南方基地为例，作为集水产饲料、种苗、养殖等为一体的综合研发平台，通过对相关海水鱼虾的良种选育、种苗繁育等开展研究工作，给渔业种子装上了"中国芯"。正是依靠科技进步和创新，才能努力突破制约海洋经济发展的科技瓶颈，也必须依靠科技进步和创新，包括海洋种业研发、海洋渔业发展在内的海洋事业才能更加前途无量。

2023 年中央一号文件指出：建设现代海洋牧场，发展深水网箱、养殖工船等深远海养殖。这既是推动海洋渔业向信息化、智能化、现代化转型发展的重要契机，也是实现这一转型发展的有力举措。切实将海洋作为高质量发展战略要地，将海洋渔业作为现代农业和海洋经济的重要组成部分，加强创新协作，释放"海"的潜力，增强自身发展活力，才能形成生态良好、生产发展、装备先进、产品优质、渔民增收、平安和谐的现代渔业发展新格局。

海纳百川，向海而兴。在强国建设、民族复兴新征程上，继续坚持陆海统筹，扎实推进海洋强国建设，促进海洋科研水平稳步提升、海洋经济高质量发展，"蓝色粮仓"一定会越建越丰实，"海洋牧歌"一定会越唱越响亮。

资料来源：人民网 . 推动海洋渔业向信息化、智能化、现代化转型升级 [EB/OL]. https://gdshyzhzfzd.gd.gov.cn/xwdt/hyyw/content/mpost_4155707.html?_refluxos=a10，2023-04-16.

【 第 14 章 】

生态资源价值评估报告

 【学习要点】

1. 了解生态资源价值评估报告的概念，了解生态资源价值评估报告的作用；掌握生态资源价值评估报告的分类，包括按法律定位划分、按评估对象划分和按评估基准日划分；明确生态资源价值评估报告的七个基本要求。

2. 掌握生态资源价值评估报告的基本内容，包括标题及文号、目录、声明、摘要、正文及附件。

3. 明确生态资源价值评估报告的编制步骤及编制的技术要点。

14.1 生态资源价值评估报告概述

14.1.1 生态资源价值评估报告的概念

生态资源价值评估报告是指评估机构及其评估专业人员遵守法律、行政法规和评估准则，在委托履行必要的评估程序后，由评估机构对评估对象在评估基准日特定目的下的价值出具的专业报告。生态资源价值评估报告是针对某一区域或项目进行的一种综合、系统的评价和分析，主要包括自然和人类活动对生态环境的影响、生态环境现状和演变趋势、生态系统的稳定性和可持续性等内容，从而为环境管理和可持续发展提供科学依据和决策支持。

评估专业人员应根据评估业务的具体情况，提供能够满足委托人和其他评估报告使用人合理需求的生态资源价值评估报告，并在评估报告中提供必要的生态资源信息，使评估报告使用人能够正确理解评估结论。生态资源价值评估报告应按照一定格式和内容编写，反映评估目的、假设、程序、标准、依据、方法、结果及适用条件等基本信息。

14.1.2 生态资源价值评估报告的作用

14.1.2.1 给被评估资产提供价值意见

评估报告是经具有资产评估资格的机构根据委托评估资产的特点和要求，组织资产评估师及相应的专业人员组成评估队伍，遵循评估准则和标准，履行必要的评估程序，运用科学的方法对被评估生态资源价值进行评定和估算后，通过报告的形式提出与生态和环境相关的价值意见。该价值意见不代表任何一方当事人的利益，是一种独立专家估价的意见，具有较强的公正性与客观性，因而成为被委托评估资产作价的重要参考依据。

14.1.2.2 明确各方责任的依据

评估报告是反映和体现资产评估工作情况，明确委托方、受托方及有关方面责任的依据。资产评估报告利用文字的形式，对受托资产评估业务的目的、背景、范围、依据、程序、方法等过程和评定的结果进行说明和总结，体现了评估机构的工作成果。同时，资产评估报告也反映和体现了受托的资产评估机构与执业人员的权利与义务，并以此来明确委托方、受托方等有关方面的法律责任。在资产评估现场工作完成后，评估机构和评估人员就要根据现场工作取得的有关资料和估算数据，撰写评估结果报告，向委托方报告。负责评估项目的评估师同时也要在评估报告上行使签字的权利，并提出报告使用的范围和评估结果实现的前提等具体条款。当然，评估报告也是评估机构履行评估协议和向委托方或有关方面收取评估费用的依据。例如，对森林、湿地、草原等进行评估时，由于评估对象、目的等不同，各方责任与义务也存在差异，这也反映在生态资源价值评估报告中。

14.1.2.3 完善资产评估管理的手段

对评估报告进行审核，是资产评估行业行政监督管理部门和行业自律管理组织完善资产评估管理的重要手段。生态资源价值评估报告是反映评估机构和评估人员职业道德、执业能力水平、评估质量高低和机构内部管理机制完善程度的重要依据。行业行政监督管理部门和行业自律管理组织通过审核资产评估报告，可以有效对评估机构的业务开展情况进行监管，强化对生态资源评估业务的管理经验。

14.1.2.4 归集评估档案资料的重要信息来源

评估报告是建立评估档案、归集评估档案资料的重要信息来源。评估机构和评估人员在完成评估任务后，都必须按照档案管理的有关规定，将评估过程收集的资料、工作记录及评估过程的有关工作底稿进行归档，以便进行评估档案的管理和使用。评估报告是对整个评估过程的工作总结，其内容包括评估过程的各个具体环节和各有关资料的搜集和记录。因此，不仅评估报告的底稿是评估档案归集的主要内容，而且撰写生态资源价值评估报告过程中用到的各种数据、各种依据、工作底稿和形成的有关文字记录等都是评估档案的重要信息来源。归档各类生态资源价值评估报告，整理评估数据、总结最新评估方法，取其精华，与传统评估方法相融合，将进一步促进生态资源价值评估的发展。

14.1.3 生态资源价值评估报告的分类

14.1.3.1 按法律定位划分

按法律定位划分，生态资源价值评估报告可分为法定评估业务评估报告和非法定评估业务评估报告。评估机构开展涉及国有生态资产或者公共利益等事项，法律、行政法规规定需要评估的法定评估业务，所出具的评估报告为法定评估业务评估报告，如国有生态资源价值评估报告；评估机构开展的非法定评估业务所出具的评估报告为非法定评估业务评估报告。

14.1.3.2 按评估对象划分

按评估对象划分，生态资源价值评估报告可分为整体资源价值评估报告和单项资源价值评估报告。对整个生态进行评估所出具的评估报告称为整体资源价值评估报告，体现为对某一特定区域整个生态系统价值进行评估所出具的评估报告；对某一项资源，以及若干项以独立形态存在、可以单独发挥作用或以个体形式进行交易的资源进行评估所出具的评估报告称为单项资源价值评估报告，体现为对某区域的某种资源的价值进行评估所出具的评估报告等。

14.1.3.3 按评估基准日划分

根据评估基准日的不同选择，评估报告可以分为现时性评估报告、预测性评估报告和追溯性评估报告。现时性评估报告是指以现在时点为评估基准日进行资源价值评估出具的评估报告，其特点是评估基准日非常接近评估报告日，大多数评估报告属于现时性评估报告，体现了被评估生态资源的现时价值；预测性评估报告是指以未来时点为评估基准日进行资源价值评估出具的评估报告，其特点是评估基准日远晚于评估报告日，体现了被评估生态资源在未来某一时点的预测价值；追溯性评估报告是指以过去时点为评估基准日进行资源价值评估出具的评估报告，其特点是评估基准日远早于评估报告日，体现了被评估生态资源在过去某一时点的价值。

14.1.4　生态资源价值评估报告的基本要求

14.1.4.1　陈述的内容应当清晰、准确，不得有误导性的表述

评估专业人员应当以清楚和准确的方式进行表述，而不应引起报告使用人的误解，评估报告不得存在歧义或误导性陈述，如在描述森林生态资源价值时，需对具体价值类型一一罗列。由于评估报告将提供给委托人、评估委托合同中约定的其他评估报告使用人和法律、行政法规规定的使用人使用，除委托人外，其他评估报告使用人可能没有机会与评估专业人员进行充分沟通，仅能依赖评估报告中的文字性表述来理解和使用该生态资源价值评估结论，所以评估专业人员必须特别注意评估报告的表述方式，不应引起使用人的误解。

14.1.4.2　应当提供必要信息，使评估报告使用人能够正确理解评估结论

评估专业人员应根据每个生态资源价值评估项目的具体情况和委托方的合理要求，确定评估报告中所提供信息的范围和程度（如评估内容对评估价值的影响程度；评估结果对恢复某一类生态环境所需代价和应赔偿的金额等要做详细阐述），使评估报告使用人能够正确理解报告的结论。判定一份评估报告是否提供了必要的信息，要看评估报告使用人（可能具有评估专业知识，也可能不懂评估专业知识）在阅读评估报告后能否对评估结论有正确的理解。虽然这是一个原则性的外部标准，但对评估报告是一个合理的要求。只有这样，才能体现评估专业人员是否尽到了义务。

14.1.4.3　详略程度可以根据评估对象的复杂程度、委托人的要求合理确定

生态资源价值评估报告的详略程度是以评估报告中提供的必要信息为前提的。委托人和其他评估报告使用人是评估报告的服务对象，因此，评估报告内容的详略要考虑报告使用人的合理需求。随着市场经济体制的逐步完善，市场主体对生态资源价值评估专业服务的需求也日趋多样，这与以往评估报告单纯为国有企业和国有资产管理部门服务的状况有着较大区别，生态资源权益交易在部分地区的试行，意味着对生态资源价值评估报告的准确性和详尽性有着更高的要求。作为理性的评估报告使用人，可能会要求评估专业人员在评估报告中不仅要提供

评估结论，还要提供形成评估结论的详细过程，或者在评估报告中对某些方面提供更为详细的说明。因此，评估报告的详略程度应根据评估对象的复杂程度、委托人的合理需求来确定。

14.1.4.4 应说明评估程序受限对评估报告出具的影响

生态资源价值评估报告是在履行评估程序的基础上完成的。现实工作中，由于生态资源的特殊性、客观条件限制等，评估程序的履行存在障碍，需要评估专业人员采取相关的替代程序，如采用旅行费用法对生态资源价值进行评估。因法律法规规定、客观条件限制，无法完全履行评估基本程序，经采取措施弥补程序缺失，且未对评估结论产生重大影响的，可以出具评估报告，但应在评估报告中说明评估程序受限情况、处理方式及其对评估结论的影响。如果程序受限对评估结论产生重大影响或者无法判断其影响程度，则不应出具评估报告。

14.1.4.5 签字印章要求

生态资源价值评估报告应当至少由两名承办该项业务的评估专业人员签名并加盖评估机构印章。法定评估业务的评估报告应当至少由两名承办该项业务的评估师签名并加盖评估机构印章。

14.1.4.6 语言及汇率要求

生态资源价值评估报告应使用中文撰写，同时需要出具外文评估报告的，以中文评估报告为准。评估报告一般以人民币为计量币种，使用其他币种计量的，应当注明该币种与人民币的汇率。

14.1.4.7 评估报告的有效期

评估结论反映评估基准日的价值判断，仅在评估基准日成立，所以生态资源价值评估报告应当明确评估结论的使用有效期。在基准日后的某个时期，经济行为发生时，市场环境、生态环境未发生较大变化的，评估结论在此期间有效，一旦市场价格标准出现较大波动，或生态环境出现重大变化，则评估结论失效。通常只有当评估基准日与经济行为实现日相距不超过一年时，才可以使用评估报告。当然，有时评估基准日至经济行为发生日尽管不到一年，但市场条件或生态环境状况发生重大变化，评估报告的结论不能反映经济行为实现日价值，这时应重新评估。此外，评估报告有效期是对现时评估的结论使用存在由于时间差异带来的市场变动的影响而提出的。超过有效期限，评估基准日的评估结论一般不能反映经济行为发生日的评估结论。

14.2　生态资源价值评估报告的基本内容

　　根据《资产评估执业准则——资产评估报告》，资产评估报告的内容包括：标题及文号、目录、声明、摘要、正文、附件。生态资源价值评估报告在总体框架上基本一致。

14.2.1　标题及文号、目录

　　生态资源价值评估报告是指评估机构及其评估专业人员遵守法律、行政法规和评估准则，根据委托履行必要的评估程序后，由评估机构对评估对象在评估基准日特定目的下的价值出具的专业报告。只有符合该定义的评估报告，才能以"评估报告"标题出具。评估机构及其评估专业人员执行与估算相关的其他业务时，虽然可以参照评估报告准则出具相关报告，但此类报告并不是评估报告，不得以"评估报告"标题出具，以免给委托人和报告使用人造成误解。

　　目录应当包括正文每一部分的标题和相应页码。

14.2.2　声明

　　生态资源价值评估报告的声明通常包括以下内容：

　　其一，本评估报告依据评估基本准则与评估执业准则和职业道德准则编制。

　　其二，委托人或者其他评估报告使用人应当按照法律、行政法规规定和评估报告载明的使用范围使用；委托人或者其他评估报告使用人违反前述规定使用评估报告的，评估机构及其评估专业人员不承担责任。

　　其三，评估报告仅供委托人、评估委托合同中约定的其他评估报告使用人和法律、行政法规规定的评估报告使用人使用；除此之外，其他任何机构和个人不能成为评估报告的使用人。

　　其四，评估报告使用人应当正确理解评估结论，评估结论不等同于评估对象可实现价格，评估结论不应被认为是对评估对象可实现价格的保证。

　　其五，评估机构及其评估专业人员遵守法律、行政法规和评估准则，坚持独立、客观和公正的原则，并对所出具的评估报告依法承担责任。

其六，评估报告使用人应当关注评估结论成立的假设前提、评估报告特别事项说明和使用限制。

其七，其他需要声明的内容。

需要注意的是，准则的要求仅是一般性声明内容，评估专业人员在执行具体评估业务时，还应根据评估项目的具体情况，调整或细化声明内容。

14.2.3 摘要

生态资源价值评估报告摘要通常提供评估业务的主要信息及评估结论。评估报告摘要披露的内容通常包括：①委托方和被评估单位；②评估目的；③评估对象和评估范围；④生态资源价值类型及其定义；⑤评估基准日；⑥评估方法；⑦评估结论及使用有效期；⑧特别事项说明。评估专业人员还可根据评估业务的性质、评估对象的复杂程度、委托人要求等，合理确定摘要中需要披露的生态资源及环境相关信息。摘要应与评估报告揭示的结果一致，不得有误导性内容。评估报告摘要与评估报告正文具有同等法律效力。

14.2.4 正文

14.2.4.1 委托人及其他评估报告使用人

评估报告使用人包括委托人、评估委托合同中约定的其他评估报告使用人和法律、行政法规规定的评估报告使用人。在评估报告中应当阐明委托人和其他评估报告使用人的身份，包括名称或类型。该名称可以是可确指的法人、自然人，如某公司、某自然人，也可以是不确指的某一类群体。

在国外，为避免违背职业道德准则中的为客户保密的责任，当某些客户希望在评估报告中匿名时，评估师可以将有关客户身份的信息存档，在报告中予以加密。

14.2.4.2 评估目的

生态资源价值评估是为满足特定经济行为的需要而进行的，生态资源价值评估的特定目的贯穿评估的全过程，影响着评估专业人员对评估对象的界定、价值类型的选择等，是评估专业人员进行具体评估时必须首先明确的基本事项。生态资源价值评估报告载明的评估目的应当具有唯一性，其结论是服务于评估目的的。

目前国内生态资源价值评估业务涉及的评估目的主要包括：①转让定价评估目的；②抵、质押评估目的；③公司设立、改制、增资评估目的；④财务报告评估目的；⑤税收评估目的；⑥司法诉讼评估目的；⑦其他评估目的。

14.2.4.3 评估对象和评估范围

生态资源价值评估报告中应载明评估对象和评估范围，并描述评估对象的基本情况。在对特定区域的生态资源价值进行评估时，应注明是对整体价值进行评估，还是对个别价值进行评估，如森林、湿地、草原、水资源等。

14.2.4.4 价值类型

生态资源价值评估报告应说明选择价值类型的理由，并明确其定义。一般来说，可供选择的价值类型包括市场价值、投资价值、在用价值、调节服务价值、支持服务价值、文化服务价值等。对于价值类型的选择、定义，可以参考《资产评估价值类型指导意见》。

14.2.4.5 评估基准日

生态资源价值评估报告载明的评估基准日应与评估委托合同约定的评估基准日保持一致，可以是过去、现在的时点，也可以是未来的时点。

14.2.4.6 评估依据

生态资源价值评估报告应说明评估采用的法律依据、准则依据、权属依据及取价依据等。

14.2.4.6.1 法律和准则依据

法律依据应包括生态资源价值评估的有关法律、法规等，如《中华人民共和国公司法》《中华人民共和国证券法》《中华人民共和国拍卖法》《资产评估法》《中华人民共和国环境保护法》《中华人民共和国大气污染防治法》《土壤环境质量建设用地土壤污染风险管控标准》《资产评估行业财政监督管理办法》等。准则依据主要包括《资产评估基本准则》，以及《资产评估职业道德准则》《资产评估执业准则——资产评估报告》《资产评估执业准则——资产评估程序》《资产评估执业准则——资产评估委托合同》等一系列程序性准则与《资产评估执业准则——企业价值》《资产评估执业准则——无形资产》等一系列实体性准则、指南和指导意见。评估专业人员应当根据与评估项目相关的原则，在评估报告中说明执行评估业务所采用的具体法律和准则依据。

14.2.4.6.2 权属依据

生态资源法律权属状况本身是个法律问题，对生态资源的所有权及其他与所有权相关的财产权进行界定或发表意见需要履行必要的法律程序，应当由具有相应专业能力与专业资质的人士（如律师）或部门（如产权登记部门）来进行。由于生态资源的价值与其法律权属状况有着密切关系，评估准则要求评估专业人员在执业过程中应当关注评估对象的法律权属，并对核查验证情况予以披露。因此，评估专业人员应当根据与评估项目相关的原则，在评估报告中说明执行评估业务所依托的评估对象的权属依据。

权属依据通常包括国有资产产权登记证书，投资人出资权益的证明文件，与不动产、知识产权资产、资源性资产和生态资源的所有权、经营权、收益权、获得补偿权等相关的权属证书或其他证明文件，债权持有证明文件，从事特定业务所需的经营许可证书等（如资源利用许可、资源买卖许可）。

14.2.4.6.3 取价依据

取价依据应包括评估中直接或间接使用的、企业提供的财务会计经营方面的资料，国家有关部门发布的统计资料和技术标准资料，以及评估机构收集的有关询价资料和参数资料等。企业提供的取价依据相关资料一般包括企业本身的财务会计和经营，资产购建、使用及管理等资料；国家有关部门发布的取价依据相关资料一般包括统计资料、技术标准和政策文件等资料，如《生态保护补偿条例》；评估机构收集的取价资料应当是除国家有关部门发布和企业提供的资料外，评估机构自行收集并依据的市场交易、专业资讯、研究分析等资料。

由于统计口径不同等因素，不同部门发布同一指标的统计资料其结果可能存在差异，国家有关部门发布的生态资源相关的政策文件，也可能存在多次调整标准的情况，因此，评估取价依据应当列示相关资料的名称、提供或发布的单位及时间等信息。

评估依据的披露原则如下：

（1）评估依据的表述方式应当明确、具体，具有可验证性。任何评估报告阅读者都可以根据报告中披露的评估依据的名称、发布时间或文号找到相应的评估依据。

（2）评估依据具有代表性，且在评估基准日是有效的。作为评估依据应满足相关、合理、可靠和有效的要求。相关是指所收集的价格信息与需作出判断的生态资源具有较强的关联性；合理是指所收集的价格信息能反映生态资源载体结构和市场结构特征，不能简单地用行业或社会平均的价格信息推理具有明显特殊性质的生态资源价值；可靠是指经过对信息来源和收集过程的质量控制，所收集的资料具有较高的置信度；有效是指所收集的资料能够有效地反映评估基准日生态资源在模拟条件下可能的价格水平。

14.2.4.7 评估方法

根据《资产评估基本准则》，确定生态资源价值的评估方法包括市场法、收益法和成本法三种基本方法及其衍生方法。评估专业人员应当根据评估目的、评估对象、价值类型、资料收集等情况，分析上述三种基本方法的适用性，合理选择评估方法。选择评估方法的过程中应注意以下情况：

其一，评估方法的选择要与评估目的、评估时的市场条件、被评估对象的具体状况，以及由此所决定的生态资源价值评估类型相适应。

其二，评估方法的选择受各种评估方法运用所需的数据资料及主要经济技术参数能否收集的制约。每种评估方法的运用所涉及的经济技术参数的选择，都需要有充分的数据资料作为基础和依据。在评估时点及一个相对较短的时间内，某种评估方法所需的数据资料的收集可能会遇到困难，从而限制了该评估方法的选择和运用。在这种情况下，评估专业人员应考虑依据替代原理，选择信息资料充分的评估方法进行评估。

其三，评估专业人员在选择和运用某种方法进行评估时，应充分考虑该种方法在具体评估项目中的适用性、效率性和安全性，并注意满足该种评估方法的条件要求和程序要求。

其四，在一些情况下，可以采取排除、否定其他评估方法的做法，作为决定采取某种评估方法的理由。生态资源价值评估报告应当说明所选用的评估方法及其理由。首先，需简单说明总体思路和主要评估方法及适用原因；其次，要按照评估对象和所涉及的资源类型逐项说明所选用的具体评估方法。采用成本法的，应介绍估算公式，并对所涉及生态资源的重置价值及成新率的确定方法作出说明；采用市场法的，应介绍参照物（交易案例）的选择原则、比较分析与调整因素等；采用收益法的，应介绍采用收益法的技术思路和主要测算方法、模型或计算公式，明确预测生态资源收益的类型，以及预测方法与过程、折现率的选择和确定等情况；采用多种评估方法时，不仅要确保满足各种方法使用的条件要求和程序要求，还应当对各种评估方法取得的价值结论进行比较，分析可能存在的问题并做出相应调整，进而确定最终评估结果。

14.2.4.8 评估程序实施过程和情况

生态资源价值评估报告应当说明评估程序实施过程中现场调查、收集整理评估资料、评定估算等主要内容，一般包括以下几点：①接受项目委托，确定评估目的、评估对象与评估范围、评估基准日，拟订评估计划等过程；②指导被评估单位清查资产、准备评估资料，核实资产与验证资料等过程；③选择评估方法、收集市场信息和估算等过程；④评估结论汇总、评估结论分析、撰写报告和内部审核等过程。

评估专业人员应当在遵守相关法律、法规和评估准则的基础上，根据委托人的要求，遵循各专业准则的具体规定，结合报告的繁简程度恰当地考虑对评估程序实施过程和情况的披露的详细程度。

对于报告使用人而言，真正需要了解的信息是评定估算的过程，尤其是最为关键的评估方法运用实施的过程。通常情况下，评估专业人员在评估报告中披露评估方法运用实施过程时应当重点关注以下内容：

（1）评估方法的运用和逻辑推理计算过程。评估专业人员将采用的各种信息、数据，经演算而推导出评估结果，这种思路与演算的过程应符合公认的评估方法和计算模式，以使评估结果具有合理性和科学性。

（2）评估方法运用中折现率、资本化率、价值比率、重置全价等重要参数的获取来源和形成过程。评估专业人员应当就对评估结果有着重要影响的数据和计算方法作出说明。

（3）对初步评估结论进行综合分析，形成最终评估结论的过程。由于每项生态资源价值评估可能采用两种以上的评估方法，使用不同评估方法也可能会得出不同的评估价值，评估专业人员应就不同的评估结果所具有的含义、调整的理由和方法及最终评估值的合理性进行说明。需要注意的是，评估报告中的评估过程内容主要说明评估程序实施过程和评估的总体情况，而不是详细说明如何评估的。

14.2.4.9 评估假设

评估假设本质是评估条件的某种抽象。在具体的评估项目中应当科学合理地设定和使用评估假设，需要与评估目的及其对评估市场条件的宏观限定情况、评估对象自身的功能和在评估时点的使用方式与状态、产权变动后评估对象的可能用途及利用方式和利用效果等相联系和匹配。评估专业人员应当合理使用评估假设，并在生态资源价值评估报告中披露所使用的评估假设，以使评估结论建立在合理的基础上，并使评估报告的使用人能够正确理解该评估结论。

14.2.4.10 评估结论

根据《资产评估执业准则——资产评估报告》，生态资源价值评估报告应当以文字和数字形式表述评估结论，并明确评估结论的使用有效期。评估结论通常是确定的数值。经与委托人沟通，评估结论可以是区间值或者其他形式的专业意见。其中，引入区间值或者其他形式的表达形式是考虑到评估行业不断发展的业务多元化需求。

14.2.4.11　特别事项说明

特别事项是指在已确定评估结果的前提下，评估专业人员在评估过程中已发现可能影响评估结果，但非执业水平和能力所能评定估算的有关事项。生态资源价值评估报告应当对特别事项进行说明，并重点提示评估报告使用人对其予以关注。评估报告的特别事项说明包括以下几点。

（1）权属等主要资料不完整或者存在瑕疵的情形，即评估中所发现评估对象产权存在的问题。评估专业人员在评估过程中发现评估对象存在产权瑕疵的问题，应当在特别事项说明中有所列示，让生态资源价值评估报告使用人能够更好地了解评估报告的信息。

（2）未决事项、法律纠纷等不确定因素。包括所有会对评估结果产生重大影响的未决事项、法律纠纷，以及影响生产经营活动和财务状况的重大合同、重大诉讼事项。评估报告应当首先说明不确定性因素本身的情况，其次说明本次评估处理的方法及处理结果，再次说明此种处理可能产生的后果，最后提出此种处理的责任。所有披露内容不应与事实相矛盾。

（3）重要的利用专家工作及相关报告的情况。评估专业人员在执行评估业务的过程中，由于特殊知识和经验限制等原因，需要利用专家工作协助或者相关报告完成评估业务，这是评估专业属性的体现，也是国际上评估实践形成的共识。评估报告中应当披露重要的利用专家工作及相关报告的情况。

（4）期后重大事项。根据监管部门或委托人要求，评估专业人员可以对评估基准日期后重大事项作出披露。具体包括说明评估基准日之后出具评估报告前发生的重大事项，特别提示评估基准日的期后事项对评估结论的影响，说明发生评估基准日期后事项时，不能直接使用评估结论的事项。

14.2.4.12　评估报告使用限制说明

评估报告的使用限制说明应当载明：

其一，使用范围。

其二，委托人或者其他评估报告使用人未按照法律、行政法规规定和评估报告载明的使用范围使用生态资源价值评估报告的，评估机构及其评估专业人员不承担责任。

其三，除了委托人、评估委托合同中约定的其他评估报告使用人和法律、行政法规规定的评估报告使用人，其他任何机构和个人不能成为生态资源价值评估报告的使用人。

其四，生态资源价值评估报告使用人应当正确理解评估结论。评估结论不等同于评估对象可实现价格，评估结论不应当被认为是对评估对象可实现价格的保证。

生态资源价值评估报告由评估机构出具后，委托人、评估报告使用人可以根据所载明的评估目的和评估结论进行恰当、合理的使用。如果委托人或者评估报告使用人违反法律规定使用生态资源价值评估报告，或者不按照评估报告载明的使用范围使用生态资源价值评估报告，如不按评估目的和用途使用或者超过有效期使用评估报告等，对此所产生的不利后果，评估机构和评估专业人员不承担相关责任。

14.2.4.13 评估报告日

评估专业人员应当在评估报告中说明出具评估报告的日期。生态资源价值评估报告载明的评估报告日通常为评估结论形成的日期，可以不同于评估报告的签署日。

14.2.4.14 评估专业人员签名和资产评估机构印章

生态资源价值评估报告编制完成后，经评估机构对评估专业人员编制的评估报告复核认可，至少由两名承办该业务的评估专业人员签名，最后加盖评估机构的印章。对于法定评估业务的生态资源价值评估报告，其正文应当由至少两名承办该评估业务的评估师签名，并加盖评估机构印章。声明、摘要和评估明细表上通常不需要另行签名盖章。

14.2.5 附件

14.2.5.1 评估对象所涉及的主要权属证明资料

评估对象所涉及的主要权属证明资料包括房地产权证、无形资产权利（权属）证明、土地使用权和生态资源的所有权、经营权、收益权、获得补偿权等证明及相关权属证明等。另外，评估专业人员应当收集委托人和被评估单位的营业执照并装订在评估报告的附件中。涉及国有企业等特定评估项目的，应当参考相关准则要求披露主要权属证明资料。

14.2.5.2 委托人和其他相关当事人的承诺函

在生态资源价值评估中，委托人和其他相关当事人的承诺是评估报告附件中不可缺少的一部分。评估专业人员在撰写评估报告时应当收集针对本次评估项目的委托人和其他相关当事人的承诺函。

通常情况下，委托人和被评估单位应当承诺如下内容：

其一，评估所对应的经济行为符合国家规定。

其二，我方所提供的各种资料真实、准确、完整、合规，有关重大事项如实地充分揭示。

其三，纳入评估范围的生态资源与经济行为涉及的生态资源范围一致，不重复、不遗漏。

其四，纳入评估范围的生态资源权属明确，出具的生态资源权属证明文件合法、有效。

其五，纳入评估范围的生态资源在评估基准日至评估报告提交日期间发生影响评估行为及结果的事项，对其披露及时、完整。

其六，不干预评估机构和评估专业人员独立、客观、公正地执业。

其七，我方所提供的生态资源评估情况公示资料真实、完整。

14.2.5.3 评估机构及签名评估专业人员的备案文件或者资格证明文件

评估报告应当将评估机构的备案公告、评估师的职业资格证书登记卡复印件作为评估报告附件进行装订。

14.2.5.4 评估汇总表或明细表

为了让委托人和其他评估报告使用人能够更好地了解委托评估生态资源的构成及具体情况，评估专业人员应当以报告附件的形式向其提供生态资源价值评估汇总表或明细表。

14.2.5.4.1 基本要求

评估明细表可以根据相关准则要求，结合评估方法特点进行编制。

（1）采用收益法进行生态资源价值评估，可以根据收益法评估参数和盈利预测项目的构成等具体情况，设计评估明细表的格式和内容。

（2）采用市场法进行生态资源价值评估，可以根据评估技术说明的详略程度，决定是否单独编制符合市场法特点的评估明细表。

14.2.5.4.2 格式和内容要求

（1）表头应当含有生态资源名称、被评估单位、评估基准日、表号、金额单位、页码。

（2）表中应当含有项目名称、价值类型、面积、年收益、贴现率、年收益增长率等。

（3）表尾应当标明被评估单位填表人员、填表日期和评估专业人员。

收益法评估明细表表头应当有评估参数或预测项目名称、被评估单位、评估基准日、表号、金额单位等。此外，被评估单位为两家以上时，评估明细表应当按照被评估单位分别归集，自成体系。

14.3　生态资源价值评估报告的编制

14.3.1　生态资源价值评估报告编制的步骤

生态资源价值评估报告的制作是评估机构完成评估工作的最后一道工序，也是评估工作中的一个重要环节。编制评估报告主要有以下几个步骤。

14.3.1.1　整理工作底稿和归集有关资料

生态资源价值评估现场工作结束后，有关评估人员必须着手对现场工作底稿进行整理，按生态资源的性质进行分类。同时对有关询证函、被评估生态资源背景材料、技术鉴定情况和价格取证等有关资料进行归集和登记。对现场未予以确定的事项，还须进一步落实和核查。这些现场工作底稿和有关资料都是编制评估报告的基础。

14.3.1.2　评估明细表的数字汇总

在完成现场工作底稿和有关资料的归集任务后，评估人员应着手评估明细表的数字汇总。明细表的数字汇总应根据明细表的不同级次先明细表汇总，然后分类汇总，再到负债表式汇总。不具备采用计算机软件汇总条件的评估机构，在数字汇总过程中应反复核对各有关表格的数字的关联性和各表格栏目之间的数字勾稽关系，防止出错。

14.3.1.3　评估初步数据的分析和讨论

在完成评估明细表的数字汇总，得出初步的评估数据后，由于生态资源价值评估受评估人员主观判断影响，评估结果可能会出现偏差，应召集参与评估工作过程的有关人员，对评估报告的初步数据结论进行分析和讨论，比较各有关评估数据，复核记录估算结果的工作底稿，对存在估价不合理的部分评估数据进行调整。

14.3.1.4 编写评估报告

编写评估报告的工作又可分两步。

第一步，在完成生态资源价值评估初步数据的分析和讨论，并对有关部分的数据进行调整后，由具体参加评估的各组负责人员草拟出各自负责评估部分的生态资源的评估说明，同时提交全面负责、熟悉本项目评估具体情况的人员草拟出的生态资源价值评估报告。

第二步，将评估基本情况和评估报告初稿的初步结论与委托方交换意见，听取委托方的反馈意见后，在坚持独立、客观、公正的前提下，认真分析委托方提出的问题和建议，考虑是否应该修改评估报告，对生态资源价值评估报告中存在的疏忽、遗漏和错误之处进行修正，待修改完毕即可撰写生态资源价值评估正式报告。

14.3.1.5 评估报告的签发与送交

评估机构撰写出生态资源价值评估正式报告后，经审核无误，按以下程序进行签名盖章：先由负责该项目的注册评估师签章（两名或两名以上），再送交复核人审核签章，最后送交评估机构负责人审定签章并加盖机构公章。

生态资源价值评估报告签发盖章后即可连同评估说明及评估明细表送交委托单位。

14.3.2 生态资源价值评估报告编制的技术要点

生态资源价值评估报告编制的技术要点是指评估报告编制过程中的主要技能要求，具体包括文字表达、格式和内容方面的技能要求，以及复核与反馈等方面的技能要求。

14.3.2.1 文字表达方面的技能要求

生态资源价值评估报告既是一份对被评估生态资源价值有咨询性和公证性作用的文书，又是一份用来明确评估机构和评估人员工作责任的文字依据，所以它的文字表达要求既要清楚、准确，又要提供充分的依据说明，还要全面地叙述整个评估的具体过程。其文字的表达必须准确，不得使用模棱两可的措辞；其陈述既要简明扼要，又要把有关问题说明清楚，不得带有任何具有诱导、恭维和推荐性的陈述。当然，在文字表达上也不能有大包大揽的语句，尤其是涉及承担责任条款的部分。

14.3.2.2 格式和内容方面的技能要求

对生态资源价值评估报告格式和内容方面的技能要求，按照现行制度规定，应该遵循《资产评估执业准则——资产评估报告》及相关部门制定的评估报告规范。

14.3.2.3 评估报告的复核及反馈方面的技能要求

生态资源价值评估报告的复核与反馈也是评估报告制作的具体技能要求。通过对工作底稿、评估说明、评估明细表，以及报告正文的文字、格式和内容的复核和反馈，可以使有关错误、遗漏等问题在出具正式报告之前得到修正。对评估人员来说，生态资源价值评估工作是一项必须由多个评估人员同时作业的中介业务，每个评估人员都有可能因能力、水平、经验、阅历及理论方法的限制而产生工作盲点和工作疏忽，所以，对生态资源价值评估报告初稿进行复核就成为必要。从对评估生态资源的情况熟悉程度来说，大多数委托方和占有方对委托评估生态资源的分布、结构等具体情况总是会比评估机构和评估人员更熟悉，所以，在出具正式报告之前征求委托方意见，收集反馈意见也很有必要。

对生态资源价值评估报告必须建立起多级复核和交叉复核的制度，明确复核人的职责，防止流于形式的复核。收集反馈意见主要是听取委托方或占有方熟悉生态资源具体情况的人员的意见。对委托方或占有方意见的反馈信息，应谨慎对待，应本着独立、客观、公正的态度去接受其反馈意见。

14.3.2.4 撰写报告应注意的事项

14.3.2.4.1 实事求是，切忌出具虚假报告

报告必须建立在真实、客观的基础上，不能脱离实际情况，更不能无中生有。报告拟定人应是参与该项目并能够较全面地了解该项目情况的主要评估人员。

14.3.2.4.2 坚持一致性做法，切忌表里不一

报告文字、内容前后要一致，摘要、正文、评估说明、评估明细表的内容、格式与数据要一致。

14.3.2.4.3 提交报告要及时、齐全和保密

在正式完成生态资源价值评估工作后，应按业务委托合同的约定时间及时将报告送交委托方。送交报告时，报告及有关文件要齐全。此外，要做好客户保密

工作，尤其是对评估涉及的商业秘密和技术秘密，更要加强保密工作。

【小资料】

关于贯彻实施《资产评估收费管理办法》

尽快做好资产评估收费管理工作的通知

中评协〔2009〕199号

各省、自治区、直辖市、计划单列市资产评估协会（注册会计师协会）：

为规范资产评估收费行为，维护社会公共利益和当事人的合法权益，促进资产评估行业健康发展，国家发展改革委、财政部联合发布了《资产评估收费管理办法》（发改价格〔2009〕2914号）。为贯彻执行《资产评估收费管理办法》，做好资产评估收费管理有关工作，现将有关事项通知如下：

一、高度重视，积极配合

国家发展改革委、财政部联合发布的《资产评估收费管理办法》是资产评估收费制度的重大改革。按规定收费关乎评估报告质量和评估行业健康发展，关乎国家财产和经济安全。各地方协会要高度重视，积极配合省级财政部门、价格主管部门做好资产评估收费管理相关工作。

二、测定标准，统一参照

为了给各地制定具体的评估收费标准提供参考依据，我会通过对全国资产评估行业收费情况的两次调查分析，并查阅国家统计局公布的1992~2008年各年的通货膨胀率，结合今后几年内经济增长、物价指数继续上涨，并参照注册会计师、律师等中介行业的收费标准等因素，提出了资产评估收费水平的测算标准。

1. 计件收费

计件收费平均标准分为六档，各档差额计费率如下表。

差额定率累进收费表

档次	计费额度（万元）	差额计费率（%）
1	100 以下（含 100）	0.900~1.500
2	100~1000（含 1000）	0.375~0.625
3	1000~5000（含 5000）	0.120~0.200
4	5000~10000（含 10000）	0.075~0.125
5	10000~100000（含 100000）	0.015~0.025
6	100000 以上	0.010~0.020

2. 计时收费

计时收费平均标准分为四档，各档计时收费标准如下：

法人代表（首席合伙人）、首席评估师（总评估师）：300~3000元／（人·h）。

合伙人、部门经理：260~2600元／（人·h）。

注册评估师：200~2000元／（人·h）。

助理人员：100~1000元／（人·h）。

三、严密组织，认真贯彻

各地方协会要严密组织，将国家发展改革委、财政部联合发布的《资产评估收费管理办法》迅速转发各资产评估机构，组织资产评估机构学习领会文件精神，认真贯彻实施。

四、严肃纪律，加强监督

各地方协会在向省级财政部门提出具体收费标准建议时，要严肃纪律，防止"制度打折"。要加强对《资产评估收费管理办法》实施情况的跟踪监督，评估机构要按规定公示评估项目和收费标准，不得违反规定压价竞争。文件执行过程中如遇问题，及时告知我会。

资料来源：中华人民共和国国家发展和改革委员会、中华人民共和国财政部.资产评估收费管理办法［Z］.2009–11–17.

参考文献

［1］Boyd T C, Shank M D. Athletes as Product Endor-sers: The Effect of Gender and Product Relatedness［J］. Sport Marketing Quarterly, 2004, 13(2):82-93.

［2］Brown W G, Nawas F. Impact of Aggregation on the Estimation of Outdoor Recreation Demand Functions［J］. American Journal of Agricultural Economics, 1973, 55(2): 246-249.

［3］Carson R T, Hanemann W M. Contingent Valuation［J］. Handbook of Environmental Economics, 2005, 2: 821-936.

［4］Costanza R, D'Arge R, De Groot R, et al. The Value of the World's Ecosystem Services and Natural Capital［J］. Nature,1997, 387, 253-260.

［5］Daily G C. Nature's Service:Societal Dependence on Natural Ecosystems［M］. Washington, D C: Island Press, 1997.

［6］De Groot R S,Wilson M A, Boumans R M J. A Typolopy for The Classification,Description,and Valuation of Ecosystem Functions, Goods, and Services［J］.Ecological Economics,2002,41(3):393-408.

［7］Gum R.L., Martin W E. Problems and Solution in Estimating the Demand for and Valuation of Rural Outdoor Recreation［J］. American Journal of Agricultural Economics, 1975, 57(3):558-566.

［8］《中国生物多样性国情研究报告》编写组．中国生物多样性国情研究报告［M］．北京：中国环境科学出版社，1998.

［9］艾彪．赣南丘陵区不同林分保水保肥功能及价值评估［D］．南昌：南昌大学，2021.

［10］陈尚，任大川，夏涛，等．海洋生态资本理论框架下的生态系统服务评估［J］．生态学报，2013，33（19）：6254-6263.

［11］陈晓．资产评估独立性的影响因素及优化策略探讨［J］．企业改革与管理，2021（19）：29-30.

［12］陈应发．旅行费用法：国外最流行的森林游憩价值评估方法［J］．生态经济，1996（4）：35-38.

［13］程慧，游珊，任春悦.资源枯竭型城市转型背景下矿业遗产旅游游憩价值评价：以黄石国家矿山公园为例［J］.湖南师范大学自然科学学报，2023，46（2）：33-41.

［14］池上评.毛竹林资产评估方法及实例分析［J］.安徽农业科学，2021，49（19）：99-101.

［15］崔峰，丁风芹，何杨，等.城市公园游憩资源非使用价值评估：以南京市玄武湖公园为例［J］.资源科学，2012，34（10）：1988-1996.

［16］崔卫华.CVM 在工业遗产资源价值评价中测度指标差异及其选择的实证研究［J］.中国人口·资源与环境，2013，23（9）：149-155.

［17］戴波，周鸿.生态资产评估理论与方法评介［J］.经济问题探索，2004（9）：318-321.

［18］丁庆福，王军邦，齐述华，等.江西省植被净初级生产力的空间格局及其对气候因素的响应［J］.生态学杂志，2013，32（3）：726-732.

［19］丁小迪，丁咚，李广雪.山东省滨海湿地生态价值评估［J］.中国海洋大学学报（自然科学版），2015（1）：71-75

［20］贵瑞洁.基于环境重置成本法的森林生态补偿价值计量研究［J］.黑龙江生态工程职业学院学报，2020，33（1）：8-9.

［21］黄国宏，李玉祥，陈冠雄，等.环境因素对芦苇湿地 CH_4 排放的影响［J］.环境科学，2001（1）：1-5.

［22］黄和平，王智鹏，林文凯.风景名胜区旅游资源价值损害评估：以三清山巨蟒峰为例［J］.旅游学刊，2020，35（9）：26-40.

［23］凯歌，唐国力，姬茹.2000—2019 年内蒙古地区植被初级净生产力时空变化及影响因素分析［J］.区域治理，2020（28）：11.

［24］李金华.中国环境经济核算体系范式的设计与阐释［J］.中国社会科学，2009（1）:84-98.

［25］李丽，王心源，骆磊，等.生态系统服务价值评估方法综述［J］.生态学杂志，2018，37（4）：1233-1245.

［26］李少宁.江西省暨大岗山森林生态系统服务功能研究［D］.北京：中国林业科学研究院，2007.

［27］李婉琼.基于环境重置成本法的水资源资产负债表编制探析：以海南省为例［J］.财会通讯，2019（4）：78-81.

［28］李巍，李文军.用改进的旅行费用法评估九寨沟的游憩价值［J］.北京大学学报（自然科学版），2003（4）：548-555.

［29］李文华，等．生态系统服务功能价值评估的理论、方法与应用［M］．北京：中国人民大学出版社，2008.

［30］李文华，欧阳志云，赵景柱．生态系统服务功能研究［M］．北京：气象出版社，2002.

［31］李秀梅，赵强，邱兴晨，等．应用 TCM 和 CVM 评估免门票旅游资源的游憩价值：以济南市泉城公园为例［J］．生态科学，2015，34（1）：168-171.

［32］李雪敏．自然资源资产价值评估方法比较与选择［J］．统计与决策，2023，39（6）：14-20.

［33］李雅，刘玉卿．滩涂湿地生态系统服务价值评估研究综述［J］．上海国土资源，2017，38（4）：86-92.

［34］刘宝元，郭索彦，李智广，等．中国水力侵蚀抽样调查［J］．中国水土保持，2013（10）：26-34.

［35］罗宝，邓春根，金焱．关于资产评估函证替代程序的探讨［J］．中国资产评估，2023（7）：66-70.

［36］马中．环境与资源经济学概论［M］．北京：高等教育出版社，1999.

［37］美国评估促进会评估准则委员会．美国评估准则［M］．北京：中国人民大学出版社，2009.

［38］聂蕾，邓志华，陈奇伯，等．昆明城市森林对大气 SO_2 和 NO_x 净化效果［J］．西部林业科学，2015，44（4）：116-120.

［39］欧阳志云，王如松，赵景柱．生态系统服务功能及其生态经济价值评价［J］．应用生态学报，1999（5）：635-640.

［40］潘华，刘晓艺．云南森林生态系统服务功能经济价值评价［J］．生态经济，2018，34（5）：201-206，211.

［41］彭文静，姚顺波，冯颖．基于 TCIA 与 CVM 的游憩资源价值评估：以太白山国家森林公园为例［J］．经济地理，2014，34（9）：186-192.

［42］沈佳纹，李亚宁，高金柱，等．我国海域资源资产价值核算方法与实证研究［J］．海洋通报，2022，41（5）：502-509.

［43］湿地国际—中国项目办事处．湿地经济评价［M］．北京：中国林业出版社，1999.

［44］世界资源研究所．生态系统与人类福祉：生物多样性综合报告［R］．北京：中国环境科学出版社，2005.

［45］涂海洋，古丽·加帕尔，于涛，等．中国陆地生态系统净初级生产力时空变化特征及影响因素［J］．生态学报，2023，43（3）：1219-1233.

［46］汪海粟，张世如．资产评估［M］．第四版．北京：高等教育出版社，2021.

［47］王朋才，唐正康．市场法在宗海使用权估价中的应用：基于生态价值论［J］．经贸实践，2016（8）：228-229.

［48］吴楚材，郑群明，钟林生．森林游憩区空气负离子水平的研究［J］．林业科学，2001（5）：75-81.

［49］肖强，肖洋，欧阳志云，等．重庆市森林生态系统服务功能价值评估［J］．生态学报，2014，34（1）：216-223.

［50］谢高地，甄霖，鲁春霞，等．一个基于专家知识的生态系统服务价值化方法［J］．自然资源学报，2008（5）：911-919.

［51］徐丹丹，李向亮，王生龙．虚假资产评估报告界定研究［J］．中国资产评估，2020（5）：27-31，43.

［52］许信旺，朱诚．皖南山区山地生态系统经济价值损失估算方法［J］．山地学报，2004（6）：735-741.

［53］杨惠民，王秉勇．日本的森林公益效能计量调查［J］．世界农业，1983（4）：36-42.

［54］殷楠，王帅，刘焱序．生态系统服务价值评估：研究进展与展望［J］．生态学杂志，2021，40（1）：233-244.

［55］游惠明，黄思忠，谭芳林，等．福建泉州湾自然保护区生态系统服务价值评估［J］．中南林业科技大学学报，2018，38（7）：83-88.

［56］张扣强，陶明扬．基于收益现值法的水资源价值评估及应用：以昆明市水资源为例［J］．绿色科技，2022，24（23）：242-249，254.

［57］张良泉，唐文跃，李文明．地方依恋视角下红色旅游资源的游憩价值评估：以韶山风景区为例［J］．经济地理，2022，42（4）：230-239.

［58］张伊华．基于机会成本法和生态系统服务价值核算的水资源生态补偿标准研究：以黄河流域为例［J］．灌溉排水学报，2023，42（5）：108-114.

［59］张增峰，王博宇，朱新帅，等．自然资源价值评估研究综述［J］．安徽农业科学，2020，48（13）：8-11.

［60］赵忠宝，李克国，等．区域生态系统服务功能及生态资源资产价值评估：以秦皇岛市为例［M］．北京：中国环境出版集团，2020.

［61］郑慧娟，傅逸，林颖，等．湿地生态价值评估方法与应用研究：以广东省云东海国家湿地公园为例［J］．中国资产评估，2021（11）：28-34.

［62］中国资产评估协会．资产评估［M］．北京：中国财政经济出版社，

2014.

［63］中国资产评估协会.中国资产评估准则2013［M］.北京：中国财政经济出版社，2013.

［64］中国资产评估协会.资产评估基础［M］.北京：中国财政经济出版社，2023.

［65］中国资产评估协会.资产评估实务（一）［M］.北京：中国财政经济出版社，2023.

［66］周金莺，童依霜，丁倩，等.基于旅行费用法的衢州市柯城区"一村万树"工程生态旅游服务价值评估［J］.生态学报，2021，41（16）：6440-6450.

［67］周军，何小芊，张涛，等.屈原故里景区旅游总经济价值评估研究［J］.旅游学刊，2011，26（12）：64-71.

［68］周鹰飞，胡兵，俞家清，等.市场法评估企业绩效评分中价值比率调整方法的优化［J］.中国资产评估，2023（11）：27-35，50.

［69］朱萍.资产评估学教程［M］.第四版.上海：上海财经大学出版社，2012.